KB144266

코스믹 커넥션

CARL SAGAN'S COSMIC CONNECTION
An Extraterrestrial Perspective
by Carl Sagan
produced by Jerome Agel
new contributions by Freeman Dyson, Ann Druyan and David Morrison

사이언스 클래식 35

코스믹 커넥션

우주에서 본 우리

칼 세이건 제롬 에이절 기획 김지선 옮김

CARL SAGAN'S COSMIC CONNECTION

사이언스 SCIENCE BOOKS 북스

나의 아들 도리언, 제러미, 니콜라스,

그들의 미래, 그리고 인류 전체의 미래,

그리고 다른 모든 존재의 미래에 빛이 함께하기를

장 이나스 이시도르 제라르 그랑빌(Jean Ignace Isidore Gérard Grandville, 1803~1847년), 「무한의 신비 연작(Les Mystères des Infinis)」(1844년).

서문 1

우리의 우주관을 바꾸고야 만 위대한 남자의 기념비

칼 에드워드 세이건(Carl Edward Sagan, 1934~1996년)이 퓰리처 상을 받은 『에덴의 용(*The Dragons of Eden*)』 집필 후일담을 열띤 어조로 들려주던 모습이 눈에 선하다. 출판사의 원고 마감은 물론이고 할리우드 영화 제작 마감까지 동시에 그 책에 걸려 있는 데다 가족에게는 전국 횡단 여행까지 약속해 놓은 터라, 칼은 일석삼조(一石三鳥)를 노리기로 마음먹었다고 했다. 아이들을 차 뒷좌석에 태우고, 앞에는 테이프 녹음기를 틀고, 원고를 구술하면서 미국 동부 이타카에서 서부 할리우드로 향했다. 할리우드에 도착했을 때 칼은 책의 마지막 몇 구절을 녹음기에다 읊고 있었다. 과장이 약간 섞였을지 몰라도, 칼을 아는 사람이라면 꽤 그럴싸한 이야기로 여길 것이다. 칼은 언변이 실로 유창했고 기억력이 정확했으며 터무니없을 만큼 자신감이 강했다. 볼프강 아마데우스 모차르트(Wolfgang Amadeus Mozart, 1756~1791년)가 「돈 조반니」 초연 이틀 전에 마차를 타고 공연장으로 가는 길에 그 서곡을 작곡해 냈던 것과 마찬가지로, 칼 세이건은 나흘간 운전을 하는 동시에 익숙지 않은 주제를 명료하고 짜임새 있게 다루는 책을 저술할 수 있었다. 모차르트에 비견할 만한 예술가라고 자처한 적은 없었지만, 칼은 모차르트와 공통점이 많았다. 칼에게는 매력적인 인간미, 탁월한 기교, 그리고 바탕에 깔린 진지함을 슬쩍 감추는 발랄한 유머 감각이 있었다.

「책을 시작하며」에서, 칼은 차로 대륙 횡단 여행을 하면서 책 일부를 저술했다고 말한다. 북아메리카 대륙의 탁 트인 광활한 공간이 틀림없이 칼의 상상력을 자극했으리라. 이 책은 일화와 여담 들로 가득하지만, 그 밑에는 진지한 주제가 놓여 있다. 이 책의 주제는 500년 전에 대양으로 모험을 떠나 이 행성의 여러 대륙을 탐험한 위대한 항해자들의 전통을 이어 우주로 탐험을 떠나는 우주 탐험가들과 이 새로운 탐험에 대한 칼의 광활한 비전이다. 그렇지만 칼은 단순한 낭만적 몽상가가 아니라 전문 과학자이기도 했다. 그리고 전문 과학자로서 현대 과학의 도구를 가지고 행성을 이해하는 데 일평생을 바쳤다. 칼은 행성에 관한 과학적 지식을 얻으려면 인간 탐사자가 본격적으로 활약할 수 있기 전까지는 로봇 같은 도구에 의지해야 한다는 사실을 알았다. 그리고 화성을 비롯한 다른 행성으로 로봇을 보내는 미션을 계획하고 실행하는 데 큰 역할을 했다. 칼의 행성 연구는 과학에 단단히 뿌리를 내리고 있었지만, 칼은 우주 탐험의 주된 추동력이 과학이 아님을 모르지 않았다. 15세기와 16세기 지구 탐험가들의 주된 관심사가 과학이 아니었던 것과 꼭 같이, 이 행성에 사는 인간이 행성 저 바깥을 향해 모험하는 데는 과학보다 더 큰 목표가 있다고 보았다. 두루두루 읽힌 저술과 탁월한 텔레비전 강연을 통해, 칼은 우주 탐험을 인류의 모험으로 보는 시각을 널리 전파해 왔다. 그리고 같은 세대 그 누구보다도 과학에 인간의 얼굴을 부여하는 데 성공했다. 칼에게 우주와의 접촉은 곧 인간 영혼의 확장이었다. 과학계 엘리트만이 아니라 지구인 모두가 우주와 연대 의식을 느꼈으면 하는 것이 칼의 소망이었다.

이 책은 칼의 두 가지 전망을 담고 있는데, 그 하나는 장기적이고 하나는 단기적이다. 장기적 전망은 인류가 우주의 광활함과 외계 생물의 존재 가능성에 눈을 뜨게 하는 것이었다. 단기적 전망은 20세기의 마지막 30년간 우주 공간에서 인간이 활동할 수 있게 하려는 것이었다. 칼은 이 책에서 그 두 가지 전망을 대략 비슷하게 강조한다. 그렇지만 그 둘은 그간 무척 다른 결실을 보았다. 책이 출간되고 27년간의 상황이 보여주듯이, 장기적 전망은 탁월하게 실현되었지만, 단기적 전망은 비참하게 실패했다.

칼은 두 부류의 독자를 대상으로 이 책을 썼다. 이미 자신과 같은 전망을 가진 이들과 그렇지 않은 이들. 칼의 주된 목표는 회의주의자들에게 다가가 그들을 설득하는 것이었다. 만약 그 전망을 믿는 우리가 회의주의자들을 설득하려면, 그 전망의 단기적 부분이 실패했다는 진실을 정직하게 대면하는 일이 중요하다. 믿는 이들은 단기적 전망의 실패를 받아들이고 이해해야만 한다. 그래야 회의주의자들이 이 실패를 이유로 장기적 전망에 등을 돌리지 않게 할 수 있다. 우리는 무엇이 잘못되었는지, 왜 단기적 전망이 실패했는지, 그리고 왜 그래도 장기적 전망이 유효한지를 해명해야만 한다.

단기적 전망이 실패한 주된 이유는 칼이 완벽할 수 없는 인간 조직을 너무 신뢰한 탓이었다. 칼은 미국 항공 우주국(NASA), 할리우드, 그리고 과학이라는 세 주인을 섬겼고, 자기가 그 셋의 조화로운 상호 협력을 끌어낼 수 있다고 믿었다. 과학적 진정성과 정치적 편의주의 사이의 갈등을 미처 깨닫지 못한 것이다. NASA는 인간 탐험가에게 먼 곳을 두루두루 여행할 기회를 주려고 할 테고, 할리우드는 대중을 교육할 테고, 천문학자와 행성 과학자는 우주를 연구하리라는 것이 칼의 생각이었다. 자신은 그 세 사업 전부에서 지도자 겸 안내자 역할을 맡을 참이었다. 칼은 20세기 내에 다른 행성으로 국제 유인 탐험대를 파견하고 달에 자급자족이 가능한 식민지를 설립하기를 기대했다. (23장 참조) 적어도 대형 망원경 하나쯤은 외계 문명 탐색 전용으로 만들어지기를 기대했다. 그러나 20세기 말은 이미 지나갔다. 달에 식민지가 세워지지도 않았고, 유인 탐험대가 다른 행성으로 파견되지도 않았다. 인류가 우주로 급속히 모험을 펼쳐 나간다는 꿈은 빛이 바랬다. 국제 우주 정거장(International Space Station, ISS)은 우주 개척이라는 칼의 기대에는 턱없이 못 미치는 모습으로, 그저 지구 주변을 저궤도로 공전하고 있을 뿐이다. 그리고 미국과 러시아 항공 산업 종사자들의 복지 프로그램이 되어, 우주와의 접촉이라는 비전이 아니라 따분한 정치학에 좌우되고 있다.

우주 정거장 사업의 초창기, 칼과 나는 불행한 경험을 했다. 우리는 둘 다 미국 의회에 기술 자문을 제공하는 기술 평가원(Office of Technology Assessment, OTA)의 일원이었다. 우주 정거장 건설 계획이 발의되자 우리 위원회가 소집되어 3일에 걸쳐 그 과학적 가치를 평가하는 임무를 맡았다. 소집 장소는 전원적인 곳이었다. 내 기억이 정확하다면 버지니아 주의 에얼리 하우스(Airlie House)라는, 시골의 대규모 사유지를 방해받지 않고 토의를 가질 수 있는 회의장으로 바꾼 곳이었다. NASA와 항공 산업 전문가들이 앞으로 우주 정거장에서 하겠다는 마흔여덟 가지 우주 실험들을 설명하는 동안 우리는 그저 듣기만 했다. 그리고 전문가들이 가고 나서 그 실험들의 이점을 놓고 논쟁을 벌였다. 우리는 그중 마흔여섯 가지가 다양한 이유로 우주 정거장이 없으면 오히려 더 잘 실행될 수 있겠다고 판단했다. 나머지 두 가지는 우주 정거장에서 생활할 때 인간 생리학이 어떤 영향을 받는가를 연구하는 것이었다. 이 둘만 빼고 나머지는 전부 우주 정거장이 없으면 오히려 더 편리하거나 더 정확하게, 혹은 돈을 덜 들여서 할 수 있는 실험들이었다. 우리는 우주 정거장의 과학적 근거는 엉터리라는 결론을 내렸다. 그리고 회의 마지막 날 오후에 그 결론을 요약하는 보고서를 쓰기 시작했다. 하지만 그 지점에서, 그 회의를 조직한 OTA의 직원이 끼어들었다. "죄송하지만 무언가 잘못 아셨나 봅니다. 보고서는 그쪽에서 쓰시는 게 아닙니다. 저희가 쓰는 겁니다." 그러고는 그간 애써 주어 고맙다며 회의를 중단시켰다. 나중에, 우리는 OTA의 직원들이 의회에 우리 것과는 정반대되는 결론을 담은 보고서를 보냈음을 알았다. 의회는 표결했고 우주 정거장 건설 계획은 승인되었다.

NASA와 할리우드와 일하면서 칼이 겪은 실망은 모차르트가 잘츠부르크 대주교와 오스트리아 황제에게 겪은 실망과 같았다. 칼과 모차르트는 창조적 영혼이었고, 둘 다 후원자에 의존했고, 둘 다 후원자가 요구하는 요식 행위를 못 견뎠다. 둘 다 후원자가 자기들에게 전폭적인 지원을 계속 제공하는 것이 당연하다고 여겼다. 둘 다 후원자가 지원을 철회하거나 자유를 속박하는 조건들을 내세우는 바람에 지독하게 실망하기도 했다.

그렇지만 칼의 단기적 전망은 좌절되었을지언정 장기적 전망은 성공했다. 칼은 행성 협회(Planetary Society)를 창립해 이끌면서, 과학자와 일반 시민을 연합해 탐험과 교육이라는 장기적 목표를 추진했다. 행성 협회는 워싱턴 D. C.에서 강력한 목소리를 내게 되었고, 우주 탐사 계획이 공적 자금의 지원을 받을 수 있도록 정치적인 지지를 보냈다. 또한, 민간 자금으로 조성되는 외계 지성체 탐사 지원 기금에도 크게 이바지했다. 30년간, 칼은 대중에게 과학을 널리 알리는 가장 큰 목소리였다. 칼은 텔레비전과 영화관과 책 지면에서 자신의 재주를 펼쳐 탐험의 짜릿함과 발견의 희열을 극화했다. 칼은 탁월한 설교자였다. 우주와의 연대를 찬양하는 노래를 불렀지만, 자신의 설교에 이야기와 농담으로 양념을 칠 줄 알았다. 청중은 그의 공연을 오락처럼 찾았고, 개종하여 돌아갔다.

생애 말년에 칼은 NASA와 벌인 중요한 전투에서 승리했다. 외행성계 탐사를 마치고 속도를 내어 해왕성을 한참 지나 태양계로부터 멀어져가고 있던 보이저 우주선 한 대의 카메라를 도로 지구로 향하게 한 것은 칼이 NASA 당국을 설득한 덕분이었다. 칼이 요구한 대로 방향을 바꾼 카메라는 우주 깊숙한 곳에서 지구 사진을 찍었다. 그 사진은 전파를 통해 지상의 수신기에 전송되었고 사진으로 재구성되었다. 지구는 먼 별들을 배경으로 간신히 눈에 띄는 창백한 푸른 점처럼 보인다. '창백한 푸른 점(Pale Blue Dot)'이라는 지구의 이미지는 칼의 메시지에서 중요한 부분이 되었다. 칼은 그 말을 텔레비전 프로그램의 타이틀로, 그리고 책의 제목으로 사용했다. 창백한 푸른 점은 광막한 우주 앞에서 우리 행성이 얼마나 조그마하고 나약한가를 상징한다. 이 조그만 점은 인간 역사 전부, 우리의 열정과 투쟁과 사랑과 증오 전부를 담고 있다. 그 사진을 통해 칼은 지금 우리를 갈라놓고 있는 다툼들이 얼마나 하찮은지를, 그리고 언젠가 우리를 한데 모아 줄 장엄한 운명이 모습을 드러내리라는 것을 전 인류에게 명확히 밝혔다. 바로 이것이 칼이 언명한 장기적 전망이다.

이 책은 실패한 단기적 전망들과 살아남은 장기적 전망들의 기록이다. 여기에는 역사의 특정한 순간에 한 젊은 남자가 꾸었던 꿈이 담겨 있다. 이 책은 좌절과 실망을 겪으면서도 끝내 우리 행성과 우주에 대한 우리의 관점을 바꾸고야 만 위대한 남자의 기념비이다.

프리먼 존 다이슨(Freeman John Dyson, 프린스턴 고등 연구소)

서문 2

성스러움을 새롭게 정의한 과학자, 칼 세이건

> 우주적 관점에서 보면 우리 모두가 귀중한 존재입니다. 여러분과 생각이 다르다고 해서 남을 죽여 없애려고 하지는 마세요. 1000억 은하에 똑같은 인간은 둘도 없으니까요.
>
> — 칼 세이건, 『코스모스(*Cosmos*)』에서

내가 몇 번이고 그려 보았던 내 마음속 정경을 따라와 보라. 우리는 1941년 봄 브루클린 벤슨 허스트의 검댕 묻은 지붕들 위를 지나가고 있다. 이따금 맨해튼발 고속 열차의 포효가 일으키는 도플러 효과가 우리를 놀래킨다. 우리를 지나친 열차는 널찍한 86번가 거리에 그림자를 드리우는 고가 철로를 따라 쏜살같이 질주해 끊임없이 밀어닥치는 그림자로 사라진다. 한 날씬한 여자가 남자 아이의 손을 꼭 쥐고 작심한 듯 성큼성큼 걸어간다. 여자는 비싸지 않지만 맵시 있는 옷, 완벽하게 짝을 맞춘 장갑, 모자, 신발에다 잘 어울리는 지갑까지 일습을 갖췄다. 근근이 입에 풀칠하는 숙녀복 재단사를 남편으로 둔 유일한 특전이다. 여자의 자세는 꼿꼿하고 표정은 단호하다. 겨우 두 살 때 어머니를 여의고 엄한 아버지 밑에서 자라면서 단단히 굳어 버린 표정이다. 남편과 이 남자 아이한테만 빼고 여자는 늘 이 표정을 짓고 있다. 뜻대로 안 되는 세상에 맞서는 갑옷이랄까.

여자에게 손을 꼭 붙잡혀 가는 일곱 살짜리 아들은, 나이에 비해 키가 큰 편이기는 하지만 엄마를 따라가기가 버겁다. 우리는 왜 이 두 사람을 따라갈까? 너무나 평범하기 그지없는데. 우리한테만 그런 것이 아니라, 그 주변 사람들한테도 마찬가지이다. 은행에 돈이 있기를 하나, 지위가 있나, 연줄이 있나. 주위의 행인들은 두 사람에게 아무런 신경도 쓰지 않고, 이날 이 두 사람이 우주 여행을 시작했다는 것도 알지 못한다. 그 여행은 그 누구도 감히 헤아릴 수 없는 광막한 시공간을 넘나들 테고, 이 세상과 또 다른 세상에 강력한 영향을 미치게 되리라. 우리가 아무리 60년 후라는 먼 미래에 떨어져 있다 해도, 그날 오후 벤슨 허스트의 행인들보다 뭘 더 많이 아느냐면 꼭 그런 것도 아니다. 이날 시작된 그 여행의 궁극적 결과는 앞으로 10억 년 후에도 밝혀지지 않을지도 모르고, 어쩌면 어딘가 멀리, 저 먼 곳에서 막을 내릴지도 모른다. 어쩌면 은하계의 다른 곳에서, 그 누구도 감히 상상할 수 없을 만큼 낯선 존재들이, 버려진 고대의 우주선에서 발견한 메시지를 해독할 때 끝날 수도 있다…….

그리고 그 모든 것은 남자 아이가 던진 질문으로 시작되었다. "별이 뭐예요?" 아이는 부모님을 비롯해 알 만한 사람들한테는 전부 물어본다. 가족과 친구들은 도움을 주고 싶지만 줄 수가 없다. 고작 “하늘에 있는 빛이란다, 얘야.”가 전부이다. 아이는 별이 진짜로 뭔지 알고 싶다. 엄마는 사실 공교육이라고는 전혀 못 받은 것이나 다름없지만, 책을 좋아하고 아들을 미칠 듯이 사랑했다. 그렇게 두 사람은 여정을 시작한다.

우리는 브루클린 공립 도서관 계단을 오르는 두 사람을 따라 도서관에 들어선다. 사서 앞에 선 아이는 엄마가 대신 말을 해 줬으면 싶은지 엄마를 돌아다본다. 여기는 아이에게 자기 말을 스스로 찾아내라는 표정을 짓는다. 아이는 얼굴에 틱 장애가 있는데, 난감하지만 익숙한 일상이다. 아이는 틱이 가라앉기를 기다려 ‘별(star)’에 관한 책을 달라는 말을 더듬더듬 입 밖에 낸다. 사서는 알겠다고 고개를 끄덕이고 사라진다. 그러더니 할리우드 스타들에 관한 책을 가지고 돌아온다. 순간 기가 꺾인 아이는 다시 정신을 차리고 하늘에 있는 별을 말한 거였다고 설명한다…….

시야가 어두워지면서 광막한 성간 바다의 암흑이 우리를 에워싼다. 암흑 속에서, 미미한, 성냥개비 같은 보이저 우주선이 핑 소리를 내며 시속 6만 킬로미터의 속도로 우리 곁을 지나쳐 지금으로부터 10억 년 후로 날아간다. 이곳은 고향에서 먼 곳이다. 음악과 이미지와 감정과 사상 같은, 지구 문화의 귀중한 산물을 담은 황금 디스크를 비춰 줄 태양광은 없다. 여기서 봐야 태양의 참모습을 정확히 볼 수 있다. 그저 수많은 별 중 하나일 뿐이다.

칼의 호기심은 한가로운, 무심한 것이 아니었다. 그것은 점잖으신 학자들이 좋아하는 추상적인, 플라토닉한 오락거리 따위와는 공통점이

거의 없었다. 칼 세이건에게, 가장 위대한 보상 — 시간과 공간 속에서 우리가 누구이고 무엇이며 언제 그리고 어디에 존재하는가를 더 깊이 이해하게 되는 것 — 을 약속하는 것은 권위에 맞서 체계적이고 겁 없는 질문을 던지고, 감정을 배제한 채 모든 가설을 검증하는, 영원히 혁명적인 과학의 방법이었다. 칼은 우주를 실제 모습 그대로 알고 싶어 했다. 자신과 자기가 속한 인류를 우주의 핵심 자리에 놓고 싶어 하는 영적인 나르시시즘에는 전혀 얽매이지 않았다. (실제로 이런 점에서 칼이 얼마나 앞서 나갔는지 알고 싶다면 「찾아보기」에서 '쇼비니즘'을 찾아보라.)

어떤 사람들은 과학이 우리 인류의 자긍심을 무너뜨린다고 불만을 품을지 몰라도, 칼은 우리 문명의 건강함은 우리가 자신의 실제 상황을 얼마나 잘 이해하는가에 달려 있다고 생각했다. 유아기적인 자기 중심적 사고의 환상에 매달려 봤자 더 이상 위안은 없다. 칼에게, 우리가 '과학을 했다.'는 사실은 우리가 종으로서 얼마만큼 철이 들 준비가 되었다는 희망적인 신호였다.

그에 못지않게 중요한 점으로, 칼은 과학적 이해가 보편화되었다고 해도 그것만으로는 부족하다고 생각했다. 그 안에는 과학과 첨단 기술에 의존한 민주주의적 문명이라는 꿈이 존재하지 않는다고, 텅 비었다고 확신했다. 칼은 이것이 또한 재앙을 낳는 처방이라고 주장했다. 과학과 첨단 기술은 자연의 섬세한 구조 속으로 침투해 우리를 다른 세계로 데려가고 있었다. 칼은 의문을 품었다. 얼마 안 되는 단기적 이득을 얻자고 이 고대로부터의 안식처를 탈탈 터는 것을, 우리는 무력하게 멍하니 물러서 구경만 할 것인가? 전 세계의 일반 대중에게 과학을 알리는 것은 결코 시기상조가 아니었다. 어른이 되고 나서 칼의 인생은 과학적 절차와 통찰을 쉽게 이해시키기 위한 과학 연구와 대중 교육에 바친 40년간의 캠페인 그 자체였다.

칼은 과학을 사회와 갈라놓는 벽을 무너뜨리면 양쪽에 다 득이 될 것을 알고 그렇게 하려고 애썼다. 칼은 대중을 존중했고, 과학이 어떤 일을 해 왔는지가 널리 이해되면 과학 교육과 연구를 위한 지원이 확대될 것이라고 믿었다. 대중은 뜨겁게 반응했다. 과학계는 애증이 엇갈렸다.

1960년대, 묻지도 따지지도 않는 교리 고수를 요구하는 엄격한 위계 질서로 유명한 로마 가톨릭 교회조차, 생존을 도모하려면 대중이 쓰는 말로 의례를 집전해야 한다는 사실을 깨달았다. 그런데 가장 강력히고 노골적으로 권위에 반대하는, 세계에서 가장 급진적인 변화의 엔진인 과학 공동체가, 심지어 그 30년 후에도 여전히 자신의 신비를 일반인에게 누설하는 자기 사제들을 벌하고 있었다니 얼마나 역설적인가! 이들을 가리키는 말만 해도 그렇다. "(과학) 보급자(popularizer)"라는 말은 그 자체에 경멸이 들어 있고, 그 외에 애매한 과학 "교육자" 또는 "전달자(communicator)" 말고 내가 알기로 확실히 다른 말은 없다.

이러한 반민주주의적 편견이 얼마나 깊이 배어 있는지를 알고 싶으면 다음 이야기를 생각해 보자. 모 교수는 하나 이상의 과학적 연구 분야에서 개척자로 인정을 받았고, 과학 전문지에 500편의 논문을 발표했으며(《사이언스》 37편, 《네이처》 30편 포함), 40년도 넘는 세월 동안 꾸준히 NASA의 태양계 우주선 탐사에서 과학 분야 리더로서의 역할을 맡아 왔다. 그간 내내 대학 연구실에서 지도 교수로 있으면서, 거기다 국제적인 과학 전문지의 편집 일까지 하면서 그 모든 일을 한 것이다. 또한, 바로 그 시기에 세상에서 가장 유명한 대학 몇 군데에서 교편을 잡기도 했다. 그에게서 배운 학생 중에는 이 세대의 가장 탁월한 우주 과학자로 손꼽히는 사람들이 수두룩하다. 이제 묻겠다. 이 모 교수는 '진짜 과학자'인가?

칼 세이건의 약력이 여기서 끝났더라면 의심할 바 없이 그의 과학적 입지는 끊임없는 평가 절하를 겪지 않아도 되었으리라. 칼의 사후에조차 그 부당함은 계속되었으니, 장편 전기를 내려는 맨 처음 두 번의 시도가 맞이한 것은 반대의 북소리였다. 그의 죄라면 세계에서 가장 큰, 우주를 주제로 하는 대중적 조직을 공동 창립한 것, 그리고 또한 31권의 책과 1,380건의 기사를 혼자서 또는 공동으로 저술하거나 편집하고, 셀 수도 없는 대중 강연과 라디오와 텔레비전 출연을 한 것이었다. 그 모든 일은 과학적 사건들을 대중에게 알리고 대중의 인정을 받게 하려는 목적에서였다.

다른 분야에서라면 그런 한 사람이 그토록 넘치는 사랑으로 다양하게 애쓰고도 동료들에게 경멸과 심지어 때로는 따돌림으로 보답을 받은 경우가 과연 있었을까? 왜? 반감의 일부는 핵무기 경쟁, 탄도탄 방어 계획, 그리고 지구 온난화와 핵겨울을 포함해 '비의도적인 기후 변화'에 대해 칼이 공개적으로 입장을 천명한 데서 비롯되었다. 한편 외계 지성체를 찾는 것과 같은, 한때 추문으로 여겨질 정도로 상궤(常軌)를 벗어난 주제들로까지 과학 탐사의 범위를 넓히려고 애쓴 데에 못마땅해한 이들도 있었다. 그러나 이것은 칼에 관한 널리 퍼진 험담과는 맞아떨어지지 않는다. 칼 세이건이 야심에 찬 출세주의자였다는 험담 말이다.

칼을 움직인 동기가 '출세주의'였다면 로널드 윌슨 레이건(Ronald Wilson Reagan, 1911~2004년) 대통령의 백악관 만찬 초대를 세 번이나 거절했다는 게 말이 안 된다. 출세주의자에게 그 이상 가는 기회가 있을까. 그는 부유하고 강력한 사람들의 간택을 받을 기회를 줄기차게 사양한 남자였다. 대신에, 1963년 초, 백인들이 미국에서 흑백 분리를 종식하고자 그 어떤 대규모의 조직을 결성해 노력하기 훨씬 전부터 이미 앨라배마의 흑인 대학에서 강의를 한 젊은 박사 후 과정 연구자가 바로 칼이었다. 칼이 전형적으로 선택했던 강연 주제, 지상에서 지성을 가진 다른 생명체를 찾는다는 강연 주제는, 그 시간 그곳에 있던 그 청중에게는 각별한 통렬함을 안겼으리라. 그리고 칼은 오랫동안 그런 봉사를 해 나갔다. 세계적으로 유명한 과학자면서도 출세주의자들이 오로지 사진만 찍으러 행차하는 곳을 끊임없이 찾아갔다. 칼이 도심 지역 유치원을 자주 찾았다는 것, 개학 전날 그 구역 교사들을 응원하는 단합 대회나 미국 시민권 취득 선서식 같은 행사에 참여했던 것을 언론에서는 전혀 알지 못한다. 그것은 모두 과학에 대한 자신의 사랑을 나눠 주고, 권위에 의문 제기하기를 장려하기 위함이었다. 미국 공군 과학 자문 위원을 사임하고 베트남전에 반대함으로써 자기 1급 비밀 취급 인가(top security clearance, 유출될 경우 국가 안보에 심각한 손실을 입힐 수 있다고 여겨지는 정보를 접할 수 있는 자격으로, 5년에 한 번씩 조사받고 갱신해야 한다. — 옮긴이)를 내던질 출세주의자가 어디 있겠는가. 출세주의자였다면 하버드에서 종신 재직권을 얻기 위한 게임에 참여했을 테고, 내 장담하지만, 칼 세이건이 원하는 게 그것이었다면 자신의 논란 많은 머리를 조아리고 그 일을 완벽하게 해 냈으리라. 출세주의자였다면 쏠쏠한 상업적 광고 제의 수백 건을 환영했지 왜 모조리 거절했겠는가.

지난 20년간 우리는 애정으로나 일로나 떨어질 수 없는 사이였다. 비록 열띤 의견 대립도 있었지만, 칼과 함께 있어서 내가 세상에서 가장 운 좋은 사람이라고 생각하지 않았던 적은 단 한 순간도 없었다. 내 목소리에 어떤 상처와 분노가 담겨 있다면 그 일부는 의심할 바 없이 내 편견 탓이다. 그렇지만 나는 거기에 그 이상의 무언가가 있다고 주장한다. 그것은 더 깊은 주제와 관련이 있다. 맨 처음 이야기인 「창세기」의 시대로부터 우리 문명을 괴롭혀 온 것은, 심장과 두뇌 사이의, 선의와 지식 사이의, 회의주의와 경이감 사이의 비극적인 절연이다. 낙원에서의 추방에 담긴 의미, 거기 담긴 모르려야 모를 수 없는 메시지는, 우리가 맹목적인 복종과 무지의 상태에서만 행복에 다다를 수 있다는 것이다. 지금 우리 문명은 과학과 첨단 기술에 너무나 무겁게 기대고 있는지라, 이 고대로부터 이어져 온 문화적 기능 장애가 심각한 단계에 들어섰다.

과학자들의 전기에서 흔히 보는 이분법은 그런 징후를 보여 준다. 우리는 알베르트 아인슈타인(Albert Einstein, 1879~1955년)이 남편으로서는 영 형편없었다는 이야기를 듣는다. 왜 우리는 이런 종류의 정보에서 그토록 만족감을 느낄까? 그래야 그의 업적과 비교당했을 때 우리가 덜 기죽고 덜 부담을 느낄 테고, 과학적 천재성과 사랑할 수 있는 능력 사이의 반비례 관계를 확인할 수 있기 때문이다. 이러한 문화적 분위기에서, 과학자의 인생 이야기는 불안정함과 남들이 알아주지 않는 데 대한 원망에서 나온 수확물 이상으로는 보기 힘들다.

나더러 말하라면 칼의 진정성, 친절함, 점잖음과 용기는 칼의 지성과 마찬가지로 하나하나 이루 다 헤아릴 수 없었다. 태양을 열두 번 공전하는 여정을 함께하는 동안, 칼이 자신이 진실이라고 믿지 않는 무언가를 말한 기억이 내게는 전혀 없다. 칼은 코가 저절로 움찔거리는 때가 종종 있었다. 다른 이에게 상처를 줄까 봐 마음속에 있는 말을 억누를 때면 늘 나타나는 그의 육체적 반응이었다. 사실, 이것은 그의 심각했던 아동기 틱 장애가 남긴 유일한 후유증이기도 했다. 산더미 같은 칼의 저술에서 자신을 신뢰한 이를 배신한 흔적이 단 한 단어라도 있는지, 아니면 누군가에게 앙갚음을 하려는 비열한 의도로 쓰인 문단이 하나라도 있는지 찾아보기를 권한다. 자기 시대의 중요한 화두들에 대해 한번도 몸을 사리지 않고 공개적으로 입장을 천명해 온 이가 쓴 글들에서 말이다. 원칙을 따지지 않고 입을 다무는 편이 자신에게 이로울 때도 그러지 못하는 사람이 칼이었다. 최소한 평생 자기 경력에 문제가 될 수 있는 길을 버릇처럼 택해 온 이에게 '야심에 찬 출세주의자'라는 딱지를 어떻게 붙인단 말인가?

그것보다는 '운동가'라고 해야 옳으리라. 하지만 그 말도 과학에서는 부정적인 울림이 있다. 타당한 두려움이기는 하다. 과학자들이 정치적 명분을 위해 과학을 왜곡할지 모른다는 두려움. 당연히 트로핌 데니소비치 리센코(Trofim Denisovich Lysenko, 1898~1976년), 요제프 멩겔레(Josef Mengele, 1911~1979년), 그리고 에드워드 텔러(Edward Teller, 1908~2003년)가 떠오른다. 그렇지만 핵심적인 물음은 어느 쪽이 먼저냐는 것이다. 정치적 목적이 과학을 이끌어 간다면 과학은 오염을 피할 수 없으리라. 그렇지만 만약 치밀한 과학이 내린 결론에 우리 미래에 관한 심각한 함의가 들어 있다면, 어떤 것이 윤리적 반응인가? 우리는 과학이 불러온 위기를 감지한 과학자가 어떻게 하기를 기대할까? 방호벽 뒤에 조용하고 안전하게 숨겨두어야 할까? 우리 대다수는 과학적으로 무지하다. 쉽게 속아 넘어갈 수 있다. 모든 정부는 거짓말을 하고, 차기 선거 이후의 미래를 걱정하는 정부는 거의 없다. 만약 과학자들이 행동에 나서지 않고 몸을 사린다면, 혹은 최소한 대중에게 알리는 데서 몸을 사린다면 우리가 이런 위기를 성공적으로 방지할 희망이 있을까?

칼의 아동기는 역사적으로 과학이 무오류의 아우라로 둘러싸였던 짤막한 순간과 우연히도 맞아떨어졌다. 과학은 그것이 장차 만들어 낼 유리와 철강처럼 오점 없고 깨끗했다. 하지만 칼이 열한 살 때, 나가사키의 폐허가 그 아우라를 바꾸어 놓았다. 그 뒤를 이은 무기 경쟁은 마지막 단계에 가서는 전 세계 과학자의 절반 이상을 끌어들였고, 그러는 내내 대중의 머릿속에서 선한 과학자란 자취를 감춰 버렸다. 대신 세계를 정복하려고 음모나 획책하는 '미치광이 과학자(mad scientist)'들이 그 자리를 차지했다.

최신 블록버스터 SF 영화를 보러 가족이 같이 영화관에 간 적이 있다. 칼에게는 괴로운 경험이었던 것 같다. '과학'이 온갖 오류로 벌집투성이가 된 꼴을 보아야 하는 것은 칼에게 고문이나 다름없었다. 할리우드가 과학의 전문 용어를 사랑하는 것은 영화에 현실성을 더해 주기 때문이다. 그렇지만 영화 제작자나 관객 양쪽 다 과학에서 너무나 소외되어, 그것을 바로잡아야 한다는 필요성 자체를 인식하지 못한다. 칼 같은 과학자들 말고는 누구도 알아차리지 못하는 것일지도 모른다. 칼은 과학자를 그리는 방식 때문에도 똑같이 괴로워했다. 뭔지 알 것이다. 자신의 연구에만 편집광적으로 집착하며, 그것 말고는 우리가 소중히 여기는 모든 것을 기꺼이 짓밟으려 하는 사악한 사람. 칼은 좌석에서 불편하게 꼼지락거리고는 했다. 아이들의 재미를 망치고 싶지는 않지만, 도저히 참지 못할 지경이었다. 코가 거칠게 움찔거렸다.

칼은 대중 문화가 문제의 본질이 아니라 단순히 매개이며, 널리 퍼진 인식을 반영하고 있을 뿐임을 알았다. 선량하고 인간적이고 양심적이며 품위 있는 과학자가 나오는 영화 대본을 쓴다고 될 일이 아니었다. 변화해야 할 의무는 할리우드에만 있는 것이 아니라, 소통하려 않고 철저히 자신에만 몰두해 있는 과학계에도 있었다. 그들을 단절시키고 대중적 불신이 자라나기에 이상적인 문화적 매개를 만들어 낸 것은 그 침투 불가능한 벽이었다. 그 벽을 무너뜨려야 했다.

어떻게 보면, 고르바초프의 일방적인 핵실험 중단 이후 네바다 핵실험 부지에서 비폭력 불복종 운동을 벌여 체포당한 것, 핵전쟁이 일으킬지 모를 전 지구적 기후 변화 결과에 대해 (구)소련 중앙 위원회, 미국 의회와 교황 앞에서 보고한 것, 지구 온난화에 대해 초기부터 자주 경종을 울린 것, 그리고 스타워즈 미사일 방어 계획이라는, 몇 번이고 잘라도 대가리가 또다시 생겨나는 괴물에 맞서 지칠 줄 모르고 싸움을 벌인 것은 과학자의 구원 행위였다. (안타깝게도, 그 수많은 대가리는 칼 세이건이 없는 세상에서 다시 또 자랐다.)

"구원"이라? 그건 영적인 어휘라, 어쩌면 우리를 가장 넘기 힘들고 가장 위험한 벽 앞에 세워 놓을지도 모른다. 과학을 신성(神性)으로부터 갈라놓는 벽 말이다. 내가 믿기로, 우리 문명에 미친 칼의 영향 중에서 가장 심오하고 오래 갈 부분이 바로 이 대목이다.

과학은 우리에게 도덕이나 영적인 면에서 들려줄 것이 아무것도 없다고들 한다. 하지만 보이저 우주선이 해왕성을 지나면서 마지막 한 번 슬쩍 고개를 돌리자 지구가 우리에게 모습을 드러냈음을 기억해 보라. 아폴로 우주인들이 찍은 프레임을 가득 채우는 지구가 아니라, 우주라는 광막한 배경에 찍힌 화소 한 점에 불과한 지구 말이다. 이것이 칼 세이건이 우리에게 보여 준 지구이다. '창백한 푸른 점.' 그 크나큰 배경 속에 박힌 작디작은 우리 행성의 사진을 응시하고도 호전적인 국가주의자, 이 작디작은 한 점 티끌을 피로 물들이고 싶어 하는 광신도, 혹은 오로지 손익 계산만 앞세우는 자본가로 남을 수 있다면 어디 한번 남아 보시라. 이런 과학적 증거가 진정 무가치하며 도덕적이고 영적인 함의가 없단 말인가?

칼이 전통적 종교의 근본적 의미를 존중했다는 것은 그의 모든 저술에서 뚜렷이 드러난다. 칼과 논쟁을 벌인 종교인들은 그들의 종교적 시험에 대한 칼의 백과 사전적 지식에 종종 놀라고는 했다. 환경을 지키기 위해 과학과 종교의 공동체들을 통합하려던 칼의 계획은 잘 성장하여 결실을 빚어내고 있다. 칼의 저술은 전 세계의 전통 종교들로부터 나온 경구들로 넘쳐난다. 이 책의 첫 장 「과도기적 동물」이 새로운 「창세기」를 시도한 것이 아니면 뭐란 말인가. 『성경』을 연상시키는 우주의 국소적 진화에 대한 설명, 여러 세대에 걸친 과학계의 근면함과 대담함과 지속성 덕분에 가능해진, 우리 기원의 재구축. 그것은 입증할 수 있는 현실의 정보를 바탕으로 하며 현실에 단단히 비끄러매여 있다. 완벽하지도 영원하지도 않지만 끝없는 수정과 연구의 대상이다.

책의 어조는 『구약 성경』을 연상시키지만, 내용은 거기서 급진적으로 분기한다. 책은 그저 그 벽을 폭파하기 위한 장비를 넘어, 그 붕괴로 인해 찾아올 새로운 영적, 윤리적 관점을 계시하기도 한다. 내가 글 첫머리에서 인용한 그의 말은 본질적으로 도덕적 언명이다. 기본적으로 "너는 살인하지 말라."이지만 원래 계명에 있던 "이 모든 말씀은 하느님께서 하신 말씀이다." 같은 권위주의는 생략되어 있다. 공포가 바탕이 아니다. 하나 이상의 과학 분야에 기반을 둔 증거로부터 나온 도덕적 정언 명령인 것이다. 우리는 창세기와는 달리 호기심 때문에 저주를 받는 것이 아니라 타고난 지식욕 덕분에 발견이라는 포상을 얻는다. 그러려면 조직적 집중과 훈련이 필요하다. 우리는 우리를 제외한 자연에 채찍을 휘두르도록 따로 창조된 감독관이 아니라 매우 오래고 대단히 복잡한 자연의 직물을 이루는 실오라기 하나일 뿐이다.

책에서 칼은 인류 진보에 대한 새로운 개념을 그린다. 인류는 "동일시의 지평"을 확장하고, 자신이 대우받고 싶은 대로 남을 기꺼이 대우하고자 하는 존재가 되고, 동지애에 대한 우리 인식의 반구를 넓혀 주는 그 개척자적 혜안은 인식을 바꾸어 놓는 에피파니(Epiphany, 공현(公現))의 형태로 올지도 모른다. 나는 "타히티 사람들은 왜 뉴베드퍼드로 선교사를 보내지 않을까?" 하면서 "이해가 안 가." 하고 말하던, 허먼 멜빌(Herman Melville, 1819~1891년)의 시대를 앞선 어조를 떠올리고 있다. 아니면, 프레더릭 더글러스(Frederick Douglass, 1818~1895년)가 침묵을 강요받은 노예 생활 경험을 바탕으로 여성을 위해서도 투쟁해야 한다고 했던 경우처럼 인기 없는 명분을 택하는 것일 수도 있다. 또 제인 구달(Jane Goodall, 1934년~)이 우리의 가장 가까운 친척인 침팬지의 생애를 연구할 때, 침팬지를 이전처럼 자기 환경에서 뿌리 뽑혀 평생 고독과 우울 속에 갇혀 사는 수

감자로 만들지 않고 자연적 환경에서 연구하는 데 평생을 바친 예에서 보듯, 과학적 접근법의 급진적 혁신일 수도 있다. 이런 깨달음 하나하나가 곧 우리 서로를 갈라놓고 자연의 영광스러운 방대함을 보지 못하게 막는 벽으로부터 벽돌 하나를 빼내는 것과 같다.

칼에게, 이러한 윤리적 관점의 변화는 과학의 자연스러운 부산물이었다. 별들의 진정한 정체, 우주가 얼마나 크고 얼마나 오래되었는가를 알아내는 데, 지상 생명의 정교한 상호 관련성을 목도하는 데, 그리고 그 기원을 저 멀리 우주의 진화로까지 되밟아 가는 데는 과학 이전 우리 서구의 전통적 종교에서는 내다보지 못했던 영적, 윤리적, 그리고 혁명적인 함의가 있다. 단순히 교과서를 갱신하는 것으로는 충분치 않을 것이다. (그 정도조차 하기를 저어하는 이들도 많지만.) 우리가 무엇이고 언제 어디에 존재하는가에 관한 이 급진적으로 변화한 깨달음은 새로운 찬송가와 새로운 도덕적 정언 명령, 그리고 가장 시급하게는, 성스러움에 대한 새로운 감각을 요구했다. 어떻게 그러지 않을 수 있겠는가?

이 책의 마지막 몇 장에서 칼은 인류를 '별의 물질(starstuff)'로 보는 심상을 소개하는데, 이것은 옛날 천문학자 스티븐 소터(Steven Soter, 1943년~)와 협력해 「코스모스」 텔레비전 시리즈의 대본을 집필하던 시절 우리를 사로잡고 있던 주제였다. 우리는 별의 물질이다. 여러분과 나, 그리고 모두가. 조물주를 실망하게 한 실패한 진흙 덩어리가 아니라, 말 그대로, 우리 뼈의 원자 하나하나가 타고 남은 별의 재이다. 『코스모스』에 썼던 것처럼, "별에서 만들어진 물질이 별에 대해 숙고할 줄 알게 됐다. 10억의 10억 배의 또 10억 배의 그리고 또 거기에 10배나 되는 수의 원자들이 결합한 하나의 유기체가 원자 자체의 진화를 꿰뚫어 생각할 줄 알게 됐다. 우주의 한구석에서 의식의 탄생이 있기까지 시간의 흐름을 거슬러 올라갈 줄도 알게 됐다."

책을 면면히 흐르는 과학적 혜안은 물론 수많은 다른 이들, 특히 찰스 로버트 다윈(Charles Robert Darwin, 1809~1882년)의 저술을 핵심축으로 삼고 있다. 그렇지만 이 일관적으로 드러나는, 과학에 뿌리를 두고 엄격하게 회의적이되 경이감으로 가득한 시각은 칼의 것이다. 칼은 가진 재능을 발휘해 이전에 소외되던 모든 세대와 문화에 속한 대중에게 손을 뻗어 과학의 대단히 중요한 계시인, 치솟는 영적 고양감을 제공했다. 우주와 우리가 하나 되었다는 느낌을.

칼 세이건은 과학이 하는 주장을 대중이 암묵적으로, 지적으로 받아들이기를 절실히 바라면서도 그것으로는 충분치 않음을 바로 알았다. 칼은 우리가 과학이 드러내 준 이 새로운 우주를 마음으로 받아들이고 과학의 현실 검증 방식을 우리의 사고 방식으로 받아들이느냐 마느냐에 우리 미래가 걸려 있음을 바로 알았다. "여러분은 여기 있습니다." 칼이 종종 강의용 슬라이드 첫 장으로 사용하고는 했던, 우리 은하의 한쪽 팔 사진에 걸린 조그만 표지판에는 그렇게 쓰여 있다. 우리가 그것을 체화하고 나면, 그 어떤 잘나신 분파주의가 그 현실에 오래 저항할 수 있겠는가?

칼이 어머니 레이철과 함께 있던 날 브루클린에서 시작한, 별들의 진실을 알아내려는 치열한 탐색을 상상하다 보면, 나는 늘 어머니의 손에 쥐인 칼의 조그만 손을 한참 들여다보게 된다. 거기에는 다른 모든 것에 힘을 주는 원초적 연대가 있다. 아이의 질문을 귀히 여기고 그 답을 구하기 위한 여정에 함께하는 애정 넘치는 어른이 거기 있었다. 우주로 가는 관문은 그러한 헌신을 통해 발견될지도 모른다. 우리는 칼 세이건이 우리가 언젠가 될 것이라고 꿈꾸었던 그런 존재가 될 수 있을지도 모른다. 의식 있고, 현명하고, 공감할 줄 알고, 뜨거운 호기심이 넘치고, 영원히 회의하고, 힘 있는 자의 조종과 위협에 굴하지 않으며, 우리를 가두고 갈라놓는 벽에 갇히지 않는 존재. 갈수록 넓어지는 동일시 지평의 아름다움에 경이를 느끼고, 그러한 지평의 확장을 반기며, 더 이상 낡은 영장류의 계층 질서에 가로막혀 성장을 저해당하지 않고, 그 대신 서로를 배려하는 능력에 자부심을 느끼며 자연과 시공간의 직물 안에서 우리가 얼마나 하찮고 미미한가를 깨닫는 존재. 끝내 이 현실에 내재한 경이를 부둥켜안음으로써 충만한 안정감을 느끼며, 과거와 미래 세대를 연결하는 고리로서 우리의 책임감을 깨닫고 자신에 대한 깨달음과 불화하지 않는, 신성에 대한 고양되고 중대한 감각에 민감한 장기적인 사상가들. 칼이 그랬듯이, 완전히 살아 있고, 완벽하게 연결되어 있는, 이 행성과 우주의 견실한 시민 말이다.

앤 드루얀(Ann Druyan, 세이건 재단 대표)

책을 시작하며

내가 열두 살 적에 할아버지가 — 번역기를 통해서 — 자라면 뭐가 되고 싶냐고 물어보셨다. (당신은 끝까지 영어를 많이 배우지 못하셨다.) 나는 대답했다. "천문학자요." 잠시 후 내 대답이 번역되자 할아버지는 "그래." 하고 말씀하셨다. "근데 밥벌이는 어떻게 할 셈이냐?"

내가 알던 모든 남자 어른들과 마찬가지로, 나 역시 따분하고 반복적이고 창조적이지 못한 일을 하게 될 줄만 알았다. 천문학은 주말에나 하게 될 줄 알았다. 하고 싶은 일을 하면서 돈도 버는 천문학자라는 직업이 있다는 사실을 알게 된 것은 고등학교 2학년이나 되어서였다. 기뻐서 어쩔 줄 몰랐다. 관심사를 직업으로 삼을 수 있다니.

심지어 오늘날에도, 내가 하는 일이 마치 일어날 리 없는 꿈처럼 느껴질 때가 있다. 꿈 치고는 이상하게 즐거운 꿈이지만. 금성, 화성, 목성, 그리고 토성 탐사에 관여하는 것, 우리가 아는 지구와는 몹시 다른 40억 년 전의 지구에서 생명의 기원을 불러온 단계들을 재현해 보려고 애쓰는 것, 화성에 생명체를 찾기 위한 장비를 착륙시키는 것, 그리고 아마도, 만약 존재한다면 말이지만, 밤하늘의 어둠 저 바깥에 있는 다른 지성적 존재들과 교신하기 위한 본격적인 노력에 한몫 끼는 것.

이 모든 일이 내가 어렸을 적에는 모두 추측에 근거한 상상 속 허구일 뿐이었다. 하지만 50년만 늦게 태어났어도 나는 이런 일을 하나도 할 수 없었을지도 모른다. 50년만 늦게 태어났으면, 나는 이런 노력 어느 것 하나에도 관여할 수 없었을 것이다. 어쩌면 마지막 것만은 예외였을 수도 있다. 왜냐하면, 지금으로부터 50년 후에는 태양계에 대한 예비 정찰, 화성의 생명체 탐사, 그리고 생명의 기원에 관한 연구가 완료되었을 테니까 말이다. 나는 자신이 인류 역사에서 그런 모험이 이루어지고 있는 바로 그 순간에 살아 있을 수 있어서 각별히 운이 좋다고 생각한다.

그래서 제롬 에이절(Jerome B. Agel, 1930~2007년)이 이런 모험들의 짜릿함과 중요성에 대해 내가 어떻게 생각하는지 대중에게 알리는 책을 쓰자고 제안하러 왔을 때 나는 순순히 그러마 하고 대답했다. 비록 그 제안을 들은 때가, 이후 여러 달 동안 자는 시간을 제외한 내 시간의 대부분을 차지할 매리너 9호의 화성 탐사 계획이 시작되기 직전이었지만 말이다. 그때 그렇게 외계 지성체와의 교신 이야기를 하고 나서 에이절과 함께 보스턴에 있는 폴리네시아 음식점에서 저녁을 먹었다. 내 포춘 쿠키에서는 이런 글귀가 나왔다. "당신은 곧 중요한 메시지를 해독해 달라는 요청을 받을 겁니다." 좋은 징조 같았다.

엉터리 추측, 끝도 없는 사변, 갑갑한 보수주의, 그리고 상상력 부족으로 인한 무관심으로 점철된 수 세기가 지나 마침내 외계 생명체라는 화두를 다룰 때가 무르익었다. 그것은 이제 엄밀한 과학 기술로 추구할 수 있는 실질적인 단계에 도달해서 과학계의 존중을 비롯해 널리 그 중요성을 인정받았다. 외계 생명체라는 개념이 이제 제때를 만난 것이다.

이 책은 크게 세 부분으로 나뉜다. 첫 부분에서는 몇 가지 방식으로 우주적 관점의 감을 전달하고자 애쓰고 있다. 수십억 개의 은하가 있는 우주에서 우리 은하를 이루는 2500억 개의 별 중 하나를 도는 조그만 바위와 금속 덩어리 위에 사는 우리 자신을 좀 벗어나 볼 수 있도록 말이다. 천문학에는 우리가 가지기 쉬운 자만심을 다소간 누그러뜨린다는 실용적인 쓸모도 있다. 중간 부분은 우리 태양계의 다양한 양상, 주로 지구, 화성, 그리고 금성 등에 관심을 둔다. 매리너 9호의 탐사 결과와 의미 일부를 여기서 살펴볼 것이다. 3부는 다른 여러 별이 거느린 행성에 있는 외계 지성체와의 교신 가능성에 바치고 있다. 그런 접촉은 한번도 이루어진 적이 없으므로 이 장은 어쩔 수 없이 사변적이다. 이제껏 우리 노력이 미미한 수준이었다고 변명할 수는 있지만 말이다. 내가 보기에 과학적인 타당성이 있는 한, 나는 무엇이든 사고의 대상으로 삼기를 망설인 적이 없다. 그리고 비록 전문 철학자나 사회학자나 역사가는 아니지만, 천문학과 우주 탐사에 담긴 철학적, 사회적, 역사적 의미를 끌어내는 데 저어하지 않았다.

한창 이루어지고 있는 천문학적 발견들은 전 인류에 매우 큰 영향을 폭넓게 미친다. 이 책이 이런 탐사들에 대한 대중의 시야를 넓혀 주는 데 조그만 역할이라도 한다면 내 목적은 달성된 것이다.

아직 끝나지 않은 연구나, 특히 사변적인 탐구 주제들이 늘 그러듯이, 이 책에 담긴 선언 일부는 격렬한 반박을 불러일으키리라. 다른 의견을 담은 다른 책들도 있다. 조리 있는 논쟁은 과학에는 혈액과 같다. 안타깝게도, 지적으로 훨씬 빈혈 상태인 정치학의 전장에서는 그렇지가 못하지만 말이다. 이 책에서 제시할 조금은 논쟁적인 의견들에 대해서도 진지하게 고려해 주고 과학적으로 살펴봐 줄 지지층이 있으리라고 믿는다. 논의에 따라 필요하다 싶은 몇 군데에서는 의도적으로 같은 개념을 약간 다른 맥락으로 소개했다. 책의 순서는 공들여 구성한 것이지만 각 장은 대개 독립적이므로 독자들은 원하는 장을 먼저 훑어보아도 괜찮을 것이다.

여기 실린 주제들에 대한 내 관점의 틀을 잡는 데 도움을 준 사람들은, 여기서 전부 감사를 표하기에는 너무 많다. 그렇지만 여러 장을 다시 읽어 보면서 나는 조지프 베베르카(Joseph Veverka, 1941년~)와 프랭크 도널드 드레이크(Frank Donald Drake, 1930년~)에게 특히 큰 빚을 졌음을 깨달았다. 둘 다 코넬 대학교 동료들이고, 지난 몇 년간 이 책의 너무나 많은 부분을 함께 논의해 준 사람들이다. 책 일부는 매우 작은 자동차 안에서 매우 긴 대륙 횡단 여행을 하는 동안에 씌어졌다. 린다 살츠먼(Linda Salzman, 1940년~)과 니콜라스의 격려와 인내에 감사한다. 또 린다는 고맙게도 잘생긴 인간 두 명과 우아한 일각수 한 마리를 그려 주기도 했다. 「다른 세계(Another World)」를 수록하도록 허락해 준 고(故) 마우리츠 코르넬리스 에스허르(Maurits Cornelis Escher, 1898~1972년)에게도 감사 인사를 전한다. 3부에 실린 「인간 형상과 별이 있는 풍경(Human Figure and Star Field)」에 대해서는 로버트 매킨타이어(Robert Macintyre)에게 감사한다. 존 롬버그(Jon Lomberg, 1948년~)의 회화와 스케치는 지적, 미학적으로 자극을 주었는데, 더욱 고마운 것은 그중 다수를 특별히 이 책을 위해 그려 주었다는 것이다. 허먼 에클먼(Hermann Eckleman)이 롬버그의 작품을 세심하게 사진으로 찍어 준 덕분에 이 책에 실을 수 있었다. 그리고 제롬 에이절에게 감사한다. 에이절이 들인 시간과 인내가 없었더라면 이 책이 과연 나올 수 있었을지 모르겠다.

파이오니어 10호 명판에 대한 대중의 반응을 정리한 파일을 보여 준 NASA의 존 노글(John Naugle)에게도 빚을 지고 있다. 내 책 『행성 탐사(*Planetary Exploration*)』에 실린 몇 가지 생각을 재수록하도록 허가해 준 오리건 주 고등 교육청에도 감사한다. 1973년 1월에 포럼에서 배부한 내 서신 일부를 싣도록 허가한 샌타 바버라의 현대 역사 포럼에도 감사의 말을 전한다. 그리고 1972년 손턴 리 페이지(Thornton Leigh Page, 1913~1996년)와 공동 편집해 코넬 대학교 출판사에서 펴낸 『UFO: 과학적 논쟁(*UFO's: A Scientific Debate*)』 중 내가 쓴 「외계에서 왔을 가능성과 다른 가설들(The Extraterrestrial and Other Hypotheses)」을 재수록하도록 허가해 준 코넬 대학교에도 고마운 마음을 보낸다. 또 파이오니어 10호 명판에 대한 자기들의 발언을 4장에 싣도록 허가해 준 분들께도 감사드린다. 이 책은 수많은 퇴고를 거쳐 진화했는데, 그 과정에서는 조 앤 코원(Jo Ann Cowan)과 특히 메리 지맨스키(Mary Szymanski)의 기술적 노련함에 큰 빚을 졌다.

칼 에드워드 세이건

1부

우주에서

차 례

2부
태양계에서

3부

태양계 너머로

1부
우주에서

우리는 탐사를 멈추지 않으리
그리고 그 모든 탐사가 끝나면
다시 처음으로 돌아와
그곳을 마치 처음인 양 새로이 알게 되리……
화염의 혓바닥이
불의 왕관의 매듭 속으로 말려
그리하여 불과 장미는 하나로다.
—토머스 스턴스 엘리엇(Thomas Stearns Eliot, 1888~1965년),
「4개의 사중주(Four Quartets)」

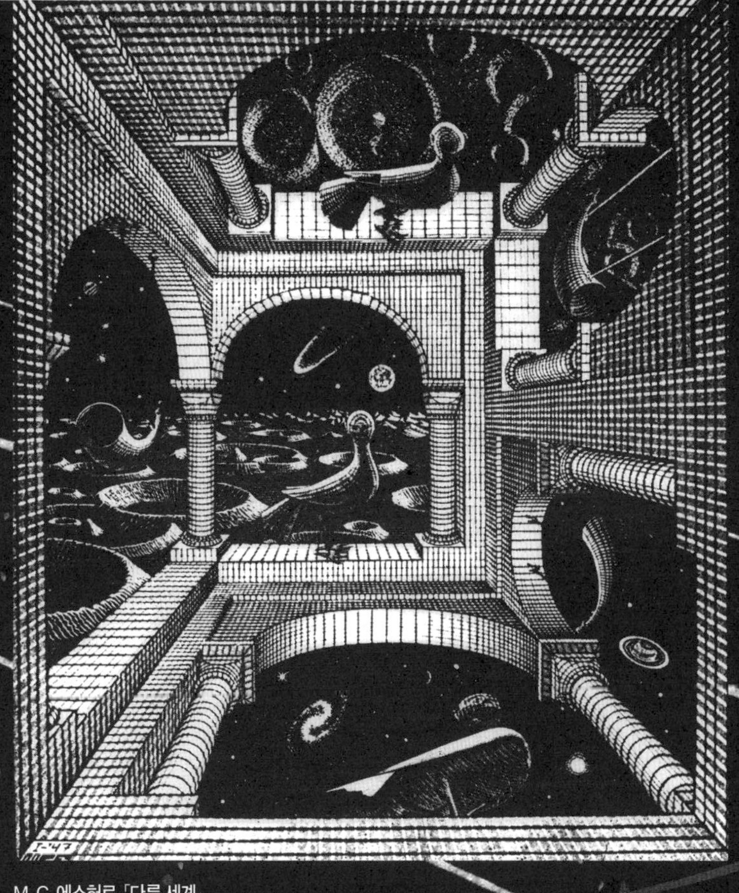

M. C. 에스허르, 「다른 세계」.

1장

과도기적 동물

존 롬버그, 「무제」.

50억 년 전 태양에 불이 켜지자 칠흑 같은 어둠에 잠긴 태양계에 빛의 봇물이 흘러들었다. 태양계 안쪽에 있던 불균질한 바위와 금속 덩어리 초기 행성들이 그 빛에 처음 잠겼다. 그 행성들은 원시 성운을 이루고 있던 티끌과, 태양이 타오르기 시작한 뒤에도 날려 가지 않고 남은 물질로 이루어져 있었다.

이 행성들은 형성되자마자 가열되었다. 그 내부에 갇힌 기체가 새어 나와 대기를 형성했다. 표면이 녹았다. 여기저기 화산이 생겼다.

초기의 대기는 아주 다양한 원자들로 이루어져 있었고 수소가 넘쳐났다. 초기 대기의 분자 위에 떨어진 태양광은 분자를 흥분시켰고, 분자의 충돌에서 더 큰 분자가 만들어졌다. 이 분자들은 화학과 물리학의 예외 없는 법칙에 따라 상호 작용했고, 대양으로 추락했고, 더욱 성장해 더 큰 분자들을 낳았다. 이 분자들은 자신의 원료였던 원래 원자들보다는 훨씬 더 복잡했지만, 사람 눈으로 볼 때에는 어떻게 봐도 여전히 미세한 분자들이었다.

이 분자들이, 상당히 놀랍게도, 바로 우리를 구성하고 있다. 우리 유전 물질의 원재료인 핵산을 이루는 기본 벽돌들이요, 세포 안에서 다양한 노동을 수행하는 분자 장인인 단백질을 이루는 벽돌들이다. 이들은 모두 원시 지구의 대기와 대양에서 나왔다. 우리가 이 사실을 아는 것은 오늘날 우리가 원시 상태를 재현함으로써 이런 분자들을 만들 수 있기 때문이다.

마침내, 수십억 년 전에, 놀라운 능력을 지닌 분자 하나가 생성되었다. 그 분자는 물속 주변에 있는 다른 분자 벽돌들을 가지고 꽤 정밀한 자기 복제품을 만들어 낼 수 있었다. 그런 분자 시스템에는 일련의 수칙이 있었는데, 분자 암호라고 할 그것은 더 큰 분자를 구축하기 위해 벽돌들을 어떤 식으로 결합해야 하는지를 알려주는 것이었다. 그 순서에 어쩌다 변화가 생기면 그 복제물도 마찬가지로 바뀌었다. 복제하고 변이를 일으키고 다시 변이를 복제하는 분자 시스템을 우리는 "살아 있는" 것이라고 말한다. 이러한 분자 무리에 '자연 선택(natural selection)'이 작용하면 '진화(evolution)'가 일어난다. 더 빨리 복제할 수 있거나, 주변에 있는 벽돌들을 재가공해 더 유용한 변종을 만들 수 있는 분자들은 경쟁자들보다 더 효율적으로 번식했다. 그리고 지배적인 분자가 되었다.

그렇지만 조건은 점차 변했다. 수소는 우주로 달아났다. 분자 벽돌의 생산은 저하되었다. 이전에는 넘쳐났던 먹을거리가 줄어들었다. 생명은 분자의 에덴 동산에서 추방당했다. 주변을 변화시킬 수 있었던, 단순한 분자를 복잡한 분자로 효율적으로 전환하는 분자 기계를 만들 수 있었던 단순한 분자 무리만이 살아남았다. 세포막에 싸여 있던 그 분자들은 환경에서 고립되었고, 초기의 더 전원적 환경을 유지할 수 있어서 유리했다. 최초의 세포들이 생겨났다.

분자 벽돌을 더는 무료로 공급받을 수 없게 되자 생명체는 고된 노동을 통해 그런 벽돌을 직접 만들어야 했다. 식물이 그 결과였다. 식물은 공기와 물, 광물과 햇빛을 가지고 고도로 복잡한 분자 벽돌을 생산했다. 인간 같은 동물은 식물에 기생하는 존재이다.

변화하는 기후, 그리고 이제 존재하게 된 폭넓고 다양한 생명체들 사이의 경쟁은 점점 더 큰 분화와 더 세련된 기능, 그리고 더 정교한 형태를 낳았다. 온갖 동식물이 지구를 뒤덮기 시작했다. 생명이 생겨난 태초의 대양으로부터, 육지와 공기 같은 새로운 환경에 이르기까지 모든 곳에서 생물이 살기 시작했다. 생명체는 이제 에베레스트 산 꼭대기부터 심해 저 깊은 곳까지 두루 살았다. 생명체는 황산이 끓는 뜨거운 농축 용액 속에서도, 바싹 마른 남극 대륙의 계곡들에서도 살아남았다. 소금 결정 하나에 흡수된 물을 먹고도 살았다.

자기가 사는 특수한 환경에 맞게 섬세하게 조율된, 조건에 절묘하게 적응한 생명 형태가 발달했다. 그렇지만 조건은 또 변했다. 지나치게 특수화된 생명체는 사멸했다. 다른 생명체들은 그만큼 잘 적응하지는 못했지만, 더 일반화되었다. 조건은 변화했고 기후는 다양해졌지만, 생명체들은 살아남을 수 있었다. 오늘날 지구 상에 사는 것보다 더 많은 종의 생명체가 지구의 역사를 거치는 동안 사라졌다. 진화의 비밀은 시간과 죽음이다.

유용해 보이는 적응 가운데 한 가지는 우리가 지능(intelligence)이라고 부르는 것이다. 지능은 가장 단순한 생명체에서도 명확히 보이는 진화적 경향의 확장이다. 바로 환경을 통제하려는 경향 말이다. 그간 통제 불가능한 환경 조건 변화에 대한 생물학적 대비책은 유전 물질이었다. 핵산을 이용해 한 세대에서 다음 세대로 정보를 전달하는 것이었다. 둥지를 짓는 법, 높은 곳이나 뱀이나 어둠에 대한 두려움, 겨울에 남쪽으로 날아가는 법 등에 대한 정보를 유전 물질을 통해 다음 세대에 전달함으로써 생명체는 멸종을 피했다. 그렇지만 지능은 한 개체가 살아가는 동안 적응에 도움이 되는 정보를 계발하고 발전시킬 수 있는 형질이다. 오늘날 다양한 지구 생명체는 우리가 지능이라고 부르는 이 형질을 타고난다. 이 형질은 돌고래한테도 있고 유인원한테도 있다. 그렇지만 이 형질이 가장 뚜렷하게 나타나는 생명체는 인간이다.

인간의 경우 적응에 도움이 되는 정보는 한 개체가 살아가는 동안에만 쌓이는 것이 아니라 학습을 통해, 책을 통해, 교육을 통해 축적되고 유전자를 통하지 않고도 전달된다. 인류가 지구라는 행성에서 독보적인 위치에 올라선 이유는 다른 무엇보다도 바로 이것이다.

우리는 45억 년에 걸쳐 느리게, 그리고 우연히 일어난 생물학적 진화의 산물이다. 진화 과정이 멎었다고 생각할 이유는 하나도 없다. 인간은 과도기적 동물이다. 창조의 정점이 아니다.

지구와 태양의 기대 수명은 수십억, 수백억, 수천억 년도 넘는다. 인간의 미래 발전상은 통제된 생물학적 진화, 유전 공학, 그리고 생명체와 인공 지능 기계 간의 친밀한 동반자 관계를 협조적으로 안배한 모습일 확률이 높다. 그렇지만 누구도 이런 미래의 진화를 정확히 예측할 위치에 있지는 않다. 확실한 것은 우리가 머물러 있지는 않으리라는 것뿐이다.

인류 초기 역사에서, 우리가 아는 한, 개체 아닌 개인은 모두 혈연으로 연결된, 구성원이 많아도 열에서 스물을 넘지 않는 직속 부족 집단에 충성을 바쳤으리라. 그리고 시간이 지나면서 증대되는 협력 행동의 필요는 인류로 하여금 더욱더 큰 무리를 짓지 않으면 안 되게끔 했다. 대형 동물 또는 큰 동물 무리를 사냥하거나 농경을 하거나 도시를 건설하거나 해야 했다. 처음에는 부족 단위로 동일시가 이루어졌고, 그 동일시는 이 진화의 매 단계에서 확장되었다. 45억 년이라는 지구 역사와 수백만 년이라는 인류 역사에서 특정한 순간이라 할 오늘날, 인류 대다수는 민족 국가에 대한 충성을 가장 우선시하고 있다. (비록 일부 가장 위험한 정치적 문제들이 여전히 더 작은 인구 단위를 중심으로 한 부족적 갈등에서 생겨나기는 하지만 말이다.)

앞을 내다볼 줄 아는 많은 지도자들이 한 개인이 특정한 민족 국가나 종교, 인종이나 경제적 집단이 아니라 전 인류에게 충성을 바치게 될 시대를 꿈꾸었다. 우리가 수만 킬로미터 떨어진 곳에 사는, 성별도 인종도 종교나 정치적 신념도 다른 이들의 이득을 우리 이웃이나 형제의 이득 못지않게 중시하게 될 시대. 그렇지만 이런 방향으로의 변화는 괴로울 정도로 느리다. 우리 지능이 멋대로 풀어놓은 기술이 만든 무력을 가지고 우리가 자신을 파괴하기 전에 과연 인류의 전 지구적 자기 동일시가 이루어질 수 있을지 심히 의문스럽다.

무척 현실적인 의미에서, 인간은 더 많은 핵산을 더 효율적으로 복제하도록 안배된 핵산 기계이다. 어떤 의미에서 우리의 가장 강력한 충동, 가장 고귀한 모험, 가장 압도적인 욕구, 그리고 명확한 자유 의지는 모두 유전 물질에 새겨진 정보가 발현한 것이다. 우리는, 어떤 의미에서, 우리 핵산의 걸어 다니는 임시 저장소이다. 그렇다고 우리의 인간성을 부정하는 것이 아니다. 진선미(眞善美)를 추구해 봤자 무의미하다는 말이 아니다. 그렇지만 우리가 어디로 가는가를 단정하려다가 우리가 어디서 왔는가를 무시한다면 그것은 엄청난 과오일 것이다.

우리의 본능적 장치가 수십만 년 전 수렵 채집의 시대로부터 그리 변한 게 없다는 점은 의심할 여지가 없다. 우리 사회는 그 시대로부터 어마어마하게 변했고, 현대 세계에서 생존의 가장 큰 문제는 이런 갈등의 관점에서 이해할 수 있다. 우리가 원시적 본능 때문에 해야만 한다고 느끼는 것과, 유전을 통하지 않은 학습을 바탕으로 우리가 해야 한다고 생각하는 것 사이의 갈등 말이다.

우리가 이런 몹시 위험한 시기를 견디고 살아남는 데 필요한, 궁극적으로 가장 바람직한 동일시는 전 인류와의 동일시조차도 넘어선다. 우리가 이 45억 년에 걸친 진화의 귀중한 유산을 공동으로 물려받은 다른 인간에게 깊은 존경심을 갖는다면, 그러한 동일시가 똑같이 45억 년에 걸친 진화의 산물인 지상의 다른 모든 생명체에게 해당해서는 안 될 이유가 있는가? 우리는 지상의 생명체 중 얼마 안 되는 일부만을 배려한다. 예를 들어 개, 고양이, 그리고 소가 그렇다. 우리에게 유용하거나 우리의 삶을 지탱해 주기 때문이다. 그렇지만 거미와 도롱뇽, 연어와 해바라기도 똑같이 우리의 형제자매이다.

나는 우리 모두가 이런 식으로 동일시의 지평을 넓히기를 힘들어하는 바로 그 이유가 유전 물질에서 기인한다고 믿는다. 한 군락의 개미는 다른 군락 개미의 침략에 죽음으로 맞서 싸울 것이다. 인류 역사는 피부색, 혹은 난해한 신학적 사변, 혹은 복식이나 머리 모양 따위의 사소한 차이 때문에 학대, 노예화, 그리고 살인이 저질러지는 말도 안 되는 사례로 그득하다.

우리와 무척 비슷하되 생리학적으로 약간만 다른 존재 — 눈이 3개라거나, 예를 들어, 코와 이마가 파란 털로 덮여 있다거나 하는 존재 — 는 어째서인지 거부감을 불러일으킨다. 그런 거부감은 옛날에는 맹수나 이웃에 맞서 우리의 조그만 부족을 지켜내는 데 적응적 가치가 있었다. 그렇지만 우리 시대에 그런 거부감은 시대착오적이고 위험하다.

그저 모든 인간만이 아니라 모든 생명 형태를 존중하고 숭배할 때가 왔다. 걸작 조각 작품이나 절묘하게 만들어진 기계에 경의를 표하듯이. 물론 이것은 우리가 우리 자신의 생존을 위한 지침을 버려야 한다는 뜻은 아니다. 파상풍균인 테타누스 바킬루스(*Tetanus bacillus*)를 존중하라고 해서 자진해서 우리 몸을 배양기로 제공하라는 말은 아니다. 그렇지만 한편으로 이 생명체의 생화학이 우리 행성의 깊숙한 과거에 기원을 두고 있다는 사실을 떠올려 볼 만하다. 우리가 그토록 자유롭게 호흡하는 산소 분자가 파상풍균에게는 독이다. 파상풍균은 수소가 풍부하고 산소가 없는 원시 지구 대기에서는 고향에 온 듯 편안해 하겠지만 우리는 아니다.

행성 지구의 일부 종교에서는 모든 생명을 숭배한다. 예를 들어 인도의 자이나교가 그렇다. 그리고 이런 개념 비슷한 것이 채식주의를 낳았다. 적어도 이런 섭식 제한을 실천하는 수많은 사람은 그렇게 생각한다. 그렇지만 동물보다 식물을 죽이는 것이 더 낫다고 할 근거가 어디 있는가?

인간은 다른 생명체의 목숨을 빼앗음으로써만 생존할 수 있다. 그렇지만 우리는 또한 다른 생명체들을 키움으로써 생태학적 보상을 할 수 있다. 조림(造林)을 장려하고, 산업적, 상업적으로 가치가 있다고 여겨지는 바다표범과 고래 같은 생명체를 도매금으로 학살하는 것을 방지하고, 불필요한 사냥을 법으로 금하며, 지구를 그 거주민 모두에게 좀 더 살 만한 환경으로 만드는 것이다.

3부에 가서 말하겠지만, 어떤 먼 별의 행성에 있는 또 다른 지적 생명체, 수십억 년간의 매우 독립적인 진화를 거친 존재, 우리와 조금이라도 비슷하게 생겼을 가능성이 전혀 없는 — 비록 생각은 우리와 무척 비슷할지도 모르지만 — 존재와 접촉할 날이 올지도 모른다. 우리가 그저 우리 사는 행성의 가장 단순하고 가장 미소한 생명 형태들만을 넘어, 광막한 별들의 은하에 우리와 더불어 살고 있을지 모를 낯설고 진보한 생명 형태들로까지 동일시의 지평을 넓히는 것은 중요한 일이다.

2장

고래자리의 일각수

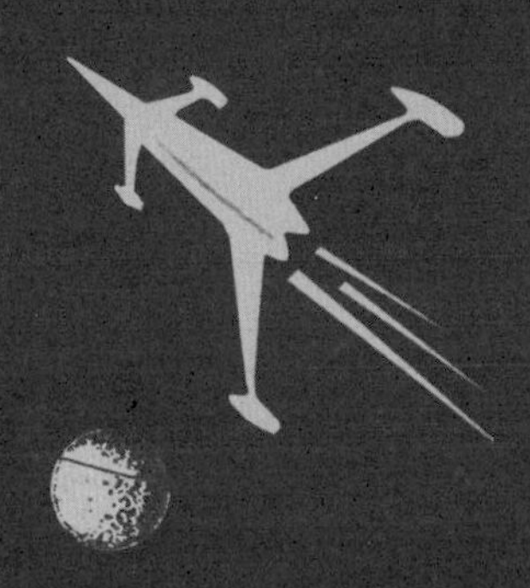

맑은 밤하늘에는 '우주적 로르샤흐 테스트'가 우리를 기다린다. 밝은 별 흐릿한 별, 가까운 별 먼 별, 수천 개의 별이 다양한 색깔로 반짝이며 밤의 캐노피에 점점이 뿌려져 있다. 무작위성을 불편해하고 질서를 찾고자 하는 인간의 눈은 이처럼 따로따로 점점이 흩어진 빛을 패턴으로 조직하는 경향이 있다. 대기가 오염되지 않았던 수천 년 전, 거의 온종일 야외에서 보내다시피 했던 우리 조상들은 이 패턴을 면밀히 연구했다. 여기서 현대 신화학이 다루는 풍요로운 설화들이 발달했다.

이런 별 관련 신화들의 근원은 대개 전해지지 않는다. 너무 오래되었고, 지난 수천 년간 너무 자주, 그것도 하늘에서 일어나는 일들에 익숙지 않은 이들에 의해 개작되어 많은 부분이 사라진 탓이다. 하늘의 패턴들에 관한 우주적 이야기들의 메아리를 우리는 여기저기서, 때로는 전혀 의외의 장소에서 듣게 된다.

「판관기」에 벌떼에 잔뜩 쏘여 죽은 채 발견된 사자 이야기가 나오는데, 기묘하지만 분명히 무의미한 사건이다. 그렇지만 밤하늘의 사자자리는 맑은 날 밤하늘에 흐릿한 빛무리로 보이는, 프레세페 성단(Presepe Cluster), 또는 벌집 성단(Beehive Cluster)이라고 불리는 별 무리에 인접해 있다. 망원경으로 본 그 모습 때문에 현대의 천문학자들은 그것을 "벌집 성단"이라고 부른다. 어쩌면 「판관기」의 이야기는 망원경이 없던 시대에 눈이 별나게 좋은 어떤 사람이 본 프레세페 성단의 모습에 관한 것일지도 모른다.

나는 밤하늘 사자자리에서 사자의 윤곽을 분간하지 못한다. 큰곰자리(북두칠성)의 국자 모양은 알겠고, 맑은 밤이면 작은곰자리도 알아보겠다. 하지만 오리온자리의 사냥꾼이나 물고기자리의 물고기는 잘 모르겠다. 마차부자리의 마부는 말할 것도 없다. 밤하늘에 보이는 신화의 짐승들, 명사들, 그리고 인간 옆에 놓인 도구들은 임의적인 것이지 자명한 것이 아니다. 각 별자리의 구분에 대해서는 합의가 되어 있다. 국제 천문연맹(International Astronomical Union, IAU)에서 최근 인가한 것으로, 각 별자리를 구분하는 경계를 그어 놓았다. 그렇지만 하늘에는 명확한 그림은 거의 없다.

이 별자리들은 2차원으로 그려졌지만, 근본적으로 3차원이다. 오리온자리 같은 별자리는 지구에서 상당히 멀리 떨어져 있는 밝은 별들과 훨씬 더 가까이 있는 흐릿한 별들로 이루어져 있다. 우리가 우리 시점을 바꾼다면, 예를 들어 성간 우주선을 타고 관측 지점을 옮긴다면, 하늘의 모양은 변할 것이다. 별자리들의 모양은 서서히 일그러질 것이다.

코넬 대학교 행성 연구소에 있는 데이비드 월리스(David Wallace)의 노

태양에서 본 별자리

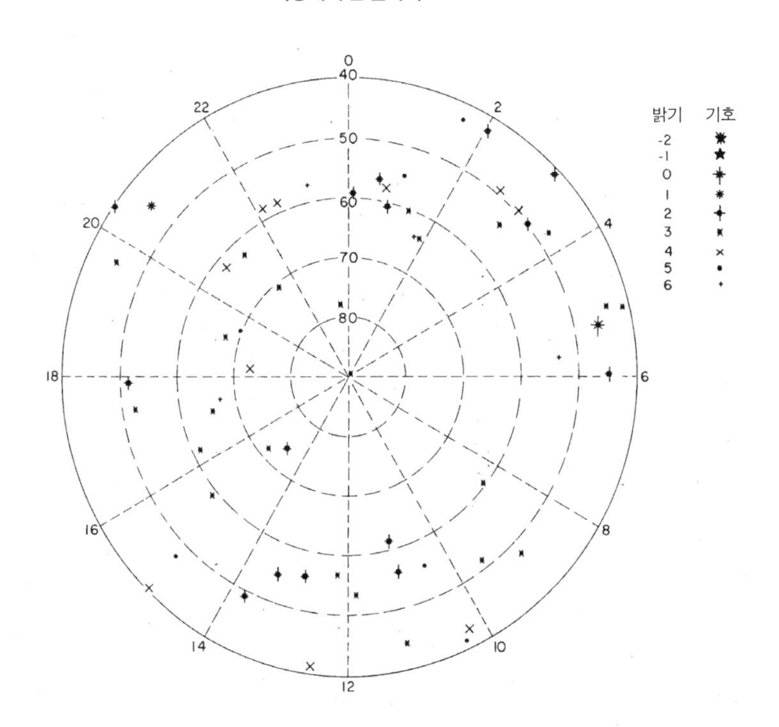

태양이나 지구에서 본, 북쪽 하늘의 별자리.

력에 크게 힘입어, 지구에서 가장 밝고 가까운 각 별의 3차원적 위치 정보가 컴퓨터에 입력되었다. 맑은 밤하늘에서 맨눈으로 볼 수 있는 밝기인 광도 5의 별까지였다. 컴퓨터에 지구에서 본 하늘 모양을 보여 달라고 하면 우리는 앞쪽 그림과 같은 결과를 볼 수 있다. 큰곰자리, 작은곰자리, 그리고 카시오페이아를 포함한 북쪽 하늘의 별자리들과, 남십자성을 포함한 남쪽 하늘의 별자리들, 그리고 오리온자리와 황도 12궁을 포함한 중간 황위에 있는 다양한 별들이다. 혹시 여러분이 전통적인 별자리를 공부하지 않았다면 앞쪽 그림에서 전갈자리나 처녀자리를 알아보는 데 좀 어려움을 겪을 수도 있겠다.

이제 컴퓨터에 우리와 가장 가까운 별, 지구로부터 약 4.3광년 떨어진 3개의 별로 이루어진 성계인 센타우루스자리 알파별에서 본 하늘을 그려 달라고 해 보자. 우리 은하의 규모에 비추어 보면 이 거리는 워낙 짧아 우리 시야 안에 들어오는 별들은 처음과 거의 변하지 않는다. 센타우루스자리 알파별에서 큰곰자리는 지구에서 보는 것과 똑같아 보인다. 다른 별자리도 거의 모두 비슷하게 변화가 없다. 그러나 놀라운 예외가 하나 있으니, 카시오페이아자리다. 안드로메다의 어머니이자 페르세우스의 장모인 고대 왕국의 여왕 카시오페이아는 주로 하늘이 어느 쪽으로 도느냐에 따라 W 또는 M으로 배열되는 다섯 별로 이루어져 있다. 그러나 센타우루스자리 알파별에서 보면 이 M에 별 하나가 더 보인다. 카시오페이아자리에 불쑥 나타나는 이 여섯 번째 별은 나머지 다섯보다 훨씬 밝다. 이 별이 바로 우리 태양이다. 가장 가까운 별에서 봐도 우리 태양은 밤하늘에 떠 있는 수많은 별 가운데에서도 대수로울 것 없는 점 중 하나일 뿐이다. 비교적 밝기는 하지만 말이다. 센타우루스자리 알파별 주위에 어떤 행성 하나가 있다 치면, 그 행성의 하늘에서 카시오페이아자리의 여섯 번째 별 태양을 보고, 그 주위를 도는 행성들이 존재

센타우루스자리 알파별에서 본 별자리

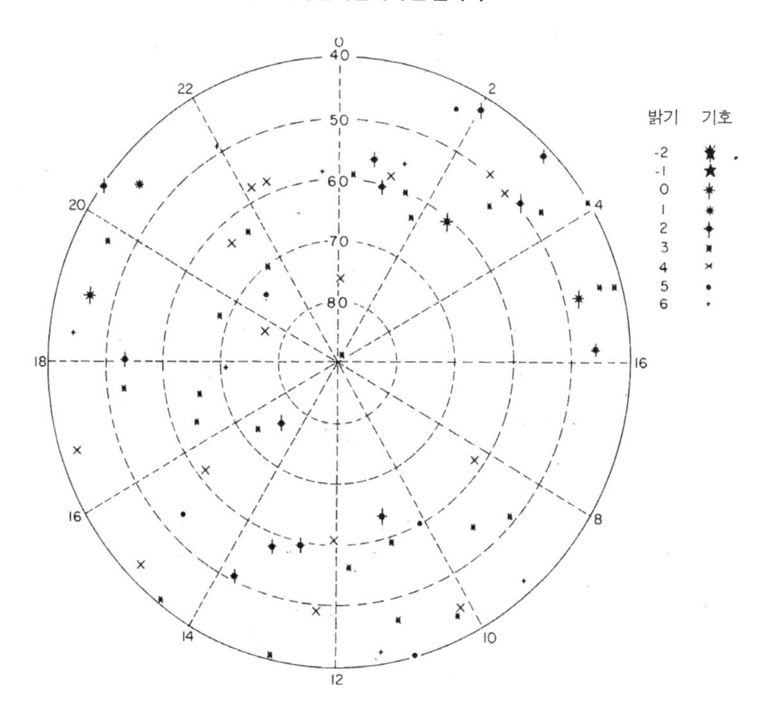

가장 가까운 별인 센타우루스자리 알파별에서 본 밤하늘. 황위 60도, 황경 2.5도 근처에 보이는 카시오페이아자리의 새로운 별은 태양이다.

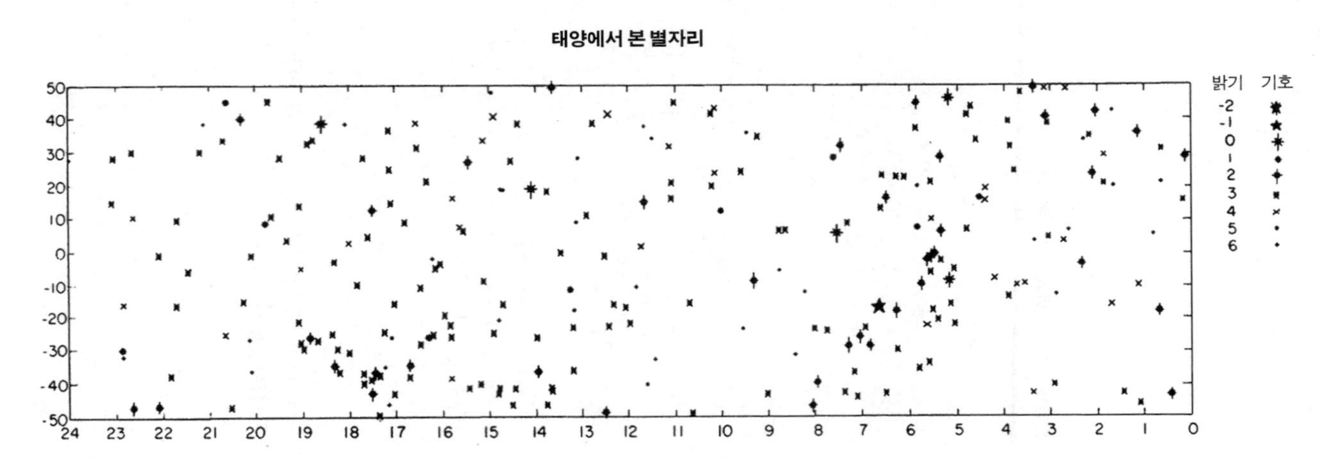

지구와 태양에서 보았을 때 가장 밝은 별들. 천구의 남극과 북극 근처에 있는 별들은 표시되어 있지 않다.

하며, 그중 셋째 행성에는 생명체들이 살고 있고, 이 생명체들 가운데 하나가 상당한 지능을 가졌다고 자처한다는 사실을 짐작하기란 정말 어려울 것이다. 카시오페이아자리의 여섯 번째 별이 이렇다면, 밤하늘에 있는 다른 셀 수도 없는 수백만 개의 별들도 마찬가지 아니겠는가?

10년 전 오즈마 프로젝트(Project Ozma)에서 지능을 갖춘 외계인의 신호를 발견할 수 있을지 확인해 본 두 별 중 하나가 고래자리 타우별인데, 이 별은 (지구에서 보았을 때) 고래자리에 있다. 다음 쪽 그림은 컴퓨터가 고래자리 타우별의 주위를 도는 한 가상적 행성에서 본 하늘을 그린 것이다. 우리는 이제 태양에서 11광년 남짓 떨어져 있다. 우리 시야 안에 들어오는 별들도 약간 더 변화했다. 별들의 상대적 위치가 변화했으니, 우리는 새로운 별자리를 마음대로 만들어 낼 수 있다. 고래자리 타우별의 사람들은 그것을 보고 심리 투사 시험을 할 수 있으리라.

나는 화가인 아내 린다 살츠먼에게 고래자리 타우별의 하늘에 떠 있는 외뿔소자리를 그려 달라고 했다. 우리 하늘에는 이미 외뿔소자리라고 불리는 일각수가 있지만, 나는 더 크고 더 우아한 일각수를 바랐다. 또한, 흔한 지상의 일각수와는 약간 다른, 예를 들어 다리가 4개 대신 6개 달린 것을 원했다. 린다는 꽤 잘생긴 짐승을 만들어 냈다. 다리가 세 쌍일 것이라는 내 예상과는 반대로, 그 짐승은 앞다리 뒷다리가 각각 3개씩 붙어 있는 두 쌍의 다리를 뽐내며 우아하게 내달리고 있었다. 그 달리는 모습은 매우 그럴듯해 보인다. 일각수의 꼬리가 몸통과 만나는 지점에 간신히 알아볼 만한 조그만 별이 하나 있다. 별 주목받지 못하는 위치에 자리 잡은 그 흐릿한 별이 바로 우리 태양이다. 고래자리 타우별의 사람들이라면 일각수 몸통과 꼬리를 잇는 별 주위를 도는 행성에 지능이 있는 존재가 살고 있다는 상상을 하면서 재미있어할지도 모르겠다.

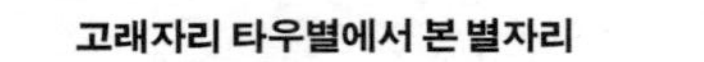

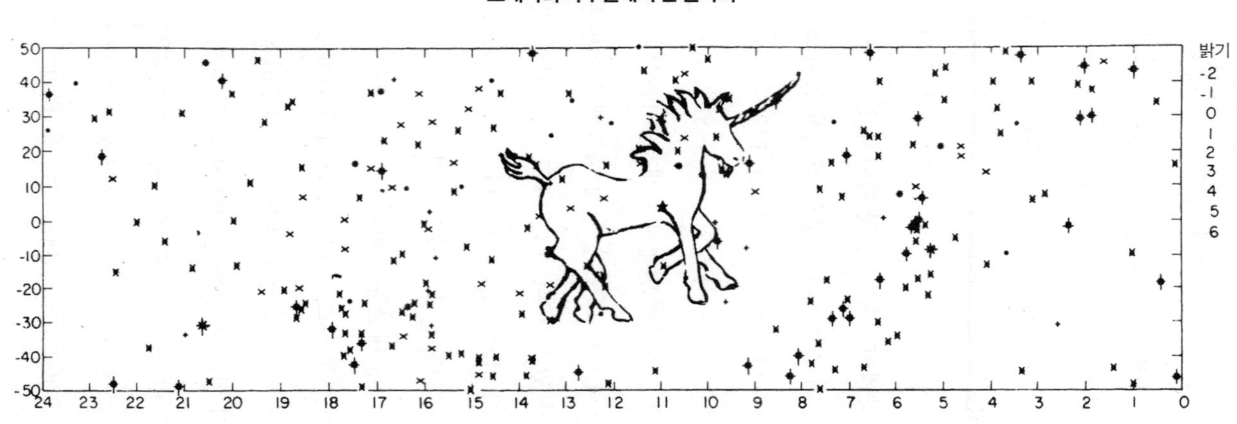

앞 쪽에서 본 것과 같은 별들이지만, 지구에서 본 것이 아니라 우리 태양과 가장 가까운 별들 중 하나인 고래자리 타우별의 한 가상적 행성에서 본 모습이다. 일각수의 몸통과 꼬리를 연결하는 부분에 있는 작은 점으로 표시된 우리 태양은 광도 4의 별로 보인다.

우리가 태양에서 고래자리 타우별을 넘어 40광년이나 50광년쯤 더 멀리 가면 태양의 밝기는 더욱 흐릿해지다가 사라져서 인간의 맨눈에는 보이지 않게 된다. 만약 장시간의 성간 여행이 가능하다고 해도, 더 이상 태양을 기준으로 한 추측 항법(dead reckoning)을 사용할 수는 없을 것이다. 지상의 모든 생명체가 의존하는 우리의 강력한 별, 너무나 밝아서 오랫동안 똑바로 보면 시력을 잃을 위험이 있는 태양은, 20광년 정도, 그러니까 우리 은하 중심까지 거리의 수천분의 1밖에 안 되는 거리만 떨어져도 전혀 보이지 않을 터이기 때문이다.

3장

지구에서 보내는 전언

파이오니어 10호에 실린 명판.

1972년 3월 3일에 케네디 곶에서 파이오니어 10호 우주선을 쏘아 올린 것은 외계 문명과 교신하려는 인류 최초의 본격적 시도였다. 파이오니어 10호는 항해 초기에는 화성과 목성의 궤도 사이에 놓인 소행성대를 탐사하고, 그 후 목성의 환경을 탐사하도록 설계된 최초의 우주선이었다. 그 궤도는 어떤 궤도 이탈 소행성에도 방해받지 않았다. 안전 계수(safety factor)는 20 대 1로 추정되었다. 우주선은 1973년 12월 3월에 목성에 접근했고, 그러고 나서 목성의 중력으로 다시 가속되어 사람이 만든 것 중 최초로 태양계를 떠난 물체가 되었다. 탈출 속도는 초속 11킬로미터 정도였다.

파이오니어 10호는 인류가 오늘날까지 쏘아 올린 가장 빠른 물체이다. 그렇지만 우주는 매우 한산하고 별들 사이의 거리는 아득히 멀다. 은하계의 모든 별이 행성계를 가지고 있다고 해도, 앞으로 100억 년간 파이오니어 10호는 다른 어떤 별의 행성계에도 들어설 일이 없다. 대략 4.3광년 거리에 있는 가장 가까운 별까지 가는 데만도 8만 년이나 걸릴 것이다.

그렇지만 파이오니어 10호는 가장 가까운 별 쪽을 향하지 않았다. 그 대신 근방에 아무런 물체도 존재하지 않는, 황소자리와 오리온자리의 경계 근처에 있는 천구의 한 지점을 향해 날아갈 것이다.

그 우주선이 어떤 외계 문명과 조우(遭遇)할 가능성도 생각해 볼 수 있다. 단 그 외계 문명은 성간 우주 비행을 하는 데 필요한 다양한 능력과, 그런 소리 없는 우주 폐기물을 낚아채 가져갈 만한 능력이 있어야겠지만 말이다.

파이오니어 10호에 메시지를 싣는 것은 난파된 선원이 유리병 속에 편지를 담아 바다에 던지는 것과 몹시 비슷하다. 단, 우주의 대양은 지구의 그 어떤 대양보다도 훨씬 광막하다는 것을 기억해야 한다.

우주 시대판 유리병 편지를 띄운다는 생각을 떠올린 나는 이 생각을 실행할 가능성이 조금이라도 있는지 알아봐야겠다 싶어 파이오니어 10호 프로젝트 사무실과 NASA 본부에 연락을 취했다. 그리고 놀랍고 기쁘게도, 내 생각은 NASA의 그 수많은 관료 조직들을 거쳐 승인을 얻었다. 그때가 — 일반적 기준으로 보았을 때 — 우주선에서 아무리 사소하더라도 무언가를 변경하기에는 너무 늦은 시점이었는데도 말이다. 1971년 12월 푸에르토리코의 산 후안에서 열린 미국 천문학회(American Astronomical Society, AAS) 회의에서, 나는 같은 코넬 대학교의 동료 교수인 프랭크 드레이크와 따로 만나 어떤 메시지를 보낼 수 있을지를 다양하게 논의했다. 몇 시간 만에 우리는 그 메시지의 내용을 잠정적으로 결정했다. 그리고 화가인 내 아내 린다 살츠먼 세이건이 그린 인간 형상이 거기 보태졌다. 우리 메시지가 그런 목적을 위해 생각할 수 있는 최선이라고는 생각지 않는다. 그 생각을 제시하고, 메시지를 도안하고, NASA에서 승인을 받고, 마지막 명판을 새기기까지 시간은 총 3주밖에 없었다. 동일한 임무를 띤 똑같은 명판이 파이오니어 11호 우주선에도 실려 쏘아 올려졌다.

이 장 앞 부분에 실은 것이 그 메시지이다. 그것은 금으로 양극 산화 처리된 가로세로 229×152밀리미터의 알루미늄판에 식각(蝕刻)되어 파이오니어 10호의 안테나 버팀대에 부착되었다. 성간 공간에서 기대 부식률은 상당히 낮으므로, 이 메시지는 최소 수억 년, 어쩌면 그것보다도 훨씬 더 오랜 세월 보존되리라. 인류의 공예품 중 기대 수명이 가장 긴 물건인 셈이다.

여기에 우리는 이 우주선을 만든 이들이 살았던 삶의 현장과 시대, 그리고 본성을 일부라도 담고자 했다. 그리고 그 메시지를 우리가 수신자와 공유하는 유일한 언어일 과학의 언어로 적었다. 왼쪽 맨 위에 있는 그림은 전자의 스핀이 평행 위치에서 역평행 위치로 바뀌는 과정에서 일어나는 중성 수소 원자의 초미세 천이를 도식으로 나타낸 것이다. 그리고 도식 밑에 있는 것은 이진법으로 나타낸 숫자 1이다. 수소가 그처럼 천이할 때는 파장 약 21센티미터, 주파수 약 1,420메가헤르츠의 광자가 방출된다. 따라서 이 천이에는 특정한 거리와 시간이 관련되어 있다. 수소는 우리 은하에서 가장 풍부한 원자이고 물리학 법칙은 우리 은하 전역에서 동일하게 적용되므로 짐작하건대 인류보다 진보된 문명은 메시지의 이 부분을 어려움 없이 이해할 수 있을 것이다. 하지만 좀 더 확실히 해 두기 위해, 남자와 여자 뒤에 단순화해 그려 넣은 파이오니어 10호 우주선 옆 오른쪽 여백에 그 높이를 나타내는 이진법 숫자 8(|---)을

새겨 넣었다. 두 줄 표시 사이에 있다. 이 명판을 손에 넣은 문명은 당연히 우주선도 손에 넣었을 테니, 적시된 그 길이가 실제로는 8×21센티미터에 가깝다는 것을 알아차릴 테고, 왼쪽 맨 위에 있는 기호가 수소의 초미세 천이를 나타낸다는 것을 확신할 수 있으리라.

그림 왼쪽 가운데 있는 중심 부분을 차지한 방사형 패턴에는 이진법으로 표기된 수가 더 많이 보인다. 이 수들은 십진법으로 표기하면 열 자리 수가 된다. 이 수는 거리나 시간을 나타내야 한다. 만약 거리라면 10^{11}센티미터의 몇 배, 또는 지구와 달 사이 거리의 수십 배가 된다. 그것이 딱히 교신에 유용하리라고 생각한 것은 아니다. 태양계 물체들의 움직임 때문에 그런 거리는 끊임없이, 그리고 복잡하게 변화하기 때문이다.

그러나 그것을 시간으로 보면 10분의 1초에서 1초가 된다. 이것은 우주에 전파를 정기적으로 방출하는 펄서(pulsar)의 특정한 주기이다. 펄서란 별이 폭발하는 대변동에서 태어난, 빠르게 회전하는 중성자별을 말한다. (38장 참조) 과학적으로 발달한 문명이라면 그 방사형 패턴에서 이 우주선이 발사된 시점과, 태양계와 14개 펄서의 상대적인 위치를 파악하는 데 전혀 어려움이 없으리라고 본다.

펄서는 일종의 우주 시계이다. 신호 방출 주기는 점차 느려지는데, 우리는 그 속도를 대체로 알고 있다. 이 메시지의 수신자들은 14개의 펄서가 그런 상대적인 위치에 배열된 것을 **어디서** 볼 수 있느냐만이 아니라 **언제** 볼 수 있느냐도 묻고 답해야 한다. 그리고 그러한 배열은 우리 은하의 아주 작은 영역에서만, 그리고 우리 은하의 전체 역사 속에서도 오로지 1년 동안만 가능하다는 답을 얻게 될 것이다. 그 작은 영역 안에는 어쩌면 수천 개의 별이 있을지도 모른다. 그중 행성들이 그림 아래쪽에 표시된 상대적 거리대로 배열된 성계는 단 하나뿐이다. 그림에는 행성들의 개략적 크기뿐만 아니라 토성 고리도 그려져 있다. 지구에서 발사되어 목성을 지나는 우주선의 최초 궤도를 제시한 그림도 보인다. 따라서 그 메시지는 대략 2500억 개의 별 중 단 1개의 별과 약 100억 년의 역사 속 단 1년(1970년)을 구체적으로 명시하고 있는 것이다.

진보된 외계 문명이라면 메시지의 내용을 여기까지는 명확히 파악할 것이다. 물론 파이오니어 10호 우주선을 모조리 검사했다면 말이다. 그 메시지는 우리 행성의 일반 행인들에게는 그처럼 명확하지 않을지도 모른다. (그러나 지구의 과학계 사람들은 이 메시지를 해독하는 데 거의 어려움이 없을 것이다.) 하지만 오른쪽의 인간 형상에 대해서는 반대이다. 45억 년, 또는 그것보다 오랜 세월에 걸쳐 독립적 생물 진화를 거친 외계 존재들은 인간을 전혀 닮지 않았을 수도 있고, 여기서처럼 원근법과 선을 바탕으로 그림을 그리리라는 법도 없다. 따라서 인간이라는 존재는 이 메시지에서 가장 해독하기 어려운 부분일 것이다.

4장

지구에 보내는 전언

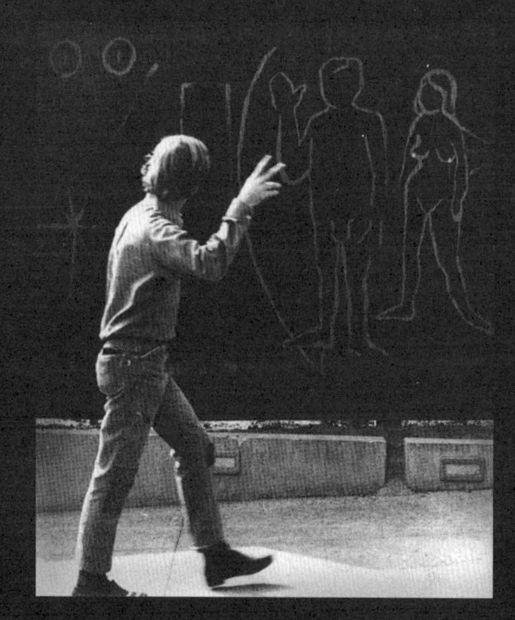

캘리포니아 공과 대학의 낙서. 파이오니어 10호의 명판에 대한 반응 중 하나이다. 캘리포니아 주 패서디나 캘리포니아 공과 대학의 허락을 받아 실었다.

파이오니어 10호 우주선에 황금 인사장을 실은 것은 가능성이 희박하기는 하지만 먼 미래 언젠가 어떤 진보된 외계 문명의 대표자들이 최초로 태양계를 떠난 인류의 공예품을 조우할 경우를 대비해서였다. 그렇지만 그 메시지에는 좀 더 즉각적인 의미도 있었다. 그 메시지는 이미 상세한 연구 대상이 되었으니, 그 연구자들은 외계인이 아니라 지구인이었다. 행성 지구 전역의 인간들은 그 메시지를 검토하고 갈채를 보내거나 비평과 해석을 하고, 그 대신 다른 메시지를 보냈으면 더 좋았을 것이라며 의견을 제시하기도 했다.

메시지의 그림들은 신문과 텔레비전 프로그램, 조그만 문예지, 국내의 주간지 들에서 폭넓게 거론되었다. 과학자와 주부, 역사학자와 예술가, 페미니스트와 동성애자, 군 장교와 외교관, 그리고 콘트라베이스 교수 한 사람이 우리에게 편지를 보냈다. 판화 회사 한 곳과 과학용품 판매 업체, 태피스트리 제조사, 그리고 은 주괴를 전문으로 하는 이탈리아 조폐국에서 우리 명판을 복제해 상업적으로 판매했다. 공교롭게도 모두 무허가였다.

대다수 평은 호의적이었고, 그중에는 유독 열성적인 반응도 있었다. 스위스 제네바의 《트리뷴》은 커다란 길가 광고판에 "외계인에게 보내는 NASA의 메시지!"라고 알리기도 했다. 한 과학자는 우리가 미국 잡지인 《사이언스》에 실은 명판의 과학적 토대에 대한 해설을 읽고, 과학 논문을 읽다가 기쁨의 눈물을 쏟은 것은 그때가 처음이었다며 편지를 써 보냈다. 미국 조지아 주 애선스(Athenes) 시에 사는 어떤 사람은 "이 병 속의 전언이 어떤 상상할 수 없는 우주인의 손에 들어갔을 때면 우리는 모두 가고 없을 것이다. 그런데도 그것의 존재 자체, 그 꿈의 대담함은 불가피하게 내 — 그리고 내가 아는 많은 이들 — 안의 바스코 누녜스 데 발보아(Vasco Núñez de Balboa, 1475~1519년. 에스파냐 출신의 탐험가), 안톤 판 레이우엔훅(Anton van Leeuwenhoek, 1632~1723년. 네덜란드 출신의 과학자)을 일깨웠다. 진정 인간다운 인간 존재를 말이다!"라고 적었다.

신비로운 낙서로 가득한 캘리포니아 공과 대학에서는, 어떤 이름 모를 화가가 공사장 부지 차단벽에 실물 크기로 그 메시지를 그려 지역 주민들로부터 환영을 받았는데, 우리는 그것이 외계의 메시지 해독자들에게도 모델 역할을 했으면 싶다. (4장 시작 부분 사진 참조)

그렇지만 비판적인 의견도 있었다. 메시지의 과학적 핵심인 펄서 지도에 대한 것이 아니라 남자와 여자 그림에 대한 것이었다. 원래 이 한 쌍은 내 아내가 그리스 조각의 고전적 모형과 레오나르도 디 세르 피에로 다 빈치(Leonardo di ser Piero da Vinci, 1452~1519년)의 그림을 바탕 삼아 그린 것이었다. 우리는 이 남녀가 서로 모른 체하고 있다고 생각지 않는다. 둘이 서로 손을 잡고 있지 않은 것은 외계 수신자들이 그 커플이 손가락 끝으로 서로 연결된 단일한 생명체라고 생각하지 않았으면 해서였다. (토종 말이 없었던 아즈텍과 잉카 사람들은 말과 그 위에 탄 정복자를 한 동물로 생각했다. 일종의 머리 둘 달린 켄타우로스 같은 것으로.) 남녀가 정확히 똑같은 위치나 자세에 있지 않은 것은 팔다리의 유연성을 전달하기 위해서였다. 비록 지구에서는 널리 쓰이는 원근법과 선이라는 회화의 전통이, 우리와 다른 예술적 전통을 지닌 문명에 그처럼 즉각적으로 명확하게 받아들여지지 않으리라는 것은 잘 알고 있지만 말이다.

남자는 오른손을 들고 있는데, 내가 예전에 한 인류학 책에서 읽은 바에 따르면 그것은 '보편적인' 선의의 신호다. 물론 문자 그대로의 보편성은 존재하지 않는다는 것은 안다. 적어도 그 인사로 우리 엄지손가락의 기능을 보여 줄 수는 있다. 둘 다가 아니라 남자만 손을 들고 인사하고 있는 것은 수신자들이 우리 팔 한쪽이 그 모양대로 팔꿈치에서 굽어 있다고 오해하는 일이 없도록 하기 위해서였다.

몇몇 여성들은 여자가 너무 수동적으로 보인다고 불평하는 편지를 보냈다. 자기도 여성스러운 인사 방식으로 양팔을 쭉 앞으로 내뻗어서 우주에 인사하고 싶다는 사람도 있었다. 페미니스트 측 비판의 주안점은 여자를 그리다 말았다는 것이었다. 즉 외음부를 전혀 짐작할 수 없다는 것이다. 이 그림에서 아주 짧은 선 하나를 생략하기로 한 데는 전통적인 그리스 조각상에서도 그 표현이 생략되었다는 이유도 있었다. 그렇지만 또 다른 이유도 있었다. 메시지가 무사히 파이오니어 10호를 타고 날아 올라가는 것을 보고 싶어서였다. 돌이켜보면 우리는 NASA의 과학적, 정치적 수뇌부를 실제보다 더 청교도적으로 판단했다. 우주국의 관료와 대통령의 과학 자문에 이르기까지 나는 여러 관료와 수많은 논의를 가졌지만 빅토리아 풍 엄숙주의적 이의 제기는 한번도 들은 적이 없고, 도움이 되는 격려만 아주 많이 들었다.

그렇지만 확실히 기존 표현에조차 반감을 느끼는 사람들도 없지 않았다. 예를 들어《시카고 선타임스》는 같은 날 그 명판의 세 가지 형태를 세 가지 판에 실었다. 맨 처음 판에서는 남자가 그대로 실렸지만, 둘째 판에서는 에어브러시로 거세를 당해 어색한 모습을 하고 있었으며, 마지막 하나에서는 성기가 아예 없어졌다. 틀림없이 아버지들이 일하다 말고 집으로 급히 달려가지 않도록 안심시키려는 의도임이 분명했다.《뉴욕 타임스》에 여성을 그리다 만 데 너무나 화가 나서 "남자의 …… 오른팔을 잘라내고 싶은!" 저항할 수 없는 욕구를 느꼈다는 편지를 써 보낸 여성이 이 이야기를 들었다면 신이 났을지도 모르겠다.

《필라델피아 인콰이어러》는 1면에 명판의 삽화를 실었지만, 여성의 유두와 남성의 성기는 제거했다. 편집자의 발언이 인용되었다. "가족 신문은 공동체의 기준을 지켜야 한다."

여성 외음부가 보이지 않는 이유에 관한 낭설이 잔뜩 부풀려져서 나돌았다. NASA 관료들이 여성의 원본 그림을 검열했다고 처음 보도한 것은 존경받는 과학 저술가 톰 오툴(Tom O'Toole)이《워싱턴 포스트》에 로스 앤젤레스 쓴 칼럼이었다. 이 이야기는 그러고 나서 전국적으로 연재되는 아트 호프(Art Hoppe), 잭 스태플턴 주니어(Jack Stapleton Jr.) 같은 사람들의 칼럼에 회자되었다. 스태플턴은 명판을 접하고 분개한 다른 행성 시민들이 감히 남자와 여자의 "맨발" 그린 외설성에 도덕적 분노로 발작을 일으키며 그 부위에 반창고를 붙여 버린다는 상상을 펼쳤다. 어떤 사람은 워싱턴의《데일리 뉴스》에 편지를 보내 여자 그림을 검열했으니 일관성을 위해 두 사람의 코를 파랗게 칠하는 게 맞는다고 하기도 했다. 또 어떤 사람은《플레이보이》에 편지를 보내어, 정부가 지금 하는 것으로도 모자라 시민의 삶에 더욱 간섭하려 한다며 혀를 끌끌 차기도 했다. SF 잡지들의 사설들 또한 정부를 심하게 책망했다. 정부가 파이오니어 10호 명판을 검열했다는 생각은 이제 온갖 문서로 뚜렷이 적히고 확고하게 자리를 잡아서 그 명판을 도안한 사람들이 아무리 반박을 해도 지배적인 여론에는 전혀 아무런 영향을 미칠 수 없는 상황이다.

그래도 적어도 애는 써 봐야 하지 않겠는가.

메시지에서 보이는 섹슈얼리티 또한 편지의 불길을 타오르게 했다. 《로스앤젤레스 타임스》에는 격분한 독자의 편지가 실렸다.

> 《로스앤젤레스 타임스》 1면에 남자와 여자 양쪽의 성기가 노골적으로 실렸다는 데 충격을 금할 수가 없습니다. 이런 식으로 성을 이용하는 것은 확실히 우리 공동체가 그간 《로스앤젤레스 타임스》에 기대해 온 수준을 격하시키는 짓입니다.
>
> 영화와 외설 잡지 같은 미디어를 통해 포르노의 폭격을 참고 견디는 것으로는 모자랍니까? 우리 우주국 관료들이 이 지저분한 걸 태양계 너머로까지 퍼뜨려야겠다고 생각한 것만으로도 충분히 나쁘지 않습니까?

며칠 후 《로스앤젤레스 타임스》에는 앞서 편지를 뒤따라 이런 편지가 실렸다.

> 나는 확실히 그런 더러운 벌거벗은 사람들 그림을 저 우주로 보내는 데에 저항하는 사람들의 의견에 동의합니다. 남자와 여자 그림의 생식기에 시각적으로 '삐-' 처리를 했어야 옳았다고 봅니다. 그 옆에는 천국에서 온 조그만 바구니를 문 황새의 그림을 그려 두었어야 맞고요.
>
> 그리고 우리 천체의 이웃들에게 우리의 지적인 진보상을 진정으로 알리

고 싶다면, 산타클로스, 부활절 토끼, 그리고 이빨 요정의 그림을 넣었어야지요.

뉴욕에서 발행되는 《데일리 뉴스》는 그 이야기에 전형적인 헤드라인을 달았다. "나체와 지도를 통해 다른 세계에 지구를 알리다."

어떤 사람들은 성기를 그림으로 표현했다 하더라도 그 기능을 명확히 알 수는 없었을 것이라면서, 성교에서 출산까지, 사춘기에서 성교까지를 일련의 만화로 그렸어야 한다고 강력히 주장했다. 가로세로 23×15센티미터 명판에 그럴 공간이 어디 있었겠는가. 더욱이 그랬다간 《로스앤젤레스 타임스》의 사무실에 또 무슨 편지가 날아들라고.

《가톨릭 리뷰》의 기사는 "모든 것을 담으면서 신만 빼놓았다는" 이유로 그 명판을 비판하면서 인간 한 쌍이 아니라 기도하는 손 한 쌍의 스케치를 실었으면 더 나았을 것이라는 의견을 내놓기도 했다.

또 다른 사람은 원근법 원리가 너무 어려워 도저히 알아볼 수 없을 것이라면서 남자와 여자의 완벽한 시신을 보내야 한다는 의견을 내놓기도 했다. 시신은 우주의 냉기에서 완벽하게 보존될 터이므로 외계인들은 시신을 상세히 연구할 수 있다고 했다. 우리는 과도한 무게를 이유로 고사했다.

캘리포니아 주에서 발행되는 《버클리 바브(*Berkeley Barb*)》는 1면에 "안녕. 우리는 오렌지 카운티에서 왔어요."라는 자막을 달아 그 그림을 실었는데, 그림의 남자와 여자가 너무 경직되어 있는 것처럼 보인다는 느낌을 전달하려고 했던 것이 분명했다. (미국에서도 자유주의적 분위기인 캘리포니아 주에서 오렌지 카운티는 다소 보수적이라는 평이 있는 곳이다. — 옮긴이)

이 발언은 비록 대중적인 주목은 거의 받지 못했지만, 내 개인적으로는 그 남녀 그림에서 앞의 지적들보다 훨씬 잘못되었다고 느끼는 부분을 건드리고 있다. 판화의 바탕이 된 원화를 제작하면서 우리는 의도적으로 남자와 여자를 특정 인종에 속하지 않은 모습으로 만들려고 했다. 여자는 눈에 몽고주름을 비롯해 아시아 인 같은 외양이 일부 있다. 남자는 퍼진 코, 두꺼운 입술, 그리고 짧은 '아프로(Afro)' 머리 모양을 하고 있다. 남녀 모두 코카서스 종의 특징도 가지고 있다. 우리는 적어도 인류의 주된 인종 세 가지를 나타내고 싶었다. 몽고주름과 입술과 코는 마지막 판화에 살아남았다. 하지만 여자의 머리는 윤곽선만 그려져서 대다수 사람에게 금발로 보이는 바람에 아시아 인의 유전자를 받았다고는 생각하기 어렵게 되고 말았다. 또한 원래 스케치에서 나중의 판화로 변화를 거치면서 아프로 머리는 아프리카와는 그다지 관련이 없어 보이는 중세식 곱슬머리로 바뀌고 말았다. 그럼에도 명판의 남녀는 인류의 성과 인종 들을 상당 정도 대표한다.

런던의 이름난 미술 연구 기관인 워버그 연구소(Warburg Institute) 이사 에른스트 한스 요세프 곰브리치(Ernst Hans Josef Gombrich, 1909~2001년) 교수는 《사이언티픽 아메리칸》에서 그 명판을 비판했다. 외계 생명체가 가시광선 대역의 빛을 이용한 시각을 발달시키지 않았다면 명판을 볼 수 없지 않겠느냐는 것이 교수의 의문이었다. 그 답은 간단한 물리학 법칙에서 나온다. 행성의 대기는 근처에 있는 태양들(별들)에서 빛을 흡수하는데, 그것은 세 분자 과정을 따른다. 첫째 과정은 원자에 붙어 있는 전자들 각각의 에너지 상태가 변화하는 것이다. 이러한 변화는 스펙트럼의 자외선, 엑스선, 그리고 감마선 대역에서 일어나고, 이 파장 대역에 대해 행성 대기를 불투명하게 만든다. 둘째 과정은 하나의 분자로 결합해 있는 두 원자가 진동하는 데에서 생기는 진동 전이(vibrational transition)이다. 이러한 에너지 전이는 스펙트럼의 근적외선 대역에 대해 행성 대기를 불투명하게 만든다. 셋째 과정은 분자들의 자유로운 회전 때문에 생기는 회전 전이(rotational transition)이다. 이러한 전이 과정은 원적외선을 흡수하기 쉽다. 그 결과, 아주 일반적으로, 근처 별에서 방출되어 행성 대기를 뚫고 온 전자기파는 스펙트럼의 가시광선과 전파 대역에 속해 있을 것이다. 이것은 대기에 흡수되지 않은 빛이다.

사실, 이 빛은 천문학자들이 지구 표면에서 우주를 관측하는 데 사용하는 기본적인 '창'이다. 그렇지만 전파의 파장은 너무 길어서, 웬만한 크기의 생명체는 자기 주변의 그림을 전파 파장 '눈'으로 인화할 수 없다. 따라서 우리는 은하 전역의 별들에 딸린 행성에 사는 생명체들이 두루두루 광주파수 감지기를 개발했기를 바라고 있다.

그렇지만 적외선 대역(혹은 기왕이면 감마선 대역)을 볼 수 있는 눈을 갖추고 성간 공간에서 파이오니어 10호를 낚아챌 능력이 있는 생명체가 있다고 치면, 그들의 눈이 감지할 수 없는 주파수에서도 그 그림을 알아볼 재간이 있기를 기대한다고 해도 아마 지나친 요구는 아닐 것이다. 명판의 판화 선들은 금으로 양극 산화 처리된 알루미늄 배경보다 더 진하기 때문에, 그 메시지는 적외선으로 본다고 해도 얼마든지 눈에 보일 것이다.

곰브리치는 또한 우리가 우주선의 궤도를 화살표로 그린 것도 공격한다. 우리와 마찬가지로 화살 같은 것을 발명한 수렵 사회로부터 진화한 문명들이 아니면 화살표를 이해하지 못하리라는 것이다. 그렇지만 이것 역시 문제될 것 없다. 꼭 대단히 지적인 외계 생명체가 아니라고 해도 화살표의 의미를 이해할 수 있을 것이다. 화살표는 태양계의 세 번째 행성에서 시작해서 성간 공간의 어딘가에 있는 우주선 그림에서 끝난다. 그리고 그 명판의 발견자들은 실물 우주선을 '손'에 넣었다. 더 나아가 그 명판은 우주선에 붙어 있다. 충분하지 않을까? 나는 그들이 여기서 우리가 수렵과 채집으로 먹고살던 조상들로부터 진화했음을 추론할 수 있기를 희망할 따름이다.

같은 방식으로, 태양에서 여러 행성까지의 상대적 거리는 명판 아래쪽의 십진법 표기로 나타냈는데, 이것을 보면 우리가 10을 기반으로 한 산술을 사용한다는 것을 알 수 있다. 우리가 손가락 10개와 발가락 10개를 가지고 있다는 사실 — 명판에 신경 써서 그린 부분이다. — 로부터, 나는 어떤 외계의 수신자들이 우리가 10에 기반을 둔 산술을 사용하며 우리 중 일부는 손가락으로 셈을 한다는 사실을 추론할 수 있기를 바란다. 어쩌면 우리 발가락이 뭉툭한 것을 보고 우리가 나무 위에서 산던 조상들에서 진화했다는 것까지도 추론할 수 있을지도 모를 일이다.

알고 보니 그 메시지는 사람들에 대한 심리 테스트 역할도 했다. 어떤 남자는 그 메시지가 전 인류의 종말을 불러올까 봐 걱정스럽다는 편지를 썼다. 제2차 세계 대전을 다룬 미국 영화들이 텔레비전 방송 신호를 통해 우주 공간으로 송출되고 있을 확률이 아주 높다는 게 그의 주장이었다. 그런 프로그램들 때문에, 외계인들은 ① 나치는 무척 나쁜 놈들이었고, ② 그들은 오른손을 뻗어 인사를 했다는 사실을 쉽게 추론할 수 있을 터였다. 그는 외계인들이 명판의 남자가 나치들과 같은 인사를 하고 있다고 오해하고, 그 오해를 바탕으로 제2차 세계 대전에서 악당들이 이겼다고 생각해 즉각 지구에 정의 구현과 응징을 위한 원정군을 파견할까 봐 걱정했다.

그런 편지는 그 메시지의 이른바 외계인 수신자보다는 편지 쓴 사람의 정신 상태에 대해서 더 많은 것을 말해 준다. 들어 올린 오른손은 역사적으로 군사적인 의미와 연관되기는 하지만, 그 의미는 정반대이다. 아무것도 쥐지 않은 오른손을 들어 올리는 것은 무기가 없다는 뜻이다.

내가 가장 감동한 반응들은 명판에서 영감을 받은 그림과 시 같은 예술 작품들이었다. 사막과 산맥을 그리는 수채화 화가인 에임 모라트(Aim Morhardt) 씨는 우연히도 파이오니어 10호 계획을 지휘한 거대한 골

드스턴 천문대가 위치한 캘리포니아 주의 비숍에 살고 있었다. 모라트 씨는 이런 시를 썼다.

파이오니어 10호: 황금 전령

모험을 찾아나선 전사의 혈족을 태우고,
북해를 누비던 용이 뱃머리를 돌리니,
바람에 나부낀 용맹한 인어가
돛대 셋 달린 날씬한 그 몸체에 허리 숙여 인사를 하네.
미지의 육지를 찾던 그 모든 이들은
이 날개 돋친 시대를 만나 사라지고
지상의 굽은 길 곧은 길은 속속들이 알려지고 기록되어,
어떤 이국 해변의 새롭고 낯선 보물은 남은 바 없네.

이제 인류의 새로운 우두머리가 나타나,
헤아릴 길 없이 방대한 미지를 마주하네,
벌거벗은 몸으로 세월의 부름을 넘어 별의 속도로
손에 손잡고 바깥을 향해, 그토록 외로이 가라.
나와 네 종족의 조그만 전령이여,
가 닿아라, 할 수 있다면, 어딘가 먼 항구에.

북아일랜드 벨파스트의 아비드 스폰버그(Arvid F. Sponberg) 씨는 이렇게 썼다. "파이오니어 10호의 여정 — 그리고 그와 같은 여정들 — 은 시인, 화가, 그리고 음악가에게 오래도록 영향을 미칠 것입니다. **파이오니어 10호라는 개념**의 존재가 그 증거입니다. 과학적 임무에는 물론 헤아

릴 수 없는 가치와 이해 관계가 들어 있지만, 그 여정이라는 **개념**은 그것보다도 더 큰 상상적 가치가 있습니다. 파이오니어 10호는 화가들이 인류의 새로운 여행을 환상이 아니라 경험으로 직면해야 하는 날을 더 가까이 오게 해 줄 것입니다."

스폰버그 씨는 우리를 위해 소네트 풍의 시를 작곡했다.

새로운 오디세이

멀리, 저 멀리, 넘어서, 동족을 잃은,
다스릴 수 없는, 방황하는, 멀리까지 가닿을 방랑자들,
갈망하며, 별에 끌려, 개척자들은 휘몰아 가네,
더 바깥으로, 태양계의 바람에 떠돌며.

한 남자, 한 여자, 따뜻한 지구의 고아,
또는 황금 돛을 단 눈부신 여행자,
또는 고대 별의 자취를 떠도는 집시들,
천상의 정박지를 찾아 나선 대상(隊商).

만약, 차가운 행성 간 우주 깊은 곳에서,
어떤 공포에 찬 눈이 있어 이 뗏목에 탄 생명을 엿본다면,
우리 뗏목 안의 심장을 알아볼 것인가,
평화의 리듬에 뛰는 펄서를?

영혼의 별 모양 광채들이 새로운 변경들을 관통한다,
오디세이는 우리의 고향, 개척자들을 칭송하세!

물론 파이오니어 10호의 메시지, 즉 인간의 손에 만들어졌지만, 무척 다른 종류의 생물을 향한 메시지가 무슨 뜻인지 전혀 이해되지 않을 가능성도 있다. 그러나 우리는 그렇게 생각하지 않는다. 우리는 그 메시지의 언어가 보편적이라고 생각한다. 남자와 여자 그림만 빼고 말이다. 외계인은 영어나 러시아 어나 중국어나 에스페란토 어는 이해 못 한다 해도 은하계의 공통 수학과 물리학과 천문학은 가지고 있을 것이다. 나는 그들이 그다지 애쓰지 않고도 은하계의 언어, 즉 '과학의 언어'로 씌어진 이 메시지를 이해할 것이라고 믿는다.

그렇지만 우리가 틀렸을지도 모른다. 우리 메시지가 완벽하게 오해받을 가능성을 제기한 것은 영국 유머 잡지인《펀치》였다. (문제를 지적한 글 중에서 현재까지 가장 재미있었던 것이기도 하다.) 헤드라인은 "파리에서 발행되는《헤럴드 트리뷴》에 따르면 NASA 과학자 열 명 중 하나가 이 메시지의 의미를 해석할 수 있다고 했다. 그러니 외계인들이 알아들을 가능성이 얼마나 되겠는가?"였다.《펀치》는 외계인 네 명을 대표로 표본 조사를 한 의견을 제시했다. 그 의견은 실제 메시지의 그림과 밀착 비교해 가며 읽어야 한다.

"그렇다고 해도 우리가 이 단계에서는 그저 추측만 할 뿐이지 아무도 아래쪽에 쭉 있는 점들의 의미를 해석할 수 없었다는 점을 확실히 짚어두어야겠다. 어떤 대도시의 철도 지도일 것이라는 의견도 있었지만, 그렇다고 하면 뒤집힌 요트인지 정원용 삽인지가 만드는 화살표 형태를 설명할 수 없을 듯하다. 그러나 벌거벗은 금발 여자를 넣은 것을 보면 이것은 어쩌면 지구인들이 이용하는 수준 낮은 행성에서 보낸 일종의 농담일 가능성이 더 높다."

"다리 14개 달리고 지독히 말라빠진 거미로서 말하자면," 안드로메다 9 뒤편에서 나온 목소리가 말했다. "이 지구인들이 보낸 엽서를 연구한 결과 그건 모욕인 듯하다. 우리 종을 그처럼 조악하며 서툴게 그리고 무엇보다도, 우리의 오른쪽 다리 하나가 나머지보다 더 긴 것처럼 그리다니. 게다가 뒤에서 있는 기하학적 존재는 확실히 우리에게 등을 돌리고 있으며, 다른 둘 중 하나는 매우 노골적으로 비도덕적인 몸짓으로 다섯 안테나를 가리키고 있다. 지성을 갖춘 우리 거미들 사이에서 이것이 선전 포고를 뜻한다는 것은 거의 의심할 여지가 없을 듯하다. 어깨에서 화살을 쏘는 능력이 있는 듯한 오른편 생물의 그림은 특히 불길한 부분이고, 지구인들과 길고도 지독한 투쟁을 알리는 심각한 조짐이기도 하다."

"그게 뭐든," 그 존재는 선언했다. "아무 이유 없이 이 먼 길을 왔을 리는 없다. 짐작하건대 그것은 우리에게 무언가를 말하려 하고 있다. 그냥 토론을 위해, 우리 앞에 놓인 이 물건이 실제 생물 그 자체가 아니라 일종의 공예품이라고 가정해 보자. 그러면 왜 그것이 아직 한마디도 하지 않았는지를 우선은 설명할 수 있을지도 모른다. 아니, 나는 이것이 보내진 — 아마도 어떤 원시적인 3차원 세상에서 — 의도가 그림이나 암호를 통해 우리 존재에게 메시지를 보내는 것이라고 하겠다. 물론 어떤 메시지냐는 그것이 어느 방향이 위냐에 따라 다르다. 거기에 저속한 의도가 있다고 해도 나로서는 그다지 놀랍지도 않다."

"장엄하군!" 센타우루스자리 알파별의 존재가 경이감에 숨죽이며 말했다. "진정 장엄해! 지금껏 알려진 바, 이전 지구인 레오나르도 다 빈치의 원작이 우리 행성에 온 것은 이번이 처음이야! 우리 망원경에 따르면 그 양식은 의심할 바 없이 다 빈치의 것이야. 하지만 이번 발견 때문에 지구에 대한 지적 데이터를 일부 수정할 수밖에 없겠군. 경찰관이 옷을 입지 않고 교통 정리를 할 수 있을 만큼 대기가 따뜻하다는 것도, 지구인들의 주요 사지가 끈으로 작동하는 게 확실하다는 것도 이제껏 알려지지 않은 사실이야. 이제 그쪽에서 곧 좀 더 간명한 인사장을 보내오기를 기다려 보자고."

어쩌면 가장 기민한 반응을 보인 것은《뉴욕 타임스》의 사설이었을 것이다.

> 그 도금 명판은 우리에게 더 도전적이다. 인간은 별을 향해 자신의 공예품을 쏘아 올릴 수 있을 만큼 이상할 정도로 천계 법칙에는 통달했으면서도 여기 지상에서 우리 자신의 체제를 돌아가게 하는 데는 어찌 이리 낙심할 만큼 서툴단 말인가. 슬기로운 인간의 행성이 핵의 불길에 소진되지 않게 할 방법을 찾으려고 노력하는 와중에도, 인간이 지나친 인구 증가나 과도한 자원의 필요성에 의해, 혹은 양쪽에 의해 지구를 소진할 가능성이 대단히 높다고 경고하는 목소리가 높아만 간다.
>
> 그러니 우주로 쏘아 올린 표지는 동시에 지구로 떨어진 시련이기도 하다. 그 도금 명판은 인간이 아직 여기 있다는 전언을 전한다. 그들이 여기 있었다가 사라졌다는 것이 아니다.

파이오니어 10호에 실린 메시지는 재미있었다. 그렇지만 단순히 재미 이상이었다. 그것은 우주적 로르샤흐 테스트의 일종으로서, 많은 사람이 거기 반영된 자신의 희망과 공포들, 포부와 패배를 보았다. 인간 영혼의 가장 어둡고 가장 빛나는 양상들이 거기 있었다.

그런 메시지를 보냄으로써 우리는 우주적 담론장에서 우리가 어떻게 보이고 싶은지를 생각해 보지 않을 수 없게 된다. 우리는 우리 은하 다른 곳에 사는 더 우월한 문명에 인류가 어떤 이미지로 보였으면 하는가? 파이오니어 10호 메시지는 우리에게 우주에서 우리 자신을 다시 보도록 권한다.

파이오니어 10호 명판의 더 중요하고 큰 의미는 메시지를 저 바깥을 향해 보냈다는 것이 아니다. 여기로 다시 메시지를 보냈다는 것이다.

5장

유토피아 실험

존 롬버그, 「유토피아들을 찾아서(The Quest for Utopias)」.

우리 은하 다른 곳에서 진보된 기술 문명을 찾을 가능성을 헤아릴 때 가장 중요한 사실은 우리가 전혀 알지 못하는 것, 즉 그런 문명의 수명이다. 만약 문명들이 어떤 기술적 단계에 이른 후 급속히 스스로 붕괴한다면, 어떤 주어진 순간에(예를 들어 지금) 어쩌면 우리가 접촉할 대상이 거의 남아 있지 않을지 모른다. 만약, 그런 문명 중 얼마 안 되는 수라도 대량 파괴 무기를 지닌 채 살아남는 법을 배우고, 자연적 재앙이나 자초한 재앙 양쪽을 피한다면, 어느 한 시점에서 우리가 교신해야 할 문명의 수는 어쩌면 무척 많을지도 모른다.

이러한 추론은 우리가 그런 문명의 수명에 관심을 갖는 한 가지 이유이다. 물론 더 즉각적인 이유가 있다. 사사로운 이유이기는 하지만, 우리는 우리 문명의 수명이 길었으면 하고 바란다.

어쩌면 인류 역사상 현재처럼 그토록 많고 그토록 다양한 변화를 겪고 있는 시대는 없을지도 모른다. 200년 전만 해도 한 도시에서 다른 도시로 정보를 보내는 가장 빠른 방법은 파발마였다. 오늘날에는 전화나 전보, 라디오 또는 텔레비전을 통해 빛의 속도로 정보를 전송할 수 있다. 불과 200년 만에 통신 속도가 3000만 배나 빨라졌다. 우리가 알기로 광속보다 더 빨리 메시지를 보내는 것은 불가능하므로 미래에도 메시지 전송 속도를 높이는 진보는 아마 더 이상 없을 듯하다.

200년 전에는 리버풀에서 런던으로 가는 데에 지금 지구에서 달까지 가는 것만큼 오래 걸렸다. 우리 문명이 손에 넣을 수 있는 에너지 자원, 저장되고 가공되는 정보의 양, 식량 생산과 분배 방식, 새로운 원료의 합성, 시골에서 도시로의 인구 집중, 방대한 인구 증가, 의료 현장의 개선, 그리고 막대한 사회적 변동에서 그것에 맞먹는 변화들이 일어나고 있다.

우리 본능과 감정은 100만 년 전 수렵 채집 생활을 하던 조상들의 것과 동일하다. 그렇지만 우리 사회는 100만 년 전 사회와 놀라우리만큼 다르다. 느린 변화의 시대에는 한 세대가 학습한 통찰과 기술이 쓸 만하고 적응에 도움이 되며, 다음 세대에 전해지면 반갑게 받아들여진다. 그렇지만 한 인간의 생애보다 더 짧은 시간 동안에도 적잖은 사회적 변화가 일어나는 오늘날 같은 시대에 젊은이들에게 부모의 통찰은, 더 이상 의문의 여지 없이, 유효성을 갖지 않는다. 소위 세대 차이는 사회와 기술의 변화 속도가 야기한 결과이다.

심지어 한 인간의 일생 동안에 일어나는 변화조차 하도 커서 자기 사회로부터 소외되는 사람이 많다. 인류학자 마거릿 미드(Margaret Mead, 1901~1978년)는 현대의 연장자들을 "과거로부터 현재로의 비자발적 이민자"로 묘사했다.

낡은 경제적 가정(假定), 낡은 정치 지도자 결정 방식, 낡은 자원 분배 방식, 정부가 인민에게 또는 인민이 정부에게 정보를 전달하는 낡은 방법, 이 모든 것은 한때 유효했거나 유용했거나 적어도 무언가 적응에 도움이 되었지만 오늘날은 더 이상 생존 가치가 전혀 없다. 인종 사이의, 성별 간의, 그리고 경제적 계층 간의 억압적이고 쇼비니즘적인 구태들이 도전을 받는 것은 당연하다. 전 세계 사회의 짜임이 해어지고 있다.

동시에, 변화에 반대하는 기득권층이 존재한다. 낡은 방식들을 고수해 단기간에 많은 것을 얻은, 권력을 지닌 개인들이 거기 속한다. 비록 장기적으로 보면 그 사람들의 아이들은 많은 것을 잃게 되겠지만 말이다. 그들이 젊었을 적 굳어 버린 태도들은 중년에 가서 바뀔 수 없다.

상황은 무척 어렵다. 변화의 속도는 무한정 지속될 수 없다. 통신 속도의 사례가 보여 주듯이, 한계에 도달하는 순간이 올 수밖에 없다. 우리에게 광속보다 더 빠른 통신은 불가능하다. 지구 자원과 경제적 분배 제도가 감당할 수 있는 것보다 더 큰 인구는 유지할 수 없다. 결국 어떤 해법에 도달하든 간에, 지금으로부터 수백 년 후에 지구가 여전히 엄청난 사회적 압박과 변화를 겪고 있을 가능성은 낮다. 그때에는 우리가 현재 골몰하는 문제들에 대해 어떻게든 해법을 내놨을 것이기 때문이다. 문제는, 어떤 해법인가 하는 것이다.

과학에서 이처럼 복잡한 상황은 이론적으로 처리하기가 어렵다. 우리 사회에 영향을 미치는 요인을 우리가 모두 이해할 수는 없고, 따라서 어떤 변화가 바람직한가에 대해 믿을 만한 예측은 불가능하다. 복잡한 상호 작용이 너무 많다. 생태학은 '전복적 과학(subversive science)'이라고 불려 왔는데, 환경의 어떤 부분을 보존하려는 본격적인 시도가 이루어질 때마다 막대한 수의 사회적, 경제적 기득권층에 맞부딪히기 때문이다. 우리가 무언가 잘못된 것을 크게 변화시키려고 할 때마다 같은 일이 벌어진다. 그 변화는 사회 전체를 관통한다. 사회의 조그만 파편을 따로 떼어내 사회 나머지 부분에 깊은 영향을 미치지 않도록 그것만 변화시키는 것은 불가능하다.

과학에서 이론이 제 몫을 할 수 없을 때, 유일하게 현실적인 접근법은 실험이다. 실험은 이론의 틀을 짜 주는 과학의 시금석이요, 과학의 마지막 보루이다. 사회적 실험, 아니 실험적 사회는 확실히 필요하다!

생물학 분야에는 이 생각의 좋은 선례가 몇 가지 있다. 생명의 진화에서는 한 생명체가 확실한 우점종이 되고, 고도로 특수화되고, 자기 환경에 완벽하게 익숙해지는 사례들을 헤아릴 수 없을 만큼 많이 볼 수 있다. 그렇지만 환경이 변화하면 그 생명체는 죽는다. 자연이 돌연변이를 이용하는 이유가 바로 이것이다. 돌연변이 중 엄청난 다수는 해롭거나 치명적이다. 변이를 일으킨 종은 일반적으로 적응력이 떨어진다. 그렇지만 돌연변이 1,000개나 1만 개 중 하나는 부모보다 약간 이점이 있다. 돌연변이는 같은 형질의 새끼를 낳고, 그 돌연변이 생명체는 이제 약간 더 잘 적응한다.

내가 보기에, 우리에게 필요한 것은 사회적 돌연변이다. 아마도 시시한 SF 작품에서 전통적으로 돌연변이를 추하고 역겹게 그려 온 탓에 다른 용어를 사용하는 편이 더 나을지도 모르겠다. 그렇지만 사회적 돌연변이는 여기에 적확한 말인 것 같다. 제대로 작동하기만 한다면 미래의 길을 열어 줄, 동종의 새끼를 낳는 사회 체제의 변종. 우리 중 일부가 왜 그 말에 그토록 반감을 느끼는지를 고찰해 보는 것도 유용할 듯싶다.

우리는 모든 국가에서 대규모로 사회적, 경제적, 그리고 정치적 실험을 독려하고 있어야 맞다. 하지만 그게 아니라 반대 현상이 일어나고 있는 듯하다. 미국과 (구)소련 같은 나라들에서는 진지한 실험을 말리는 것을 공공 정책으로 삼고 있는데, 그 이유는 물론 다수에게 인기가 없기 때문이다. 실제로 대중은 심각한 변이에 맹렬하게 반발한다. 인습적 기준에서 볼 때 이상하게 여겨지는 옷을 입고 농경에 대한 기존 지식이 전혀 없는, 마약 문화에 젖은 젊은 도시 이상주의자들이 미국 남서부에 유토피아적 농업 공동체를 만든다면 그다지 성공할 것 같지는 않다. 그곳 사람들이 방해하지 않는다 해도 말이다. 그렇지만 전 세계의 그런 실험적 공동체들은 자기들보다 인습에 매여 있는 이웃들에게 적대시되고 폭력적인 공격을 받아 왔다. 완장을 찬 이들의 분노 속에는 자신들이 이전 세대부터 내려온 인습적 체제에 그저 젖어 있었을 뿐이라는 자각도 일부 포함되어 있다.

그러니 실험적 공동체들이 실패한다고 해도 뭐 그리 놀라울 것도 없다. 돌연변이 중 성공하는 것은 극히 일부뿐이다. 그렇지만 생물학적 돌연변이에 비해 사회적 돌연변이가 지닌 이점은 개체들이 배운다는 것이다. 성공하지 못한 코뮌의 실험에 참여했던 이들은 실패의 이유를 평가하고 처음 실패의 원인을 회피하고자 하는 후속 실험에 참여할 수 있다.

그런 실험에는 대중의 승인만이 아니라 정부의 공적 지원이 있어야 한다. 그런 유토피아 실험에 자원한 이들은, 내 희망 같아서는, 솔선수범하는 용기 있는 이들로 칭송을 받아야 한다. 전체 사회의 이득을 위해 오랜 시련을 견디는 존재이기 때문이다. 그들은 미래의 첨단이다. 언젠가는 우리가 사는, 서로 말이 통하지 않고 갈팡질팡하고 덕지덕지 기운 사회보다 훨씬 더 효율적으로 작동하는 실험 사회가 생겨날지도 모른다. 그렇다면 우리 앞에 가시적인 대안이 놓일 것이다.

나는 지금 살아 있는 그 누구도 그런 미래 사회가 어떤 모습일지 알 만큼 현명하리라고는 믿지 않는다. 다양한 대안들이 있을 테고, 각각은 오늘날 우리가 보고 있는 딱할 만큼 작은 변종에 비하면 성공할 가능성이 더 높으리라.

그것과 관련된 문제는 서구의 힘과 거대한 물질적 부를 지켜보고 있는 비서구적, 비기술적 사회가 우리를 따라 하려고 가랑이가 찢어져라 걸음을 재촉하고 있다는 것이다. 그 과정에서 많은 고대 전통, 세계관, 그리고 생활 방식 들이 버려지고 있다. 우리가 알기로, 버려지고 있는 그 대안 중 일부는 우리가 추구하고 있는 바로 그 대안들의 요소를 담고 있다. 현대 기술을 손에 넣는 동시에 우리 사회의 적응적 요소들 — 수천 년간의 사회적 변화 과정을 거쳐 고통스레 만들어 낸 요소들 — 을 보존할 어떤 방법이 반드시 있어야 한다. 주된 즉각적 문제는, 문화적 다양성을 유지하되 기술적 성취를 확산시키는 것이다.

이따금 접하는 의견이 있는데, 기술 자체가 문제라는 것이다. 나는 선출되거나 스스로 그 자리에 오른 사회 지도층이 기술을 오용해서 문제지, 기술 자체가 문제가 아니라고 생각한다. 일각에서 촉구하듯, 현대 농업 기술을 버리고 더 원시적이고 고된 농경으로 돌아간다면 수억 명의 인구를 굶주림으로 몰아넣고 말 것이다. 우리 행성에서 기술을 버릴 수는 없다. 문제는 현명한 사용이다.

무척 비슷한 이유로, 우리보다 역사가 오랜 행성 사회에서는 기술이 핵심 요소일 게 틀림없다. 나는 우리보다 어마어마할 정도로 더 현명하고 더 친절한 사회들은, 오히려 우리보다 더 기술적으로 발달했을 가능성이 높다고 생각한다.

우리는 지구 생명의 역사에서 획기적이고 과도기적인 순간을 살고 있다. 우리 행성의 역사에서 생명의 미래에 이처럼 위험하고, 한편 이처럼 획기적인 시기도 없었다.

6장

쇼비니즘

"지구인들은 여기 목성 사는 우리하고 아주 비슷한 게 분명해. 다만 옷을 안 입고 산다는 것만 빼고!" 쇼비니즘에 관한 지적을 담고 있다. 《로스앤젤레스 타임스》, 폴 콘래드의 허락을 받고 실었다.

불안에 대처하는 한 가지 방법은 농담이다. 외계 생명체에 관한 농담에도 계보가 있다. 하나만 들자면, 외계 방문객들이 지구에 착륙해서 가솔린 펌프나 사탕 자판기 — 예를 들자면 이렇다는 것이다. 이 부분은 그때그때 다르다. — 로 다가가 이렇게 묻는다. "이렇게 예쁜 아가씨가 이런 데서 뭐하고 계실까?"

다른 곳에 있는 존재들은 의심할 바 없이 우리와는 무척 다르다. 그렇지만 그 농담은 그 외계 생명체가 인간과 다른 존재라고 해도 우리가 익히 아는 가솔린 펌프나 사탕 자동 판매기 같은 어떤 존재와 비슷하게 생겼을 것이라는 가정을 포함하고 있다. 하지만 가장 타당한 상황은, 외계 존재가 우리가 익히 아는 그 어떤 생명체나 기계하고도 전혀 다르리라는 것이다. 외계 생명체는 지구를 특징 짓는 환경과는 무척 다른 환경에서 수억 년에 걸쳐 일어난 독립적인 생물학적 변화들, 즉 아주 작은 돌연변이 사건들이 끊임없이 이어지며 만들어진 미세한 단계적 변화들의 산물이다.

그렇지만 그런 농담들은 다른 곳의 생명체에 관한 생각에서 보편적인 문제 하나와 보편적인 가치 하나를 강조한다. 문제는 우리가 연구할 생명 종류가 하나밖에 없다는 것이다. 그래서 생물학도 하나밖에 없다. 지구라는 행성의 생명체들은 모두 단일한 기원에서 유래했으며 서로 연결된 존재들이다. 따라서 일반인뿐만 아니라 어떤 생물학자도, 우리 행성에서 서식하는 생명의 형질 가운데 어떤 것이 진화 과정에서 일어난 우연한 사고의 결과이고, 또 어떤 것이 생명이라는 현상의 보편적 특질인지를 알 수 없다. 다른 세계에 사는 생명이 중요한 측면에서 이 세계에 사는 생명과 비슷해야 한다는 가정을 나는 쇼비니즘(chauvinism)이라고 부른다.

이러한 쇼비니즘을 우리는 인간 역사에서 흔히 볼 수 있다. 하지만 가끔은 그보다 더 현명한 관점이 나타나기도 했다. 예를 들어, 위대한 프랑스 천문학자인 피에르시몽 드 라플라스(Pierre-Simon, marquis de Laplace, 1749~1827년) 후작이 그런 경우이다. 불후의 과학 고전이라 할 『천체 역학(*La Mecanique Celeste*)』에서 라플라스 후작은 이렇게 썼다. "(태양의) 영향은 지표를 뒤덮은 동물들과 식물들을 낳고, 우리는 유추를 바탕으로 그것이 다른 행성들에도 비슷한 효과를 낳으리라고 믿게 된다. 우리에게 그토록 다양한 방식으로 발달하는 생산력을 보여 준 물질이, 지구와 마찬가지로 낮과 밤의 바뀜이 있으며, 관측에 따르면 무척 활동적인 힘들의 존재를 시사하는 변화들이 일어나는 목성처럼 큰 행성에서 생명을 낳지 못한다고 생각하는 것은 자연스럽지 않기 때문이다. 자신이 지구에서 누리는 기후에 맞게 조형된 인류는 어떻게 보나, 다른 행성에서는 살 수 없다. 그러나 우주의 다른 구체들의 다양한 기후에 적응한 다양한 생명체들이 과연 없을까? 만약 지구에서 원소와 기후의 차이만이 그런 다양성을 낳는다면, 행성과 그 위성 들은 얼마나 무한한 다양성을 낳겠는가?" 라플라스가 18세기 말엽에 남긴 글이다.

다른 곳에 존재하는 생명을 생각해 보는 것의 좋은 점은, 그러자면 우리의 상상력을 넓힐 수밖에 없다는 것이다. 우리는 지구 상에서 한 가지 특정한 방식으로 이미 해결된 생물학적 문제들에 대한 대안을 생각해 보게 된다. 예를 들어, 바퀴는 지구라는 행성의 역사에서 비교적 최근에 발명된 물건이다. 1만 년 조금 덜 된 옛날에 고대 근동 지역에서 발명된 듯하다. 사실 메소아메리카와 아즈텍과 마야의 고도로 발달한 문명에서는 바퀴가 사용된 적이 없다. 아이들 장난감은 빼고 말이다. 바퀴의 선택적 이득은 분명한데도, 자연의 생물학 ― 진화 과정 ― 은 끝끝내 바퀴를 발명하지 않았다. 왜 바퀴 달린 거미나 염소나 코끼리가 고속도로를 굴러다니고 있지 않을까? 답은 분명한데, 최근까지 고속 도로가 없었기 때문이다. 굴러갈 표면이 없으니 바퀴가 소용이 없다. 지구 표면은 울퉁불퉁하고 거칠다. 평평하고 부드러운 영역이 길게 뻗어 있는 지역은 거의 없어서, 생명체가 바퀴를 진화시켜도 얻을 것이 없었다. 부드러운 용암 벌판이 광활하게 쭉 뻗은 다른 행성이라면 바퀴 달린 생명체들이 넘쳐나는 것을 얼마든지 상상할 수 있으리라. 작고한 네덜란드 화가 마우리츠 코르넬리스 에스허르는 그런 환경에서 무척 잘 살 듯한 도롱뇽 같은 생명체를 도안한 바 있다.

지구에서 일어난 생명의 진화는 우연한 사건들, 우연한 돌연변이들, 그리고 과연 그럴까 싶은 개별적 단계들의 산물이다. 생명 진화 과정에서 초기에 있던 조그마한 차이들이 이후에 이어진 생명 진화에서 심대한 중요성을 띠게 되었다. 지구에서 일어난 생명 진화가 처음부터 다시 시작해서 그냥 임의적인 요인들만이 작용하게 된다면 지금의 인류와는 전혀 닮지 않은 무엇인가가 지구를 지배하게 되었으리라. 그렇다고 하면, 50억 년보다 더 오랜 세월 동안 저 먼 별 옆 또 다른 행성의 무척 다른 환경에서 독립적으로 진화한 생명체들이 인간과 비슷할 가능성은 얼마나 더 낮겠는가.

따라서 삼류 SF에서 종종 묘사하고는 하는 지구인과 다른 행성 주민 사이의 성애(性愛)는, 가장 근본적인 의미에서, 생물학적 현실을 무시하고 있다. 존 카터는 데자 토리스를 사랑할 수도 있겠지만, 에드거 라이스 버로스(Edgar Rice Burroughs, 1875~1950년)가 뭐라고 하든, 둘의 사랑은 완성될 수 없다. (미국 버지니아 주 출신의 군인 존 카터와 화성 왕국의 공주 데자 토리스 모두 공상의 화성을 무대로 한 「바르숨」 시리즈의 등장 인물이다. — 옮긴이) 그리고 만약 그 사랑이 가능하다고 해도, 후손이 태어나거나 살아남는 것은 불가능하다. 마찬가지로, 요새 일부 열혈 UFO 신봉자 무리에서 유행하고 있는, 인간과 비행 접시 탑승자 간의 성적 접촉 이야기 — "우리는 비행 접시에서 내린 금발 머리와 자 봤다!"라는 점잖은 헤드라인을 단 주간지 최신호의 표지 기사 같은 것 — 따위는 불가능한 환상의 영역으로 밀어 버려야 할 것이다. 그런 교류는 대략 인간과 피튜니아의 짝짓기 정도로 말이 된다.

"우리가 아는 형태의 생명(life as we know it)"이라는 널리 알려진 표현이 있다. 행성들을 다룬 대중적인 책에서 종종 접할 수 있다. 우리는 그 말을 이 행성이나 저 행성에서 "우리가 아는 형태의 생명"은 불가능하다는 뜻으로 읽는다. 하지만 우리가 아는 형태의 생명은 과연 무엇인가? 그것은 전적으로 **우리**가 누구냐에 달려 있다. 생물학을 잘 모르고, 무수히 많은 적응과 육생 생명체 변종들에 대한 세밀한 이해가 부족한 사람은 가능한 생물학적 주민들의 범주에 관해 아는 바가 빈약할 것이다. 심지어 유명한 과학자 중에도, 자기 할머니가 살기 불편한 환경에서는 생명이 서식하는 것이 불가능하다고 주장하는 사람이 있을 정도이다.

한때 화성 대기에서 질소 산화물이 발견되었다고 여겨지던 때가 있었다. 이 놀라운 발견을 다룬 과학 논문이 발간되었다. 그리고 논문 저자들은 질소 산화물은 독가스이기 때문에 화성에는 생명이 존재할 수 없다고 주장했다. 이 주장을 반박할 수 있는 근거가 적어도 두 가지 있다. 첫째로, 질소 산화물은 지구에 존재하는 일부 생명체에게만 독가스이다. 둘째로, 화성에서 발견되었다고 하는 질소 산화물의 양이 얼마나 되는가? 내가 계산해 본 바, 그 양은 로스앤젤레스 대기에 평균적으로 포함된 양보다 적다. 질소 산화물은 스모그의 주된 구성 요소이다. 로스앤젤레스에서 생명체가 살아가는 것은 어쩌면 쉽지 않을지도 모르지만, 아직 불가능하지는 않다. 같은 결론이 화성에도 적용된다. 이런 특정한 관측들의 궁극적 문제는, 오해일 가능성이 높다는 것이다. 더 나중 연구들, 예를 들어 토비어스 오언(Tobias C. Owen, 1936~2017년)과 내가 궤도 천문대(Orbiting Astronomical Observatory, OAO)와 같이 한 관측들은 화성의 대기에서 아무런 질소 산화물도 발견하지 못했다.

산소 쇼비니즘은 널렸다. 산소가 존재하지 않는 행성은 거주가 불가능하다는 의혹을 받는다. 이러한 관점은 산소가 존재하지 않았던 지구에서 생명이 솟아났다는 사실을 무시한다. 사실, 산소 쇼비니즘을 따른다면, 어떤 곳이 되었든 생명의 존재 가능성을 모두 부정하게 된다. 근본적으로 산소는 독가스이기 때문이다. 육상 생명체를 구성하는 유기 분자들과 화학적으로 결합해 그것을 파괴한다. 지상에는 산소 없이 살 수 있는 생명체가 많고, 산소에 중독되는 생명체도 많다.

지구 최초의 생명체는 모두 산소 분자(O_2)를 이용하지 않았다. 진화 과정에서 일어난 탁월한 일련의 적응을 통해 곤충과 개구리와 물고기와 인간 같은 생명체는 이 독가스 속에서 살아남는 법뿐만이 아니라 실제로 그것을 이용해 음식물의 대사 효율을 높이는 법까지 익혔다. 그렇다고 이 기체에 근본적으로 독성이 있음을 무시해서는 안 된다. 따라서 목성 같은 곳에 산소가 없다는 것은 그런 행성들에 생명이 존재하지 못한다는 근거가 될 수 없다.

자외선 쇼비니스트도 있다. 지구 대기의 산소 때문에 지표면으로부터 대략 40킬로미터 위의 대기 중에 오존(O_3)이라는 산소 분자가 다량으로 만들어진다. 이 오존층은 태양에서 오는 중간 파장의 자외선을 흡수해 우리 행성 표면에 닿지 않게 한다. 이 광선에는 살균력이 있다. 외과 장비를 살균하는 데 흔히 쓰이는 자외선 전등에서 나오는 빛이기도 하다. 태양이 발하는 강력한 자외선은 지상의 대다수 생명 형태에 지독하게 해롭다. 그렇지만 이것은 지상에 사는 생명 형태 다수가 자외선이 강하지 않은 곳에서 진화했기 때문이다.

자외선으로부터 생명체를 보호하기 위한 적응은 쉽게 상상할 수 있다. 사실, 피부가 타는 것과 멜라닌 색소 침착은 그 진화의 결과이다. 현재의 자외선 조사량은 그리 많지 않기 때문에, 대다수 육상 생명체에서는 그것이 그다지 심화되지 않았다. 오존이 거의 없는 화성과 같은 곳에서는 지표면에서 자외선이 극도로 강렬하다. 그렇지만 화성 표면 물질은 — 최소한 토양과 암석은 — 자외선을 매우 잘 흡수한다. 그리고 우리는 등에 조그만 자외선 반사 방패를 지고 걸어 다니는 생명체, 말하자면 '화성 거북'을 쉽게 상상할 수 있다. 아니 어쩌면 화성의 생명체는 자외선 파라솔을 쓰고 다닐지도 모른다. 외계 생명체의 외부 껍질에는 자외선에 맞서 자신을 방어하기 위한 유기 분자가 많을 수도 있다.

기온 쇼비니스트도 있다. 태양계 바깥쪽에 있는 목성이나 토성 같은 행성은 만물을 꽁꽁 얼리는 저온 환경 때문에 어떤 생명도 살 수 없다고

들 한다. 그렇지만 그 행성 전역이 그처럼 저온 환경인 것은 아니다. 가장 바깥쪽에 있는 구름층만 그렇다. 우리가 가진 온도 측정용 적외선 망원경으로는 이 층만 관측할 수 있다. 사실 우리가 목성 근처에 가서 적외선 망원경으로 지구를 살펴본다면, 우리는 지구의 기온을 무척 낮게 추정할 것이다. 위쪽 구름의 기온만 측정하고 훨씬 따뜻한 지표면은 측정하지 못할 테니까.

이론적 연구를 통해서나 이런 행성들에 관한 전파 관측을 통해서나, 이제는 가시적인 구름 밑으로 침투할수록 온도가 높아진다는 사실이 퍽 분명해졌다. 목성, 토성, 천왕성, 그리고 해왕성의 기후에는 늘 육생 기준으로 볼 때 온도가 상당히 쾌적한 지역이 존재한다.

그렇지만 생명이 번성하는 데 꼭 지구와 같은 기온이 필요할 이유가 있는가? 인간은 체온이 20도 이상 올라가거나 내려가면 심각한 불편을 느낀다. 이것은 우리가 우연히도 태양계의 행성 중 우리 생물학에 안성맞춤인 표면을 가진 행성에 살게 되었기 때문인가? 아니면 우리 몸의 화학적 균형이 우리가 진화한 행성의 온도에 섬세하게 조율되었기 때문인가? 거의 확실히 후자가 맞을 것이다. 기온이 다르면 생화학도 달라진다.

우리 몸의 생물학적 분자들은 복잡한 3차원적 배열로 한데 뭉쳐 있다. 이런 분자들, 특히 효소의 기능은, 이런 3차원적 배열이 바뀜에 따라 켜지고 꺼진다. 이런 재배치를 관장하는 화학 결합은 지상 기온에 변화에 따라 용이하게 깨어질 수 있을 만큼은 약하되, 동시에 단시간 가만히 두었을 때 산산이 흩어지지 않을 만큼은 강해야 한다. 수소 결합(hydrogen bond)이라고 알려진 화학 결합은 이런 불활성과 불안정성 사이의 중간 정도에 해당하는 적절한 에너지를 가지고 있다. 수소 결합은 육상에 서식하는 생명체의 3차원 생화학과 밀접하게 관련되어 있다.

우리 몸을 이루는 생물학적 분자는 금성 같은 좀 더 뜨거운 행성에서는 조각조각 분해될 것이다. 한편 태양계 바깥쪽에 있는 훨씬 차가운 행성에서는 단단하게 결합할 것이고, 우리의 몸의 화학 반응은 유용한 속도로는 일어나지 않을 것이다. 그렇지만 금성에서는 더 강력한 화학 결합이 그리고 외행성계에서는 더 약한 결합이, 지구의 수소 결합이 하는 것과 똑같은 역할을 할지도 모른다. 우리는 우리 행성과는 무척 다른 기후를 가진 행성에서 생명의 존재 가능성을 너무 쉽사리 부정해 왔다. 명왕성처럼 절대 영도보다 30~40도쯤 높은, 매우 추운 기후 환경에서도 유용한 속도로 진행되는 화학적 반응은 많이 알려지지 않았다. 지구에서 절대 영도보다 30~40도쯤 높은 온도 조건을 만들어 생화학 실험을 수행하는 화학 연구소도 거의 없다. 소수의 예외를 빼면 그런 실험은 아예 행해진 바조차 없다.

따라서 우리의 관찰은 선택에 좌우된다. 우리는 가능한 사례 중 그저 작은 부분만을 검토할 수밖에 없다. 일부는 무의식적인 편견 때문이기도 하고, 다른 일부는 과학자들이 자기들이 익숙한 범주에서만 일하고 싶어 한다는 사실 때문이다. 그 결과 우리는 상상 가능한 모든 사례들이, 우리의 예측이 우리에게 강제로 부여한 한계에 부응해야 한다는 결론을 내린다.

또 다른 흔한 쇼비니즘은 — 이것은 나도 어쩔 수 없이 공유하는 것인데 — 탄소 쇼비니즘이다. 탄소 쇼비니스트들은 우주 다른 곳에 있는 생물계가 우리 행성의 생명체와 마찬가지로 탄소 화합물로 구성되었을 것이라고 주장한다. 이것에 대한 대안도 생각해 볼 수 있다. 규소(실리콘)나 저마늄(게르마늄) 같은 원자는 탄소와 같은 종류의 화학 반응을 일부 일으킬 수 있다. 또한, 규소나 저마늄의 유기 화학보다는 탄소의 유기 화학이 훨씬 주목을 받아 왔다는 것도 사실인데, 대체로 우리가 아는 생화학자들이 규소나 저마늄보다는 탄소의 변종이기 때문이다. 그럼에도,

우리가 대안적인 화학에 관해 아는 바를 바탕으로 보면, 탄소로 만들 수 있는 복잡한 화합물의 종류가 대안 원소들보다 훨씬 다양하다는 것은 명확해 보인다. 온도가 무척 낮은 상황을 제외하면 말이다.

게다가 우주에는 규소나 저마늄을 비롯한 대안 원소보다는 탄소가 훨씬 더 많다. 우주의 모든 곳에서, 특히 생명이 비롯된 원시 행성 환경에서는 복잡한 분자를 만드는 데는, 뭐라 해도, 대안 원소의 원자보다 탄소 원자가 더 많이 이용되었다. 행성 간 물질에 대한 전파 천문학 연구들만이 아니라 지구의 원시 대기나 현재의 목성 환경을 모의 실험하는 연구실 실험을 바탕으로, 우리는 단순하고 복잡한 유기 분자가 다양한 에너지원으로부터 풍부하게 생산됨을 본다. 예를 들어 한 번은 우리 실험에서, 메테인(CH_3), 에테인(C_2H_6), 암모니아(NH_3)와 물(H_2O)의 혼합물에 고압력 충격파를 흘려보냈더니 암모니아의 38퍼센트가 아미노산, 단백질의 덩어리로 변했다. 다른 유기 분자는 많이 생기지 않았다.

따라서 우리를 구성하는 원자와 단순한 분자를 아마도 우주 다른 곳에 있는 생명체들에서도 쉽게 발견할 수 있을 것이다. 그렇지만 우리와 다른 진화 역사를 감안하면 이런 분자들의 구체적인 결합 양식, 그리고 외계 생명체들의 특수한 형태학과 생리학은 우리 행성에서 흔히 보는 것과는 극도로 다를지도 모른다.

우리를 향해 어떤 전파 신호가 방출되지 않았는지 알아보기 위해 별들을 연구할 때, 보통은 우리 태양 같은 별들을 먼저 주목하게 마련이다. 우리가 잘 아는 별, 생명이 사는 행성을 적어도 하나는 거느린 별, 말하자면 우리 태양 같은 별부터 연구를 시작해야 한다는 주장은 나름 합리적이다. 그런 전파 신호를 찾으려는 최초의 시도가 오즈마 프로젝트였고, 고래자리 타우별과 에리다누스자리 엡실론별(Epsilon Eridani)이 그 탐사 대상이었다. 둘 다 천문학자들이 G-0 왜성(G-0 dwarf)이라고 부르는 우리 태양과 질량이나 반지름이나 나이나 조성이 비슷한 별들이었다. 사실 그들은 가장 가까운, 태양과 유사한 별들이었다.

그렇지만 반드시 태양 같은 별들에만 관심을 가져야 하는 것일까? 나는 그렇게 생각지 않는다. 우리 태양보다 질량이 약간 더 적고 광도가 약간 더 낮은 별들은 더 나이가 많다. 이런 별들은, K형 왜성, M형 왜성이라고 불리는데, 태양보다 수십억 년은 더 나이가 많을 수도 있다. 행성의 수명이 오래될수록 지성을 갖춘 생명체가 진화할 확률이 더 높다고 가정한다면, 그렇다면 우리는 G형 별 쇼비니즘은 버리고 K형 왜성과 M형 왜성으로 우리 연구 방향을 돌려야 할 것이다. K형 별과 M형 별의 행성들은 지구보다 훨씬 차갑고, 생물의 존재 가능성도 더 낮다는 반론이 나올지도 모른다. 이 반론의 전제는 사실이 아닌 듯한데, 그런 별들의 행성들은 우리 태양계의 상응하는 행성들에 비해 자기 별과의 거리가 더 가깝기 때문이다. 그리고 기온 쇼비니즘의 허구성에 대해서라면 이미 논의했다. 또 K형 별이나 M형 별이 G형 별보다 더 많다.

행성 쇼비니즘이라는 것도 가능할까? 생명은 반드시 행성에서 생겨나고 거주해야만 할까? 아닐 수도 있다. 행성 간 공간의 심연, 별의 표면이나 내부, 혹은 심지어 더 기묘한 천체 속에 사는 생명체가 존재할 수도 있다.

무지한 지금의 우리로서는 무척 대답하기 어려운 질문이다. 행성 간 우주 공간의 물질 밀도는 너무 낮아서, 간단히 말해, 어떤 생명체도 적절한 시간 안에 자신의 복제품을 만드는 데 충분한 원료를 얻을 수 없다. 이것은 밀도 높은 행성 간 구름에는 해당되지 않는다. 하지만 그런 구름은 무척 짧은 기간만 존재하며 곧 뭉쳐 별들과 행성들을 형성한 다음 사라진다. 그 과정에서 온도가 너무 높아지기 때문에, 아마 그 안에 유기 화합물이 있었다고 해도 모두 파괴되고 말리라.

어쩌면 대기를 지닌 지구에서 진화했으나, 우연히 우주 공간으로 나가게 되고, 갈수록 가혹해지는 조건들에 점진적으로 적응하다가, 마침내 어떤 행성 간 환경에 적응하고야만 생명체를 상상해 볼 수도 있다. 행성을 떠나는 그런 생명체들 — 어쩌면 전자기파의 복사압 때문에, 아니면 그 행성이 속한 별에서 불어오는 태양풍 때문에 자신의 행성을 떠난 존재들 — 이 행성 간 우주에 살고 있을지도 모르지만, 여전히 영양 실조라는 극복할 수 없는 문제에 직면하게 된다

하지만 그들이 우리와 무척 다른 행성 간 생명체라면 이런 상상은 말이 될지도 모른다. 우리처럼 행성에서 생겨났지만, 행성 간 우주 공간이라는 훨씬 더 방대한 영토로 활동 영역을 옮긴 것이다. 우리의 아주 먼 후손들, 기술적으로 발전한 미래의 존재들은 우리가 오늘날 감히 짐작조차 할 수 없는 능력을 지녔으리라. 그런 존재들로 이루어진 사회들이 별과 은하의 물질과 에너지를 가져다 쓸 수 있으리라는 것은 의문의 여지가 없다. 바다에서 진화한 우리가 육지에서만 온전히 편안함을 누리는 생명체이듯, 우주에는 어쩌면, 행성들에서 생겨났지만, 성간 공간의 심연 속에서만 편안히 살 수 있는 어떤 존재가 살고 있을지도 모른다.

인간 모험으로서의 우주 탐사 1: 과학적 관심

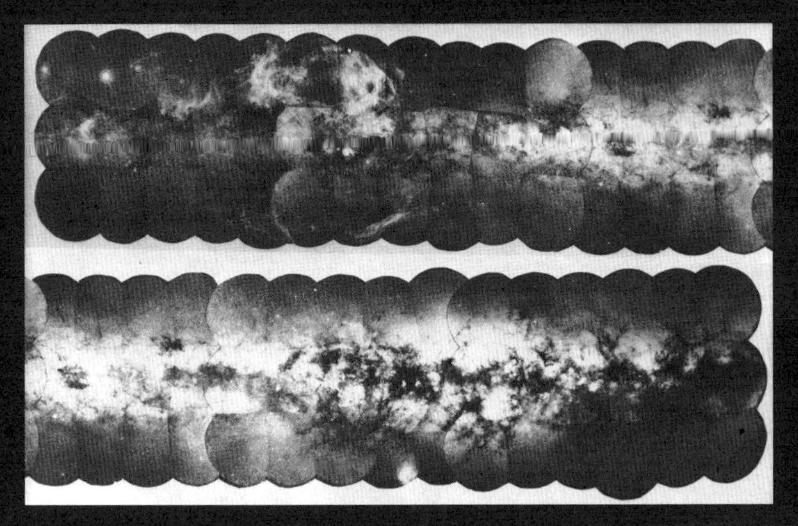

우리 은하를 전천(全天) 카메라로 찍은 합성 사진. 바트 복(Bart Bok) 박사와 스웨덴 룬드 천문대(Lund Observatory)의 허가를 받고 실었다.

하늘 위 어딘가에 4개의 태양 — 빨간색, 흰색, 파란색, 노란색 — 이 있다. 둘은 서로 닿을 만큼 가깝고, 둘 사이에서 별의 물질이 흘러나온다.

나는 100만 개의 달이 있는 세계를 안다.

나는 지구만 한 태양도 안다. 심지어 다이아몬드로 만들어졌다.

지름이 1킬로미터가 넘고 1초에 30번 회전하는 원자핵이 있다.

별들 사이에는 세균과 크기와 원자 구성이 같은 조그만 알갱이들이 있다.

은하수를 떠나가는 별들이 있다. 은하수로 떨어지는 막대한 기체 구름이 있다.

엑스선과 감마선을 뒤트는 난폭한 플라스마가 있고, 별의 강력한 폭발이 일어난다.

아마도, 우리 우주 바깥에 공간이 있다.

우주는 방대하고 경이로우며, 우리는 처음으로 그 일부가 되어 가고 있다.

행성들은 더 이상 저녁 하늘을 떠도는 빛이 아니다. 수 세기 동안 인간은 안전하고 편안해 보이며, 심지어 깔끔하기까지 한 우주 속에 살았다. 우주는 창조의 구심점이었고, 인류는 유한한 생명의 정점이었다. 그렇지만 이런 예스럽고 편안한 개념들은 시간의 시험을 견디지 못했다. 우리는 이제 우리가 조그만 바위와 금속 덩어리 위, 목성의 구름 중 작은 축에 속하는 것들보다 더 작으며, 보통 크기의 태양 흑점에 비해서도 여전히 작디작은 행성에 살고 있음을 안다.

은하수, 다시 말해 우리 은하를 구성하는 대략 2000억 개의 태양 중 하나인 우리 별, 태양은 작고 차가우며 별다를 것도 없다. 우리는 은하수의 중심에서 워낙 멀리 있어서, 1초에 30만 킬로미터를 가는 빛이 여기서 거기까지 가려면 3만 년은 걸린다. 우리는 중요한 일이라고는 하나도 일어나지 않는 우리 은하의 오지에 있다. 방대한 우주에 흩뿌려진 다른 수십억 은하 가운데 하나인 우리 은하는 전혀 특기할 점이 없다.

더 이상 '세계(the world)'는 '우주(the universe)'를 뜻하지 않는다. 우리는 무수히 많은 세계 중 하나에 산다.

자연 선택에 관한 찰스 다윈의 통찰은 단순한 형태로부터 인류에 이르는 진화 경로가 필연적인 것도, 항상 존재하는 것도 아님을 보여 주었다. 그것보다, 진화는 간헐적으로 이루어지고, 대다수 생명 형태는 진화의 막다른 골목에 이른다. 우리는 일련의 기나긴 생물학적 사건들의 산물이다. 우주적 관점에서 볼 때 우리가 최초나 최후나 최고라고 생각할 합리적 근거는 존재하지 않는다.

코페르니쿠스 혁명과 다윈 혁명은 심대한 깨달음을 안겼다. 그리고 그것은 일부 사람들의 심기를 불편하게 했다. 하지만 그런 깨달음은 불편함을 보상하는 통찰을 가져다준다. 우리는 우리가 다른 생명 형태들과 깊이 이어져 있음을 깨닫는다. 우리를 구성하는 원자들이 죽어 가는 별들이나 이전 세대 별들의 내부에서 합성되었음을 안다. 형태로나 물질로나, 우리가 나머지 우주와 깊숙이 이어져 있음을 인지한다. 천문학과 생물학의 새로운 진보 덕분에 우리 앞에 밝혀진 우주는 우리 조상들의 단순명쾌한 세계보다 더 웅장하고 더욱 경이롭다. 그리고 우리는 우리가 욕망하는 우주가 아니라 있는 그대로의 우주의 일부가 되고 있다.

인류는 이제 몇 가지 역사적 분기점에 서 있다. 우리는 기초적인 우주 정찰의 문턱에 서 있다. 인류 역사상 최초로 인간은 자신의 도구, 그리고 자기 자신을 고향 행성을 떠나 주변 우주를 탐사하러 내보낼 수 있게 되었다.

그렇지만 우주 탐사는 주로 미국과 (구)소련 사이의 국가적 위신이라는 좁은 관점에서 옹호되어 왔다. 우주 탐험을 옹호하는 사람들은 우주 계획을 통해 이루어질 기술 개발의 성과와 그 파생 효과, 그리고 군사 기술적 이득을 보라고 이야기한다. 그러나 수많은 사람이 기술 개발 그 자체를 위한 기술 개발이 얼마나 재앙적인 결과를 낳는지 깨달아 가고, 우주 계획에 들어가는 비용이 그 파생 효과로 나올 부산물을 곧바로 개발하는 비용보다 훨씬 더 들어간다는 게 명확해지고, 우리 문명 사회의 비군사화에 대한 전 세계 시민들의 열망이 강해지는 것을 보면 이 근거들이 무척이나 보잘것없다는 것을 쉽게 알 수 있다.

상황이 이렇다 보니, 불의를 바로잡고 지상 사회에서의 삶의 질을 개선하기 위한 자금의 필요가 가시적이고 시급한 상황에서, 우주 계획에 들어가는 비용에 대해 대답하기 힘든 질문들이 쏟아지는 것도 놀랍지 않다. 이런 질문들은 전적으로 적절하다. 만약 과학자들이 우주 탐험의 비용에 대한 만족스러운 해명을 일반인에게 제시할 수 없다면, 그런 모험에 공적 자금을 배정한다는 것은 당연한 일이 아니다.

우주 탐사에 관한 개별 과학자들의 관심은 무척 개인적이기 쉽다. 무언가 그를 어리둥절하게 만드는 무언가, 그의 호기심을 끄는 무언가, 그를 흥분시킬 무언가가 거기 있을 것이기에 그렇다. 하지만 우리는 대중에게 그저 과학자의 호기심을 채우기 위해 막대한 돈을 쓰라고 요구할 수 없다. 그러나 우리가 개인 과학자들의 직업적 관심사를 깊이 파고들면 마치 초점이 맞춰지는 것처럼 우리의 공적 관심사와 크게 겹치는 영역을 찾게 될 때가 많다.

그 공통 관심사의 핵심에는 바로 관점의 문제가 있다. 우주 탐사는 우리 자신과 우리가 사는 지구를 새로운 관점으로 보게 해 준다. 우리는 한 가지 언어만이 사용되는, 고립된 섬에 사는 언어학자들과 같다. 언어에 관한 일반론을 수립할 수는 있지만, 검토할 표본이 하나밖에 없다. 우리의 언어에 대한 이해는 인간 언어학이라는 성숙한 과학이 요구하는 보편성을 갖추고 있을 확률이 낮다.

우리는 비슷한 사례를 다른 과학 분야에서도 쉽게 찾아볼 수 있다. 방대한 사례들이 아니라 단 하나의 사례에만 근거해, 지엽적이고 국소적인 지식 말고는 제공하지 못하는 연구가 의외로 많다. 사실 서로 다른 사례들을 비교 검토하고 그 사례들이 어떤 범위 안에 있는지 알아야만 비로소 광범위하고 일반적인 과학을 구축할 수 있다.

현재까지 행성 탐사에서 가장 득을 볼 수 있는 과학은 생물학이다. 근본적인 관점에서 볼 때, 생물학자들은 지구에 서식하는 오로지 한 가지 형태의 생명만을 연구해 왔다. 지구에 사는 생명체들은 형태는 다양하지만, 가장 깊은 의미에서는 모두 동일하다. 비글과 베고니아, 세균과 수염고래는 모두 핵산을 이용해 유전 정보를 저장하고 전달한다. 모두 단백질을 이용해 반응을 촉진하고 통제한다. 지상의 모든 생명체는, 우리가 아는 한, 동일한 유전 암호를 이용한다. 인간 정자 세포의 횡단면 구조는 짚신벌레의 섬모와 거의 같다. 엽록소와 헤모글로빈과 수많은 동물의 몸빛을 담당하는 물질은 모두 기본적으로 같은 분자이다.

지상의 모든 생물이 동일한 생명 기원에서 진화했다는 결론 — 다윈의 자연 선택 이론에 함의되어 있는 결론이다. — 은 피하기가 쉽지 않다. 만약 그게 사실이라면, 이것은 생물학자들이 필연과 우연을 구분할 수 없다는 뜻이 된다. 즉 어떤 생명체가 우주 어느 곳에서든 그저 생존을 위해 갖춰야 할 생명의 양상과, 우연히 일어난 사소한 적응들로 이루어진 구절양장(九折羊腸)의 진화가 낳은 생명의 양상을 구분할 수 없다는 뜻이다.

모의 원시 행성 조건에서 단순한 유기 분자(탄소 기반 분자)를 생산하는 일은 지금 실험실에서 활발하게 연구되고 있는 주제이다. 앞서 보았듯이 우리를 구성하는 분자들은 상당히 일반적인 조건이라고 할 원시 행성 조건들만 맞춰 주면 생명이 없는 곳에서도 그다지 어려움 없이 생산할 수 있다. 그렇지만 생물학적 진화에 대한 실험, 심지어 극단적인 초기 단계에 대한 실험조차 연구실에서는 가능하지 않다. 시간 규모가 너무 길다. 생물학자들이 다른 어떤 가능성이 있는지를 결론 내릴 방법은 다른 곳의 생명계를 검토하는 것뿐이다.

화성에서 생명체가 발견된다면, 그것이 아무리 단순함의 극치일지라도, 심대한 생물학적 중요성을 띠는 것은 바로 이런 이유 때문이다. 다른 한편, 만약 화성에 생명이 존재하지 않는다는 것이 사실로 입증된다면, 우리를 대신해 자연적 실험이 저절로 이루어진 것이나 마찬가지이다. 많은 면에서 비슷한 두 행성이지만, 한쪽에서는 생명이 진화했고, 다른 쪽에서는 진화하지 않았다. 한쪽은 실험군 행성이 되고, 다른 한쪽은 대조군 행성이 되는 셈이다. 이 둘을 비교함으로써, 생명 기원의 많은 부분이 밝혀질지도 모른다. 그것과 비슷하게, 달에서, 화성에서, 혹은 목성에서 생명 탄생 이전의 유기 물질을 찾는다는 것은 생명 기원의 전 단계를 이해하는 데 대단히 중요한 의미가 있다.

행성 연구에서 얻을 수 있는 또 다른 관점의 예를 기상학에서 찾아볼 수 있다. 난류와 유체 역학의 문제들은 물리학의 여러 분야를 통틀어 가장 어려운 문제에 속한다. 기후학자들은 기상 위성이 보내온 사진을 연구함으로써 지구 기후에 대한 통찰을 얻을 수 있었다. 지구 대기의 순환을 한 걸음 정도 떨어져 볼 수 있게 되면서 지구의 기상학 이론은 장기적인 기후 예측을 어느 정도 할 수 있게 되었다. 그러나 지리학적으로 넓은 영역에 대해 예측하려는 순간 우리의 기후학은 뒤죽박죽 잘 작동되지 않게 되고, 기후에 대한 우리의 가설은 너무 단순하다는 사실을 드러내게 되며, 그 이론의 예측력은 아주 가까운 미래를 넘어서지 못한다. 우리의 기상학 연구는 조건이 명확하게 주어진 아주 좁은 시공간 안에서만 수행된다.

지구를 잠깐 정지시킬 수 있다면 어떨까? 일종의 '여호수아 실험'을 하는 셈이다. (『성경』 「여호수아」 10장 12절에 나오는, 고대 유태인 지도자 여호수아가 해와 달의 운행을 정지시켰다는 이야기를 빗댄 표현이다. — 옮긴이) 순환의 변화는 순환을 결정하는 지구 자전(특히 코리올리 힘)의 역할을 이해하게 해 줄 것이다. 그렇지만 그런 실험은 사실상 무척 어렵다. 또 바람직하지 않은 부작용도 가져올 것이다. 다른 한편, 금성은 지구와 거의 비슷한 질량과 반지름을 가진 행성이지만 자전 속도가 240배나 느리다. 이것은 코리올리 힘이 미미해질 정도로 느린 속도이다. 금성은 지구보다 대기 농도가 훨씬 높다. 다른 행성의 자연은 기상학자들에게 천연 실험실을 제공해 왔다.

목성은 대략 10시간에 1회 자전한다. 즉 지구보다 더 빨리 도는 엄청나게 큰 행성이다. 목성의 자전 효과는 지구의 그것이 지구에 미치는 효과보다 훨씬 더 막대할 것이다. 사실, 목성은 부글거리고 소용돌이치고 난폭한 기후를 가진 듯한 인상을 준다. 목성의 눈에 잘 띄는 대기의 띠가 빠른 자전과 관련이 있음은 거의 확실하다. 자연은 2개의 비교 실험을 마련해 놓은 셈이다. 하나는 천천히 돌고 하나는 급속히 도는, 고농도의 대기를 가진 두 행성, 금성과 목성의 어마어마한 대기 순환을 이해한다면 지구의 대기와 대양이 어떻게 순환하는지를 더 잘 이해할 수 있게 될 것이다.

아니면 화성을 생각해 보자. 지구와 자전 주기가 동일하고, 자전축이 궤도면에 대해 동일하게 기울어진 행성이 존재한다니 상당히 놀라운 일이다. 그렇지만 그 대기는 우리 대기의 겨우 1퍼센트밖에 안 되고, 대양도 액체 상태의 물도 전혀 없다. 화성이라는 존재 자체가 대기 순환에 대양과 액체 물이 미치는 영향에 대한 대조 실험인 셈이다.

최근까지도 지질학자들의 연구 대상은 한 가지, 지구에만 국한되어 있었다. 그리하여 지구의 어떤 성질이 모든 행성 표면에 근본적이며 어떤 성질이 지구 고유의 환경에 특유한 것인지 결론 내릴 수 없었다. 예를 들어 지진계로 지진을 관측한 결과 지구의 내부 구조와 지각, 맨틀, 액체 금속 핵, 그리고 그것과 분리된 단단한 내부 핵의 존재가 밝혀진 바 있다. 그렇지만 지구가 그처럼 나뉜 이유는 대체로 아직 불명확하다. 지구 지각은 지질학적 시간에 걸쳐 맨틀로부터 줄줄 새어 나오면서 형성된 것일까? 태곳적 어떤 대재난 때 하늘에서 떨어진 것일까? 지구의 핵은 지질학적 시간에 걸쳐 철이 맨틀 아래로 가라앉으며 서서히 형성된 것은 아닐까? 아니면 우리 행성이 태어났을 때부터 용융 상태의 지구 안에서 불연속적으로 형성되었을까? 그런 물음들은 다른 행성 표면에서 수행할 지진학적 관측을 통해 살펴볼 수 있다. 기존 장비들을 가지고 자동으로 할 수 있으니까 비용도 비교적 덜 들일 수 있으리라.

현재 대륙 이동설은 상당히 합리적인 근거의 뒷받침을 받고 있다. 서로 멀리 떨어져 있는 아프리카와 남아메리카 대륙의 해안선이 잘 들어맞는다는 것이 가장 좋은 예이다. 일부 이론에 따르면 대륙 이동과 우리 행성 내부 구조는 서로 관련이 있다. 예를 들어 대륙 이동을 추동하는 힘이 핵과 지각 사이를 천천히 순환하는 맨틀 대류에서 나온다. 지표면 지질학과 행성 내부 사이의 그런 관계는 다른 행성들에 관한 연구에서 이제 막 모습을 드러내고 있다. 우리는 우리의 연구 결과들이 다른 곳에도 들어맞는지를 살피며 우리 생각이 맞는지를 실험한다.

이런 연구에서 얻은 결과들은 응용할 곳이 많다. 기상학의 일반화는 기후 예측 능력을 엄청나게 향상시킬 것이다. 심지어 기후 조작으로도 이어질 수 있다. 금성의 대기 연구는 이미 '온실 효과(greenhouse effect)'가 금성에서 일어났다는 이론을 끌어낸 바 있다. 기온 상승이 대기 수증기량 증가로 이어지고 그렇게 증가한 수증기가 행성이 열복사하는 적외선을 더 많이 흡수해 표면 온도를 한층 더 상승시키는 불균형한 평형 상태가 현재의 금성 대기를 만들었다. 지구가 애초에 실제보다 태양에 약간만 더 가까웠더라면, 기초적인 이론적 추정만 해 봐도, 우리 행성 역시 결국 지글지글 끓는 지옥이 되었을 것이다. 현재 우리는 인간의 활동이 지구 대기에 막대한 영향을 미치는 시대에 살고 있다. 금성의 지옥 같은 온실이 지구에 재현되는 것을 피하려면, 무엇보다 중요한 것이 금성에서 정확히 무슨 일이 일어났는가를 이해하는 것이다.

행성의 표면과 내부에 관한 연구는, 장기적으로는 지진을 예측하고 지구에서 값어치 있는 광물을 찾는 것 같은 커다란 실용적 이득을 안겨줄지도 모른다.

다른 곳의 토착 생물 발견이 생물학에 혁신을 가져다줄 것은 확실하다. 특히 암과 노화에 관한 연구처럼 지금은 연구비보다는 발상의 한계를 겪고 있는 분야에, 어쩌면 예상치 못했던 다양한 실용적 이득을 가져다줄지도 모른다.

고도로 압축된 물질로 이루어진 중성자별에 관한 연구와 무시무시한 에너지를 뿜어대는 은하 중심부와 퀘이사(Quasar, Quasi-stellar Object, 준성체)에 대한 연구는 이미 물리 법칙 연구의 근간을 흔들고 있다. 지구에서 관측된 현상들을 설명하기 위해 추론해 낸 법칙들이 새로운 가설들의 도전을 받기 시작한 것이다.

우주 탐사는 풍부한 실용적 혜택을 제공할 수밖에 없다. 그렇지만 과학의 역사를 보면 이런 것 가운데 가장 중요한 것은 감히 예측조차 불가능할 것이다. 그것은 우주의 책임이 아니라 오늘날 우리의 현명함이 모자란 탓이다.

8장

인간 모험으로서의 우주 탐사 2: 대중의 관심

달에 찍힌 인간 발자국. 파티는 끝났고 손님들은 돌아갔다. 아폴로 15호의 우주인들이 남긴 발자국들은 100만 년간 남아 있으리라. 해들리 산(Mount Hadley)이 뒤편에 보인다.

일반인에게 영향을 줄 우주 탐사의 원칙적인 혜택, 또는 가장 일반적인 혜택은 우주 탐사가 가져다줄 직접적인 과학적 이득과 거기서 파생되리라고 기대할 수 있는 실용적 결과가 아닐지도 모른다. 낡은 믿음이 시들해지고 있는 오늘날에는 일종의 철학적 허기, 우리가 누구고 어떻게 여기 왔는가를 알고 싶은 욕구가 존재한다. 인류를 위한 우주적 시각을 찾으려는 지속적인 탐색이 가끔은 무의식적으로 존재한다. 이것은 헤아릴 수 없을 만큼 많은 형태로 나타나지만, 그 다채로운 양상을 가장 명확하게 볼 수 있는 곳은 대학 캠퍼스이다. 그곳에서 분출했다 사라지는, 일련의 유사 과학적이거나 과학과 경계를 맞대고 있는 주제들의 다양함을 보면 그 관심의 막대함을 잘 알 수 있다. 점성술, 사이언톨로지,

미확인 비행 물체(unidentified flying object, UFO) 연구, 임마누엘 벨리코프스키(Immanuel Velikovsky, 1895~1979년)의 저술에 관한 연구, 그리고 심지어 SF의 초능력 영웅들. 그 모두가 내가 보기에는 우주적 관점으로 인류를 보려는 시도지만 당황스러울 만큼 성공적이지 못하다. 하버드 대학교의 조지 데이비드 월드(George David Wald, 1906~1997년) 교수는 이런 우주적 관점에 대한 열망에 관련해 이렇게 썼다. "우리는 인간적인 가치로 되돌아갈 길을 절박하게 찾고 있다. 어쩌면 그것은 심지어 종교일지도 모른다. 내 마음에는 초자연적인 것은 아무것도 없다. 자연이 내 종교고, 나로서는 그거면 충분하다. …… 내 말뜻은, 우리는 우주 속 인간의 자리에 대한, 뭐랄까 폭넓게 공유된 시각이 필요하다는 것이다."

최근 매사추세츠 주 케임브리지에서 캘리포니아 주 버클리에 이르기까지 대학가에서 가장 널리 팔리는 책은 《지구 백과(*Whole Earth Catalogue*)》라는, 문화적 대안을 창조할 도구를 접하게 해 준다고 자처하는 잡지이다. 놀라운 것은 《지구 백과》에서 소개된 작업과 작품 들 다수가 과학적으로 공인된 우주적 관점과 관련이 있다는 것이다. 『은하 허블 지도(*Hubble Atlas of Galaxies*)』로부터 지구 사진이 인쇄된 깃발과 포스터까지 거의 전 단계를 망라한다. 《지구 백과》의 창립자는 지구를 전체로서 조망해 보고자 하는 바람에서 제목을 그렇게 지었다고 한다. 1970년 가을호는 이 시각을 넓혀, 우리 은하 전체의 사진을 보여 준다. (《지구 백과》는 1968년 스튜어트 브랜드(Stewart Brand, 1938년~)에 의해 창간된 잡지로, 히피 문화를 중심으로 한 정보와 상품은 물론이고 해커 운동을 소개하는 잡지였다. 스튜어트 브랜드는 1966년부터 NASA에 우주에서 찍은 지구 사진 등을 공개하라는 정보 공개 청구 운동을 벌였고, 《지구 백과》 창간호에 우주 공간에 떠 있는 지구 사진을 실었다. 애플 사의 창업자 스티브 폴 잡스(Steve Paul Jobs, 1955~2011년)를 통해 유명해진 "Stay hungry, Stay foolish."는 1974년 폐간호의 뒤표지를 장식한 문구였다. — 옮긴이)

현대 미술과 록 음악에서도 그것과 비슷한 경향을 뚜렷이 볼 수 있다. 록 밴드 크리던스 클리어워터 리바이벌(Creedence Clearwater Revival, C. C. R.)의 「우주의 공장(Cosmo's Factory)」(1970년), 제퍼슨 에어플레인(Jefferson Airplane)과 스타십(Starship), 버즈(The Byrds)의 「우주인 씨(Mr. Spaceman)」(1966년), 그리고 「C. T. A. 102」(1967년), 엘튼 존(Elton John, 1947년~)의 「로켓맨(Rocket Man)」(1972년)을 비롯해 수두룩하다.

관심 있는 사람들은 젊은이들만이 아니다. 미국에서는 천문학이 전통적으로 대중의 지지를 받아 왔다. 천문대의 설립과 직원의 월급은 흔히 지역 공동체에서 전부 자발적으로 떠맡고는 했다. 매년 수백만 명이 북아메리카 대륙과 브리튼 섬에 있는 천체 투영관을 찾는다.

현재 지구라는 행성의 생태학에 관한 관심이 다시금 솟구치는 것 또한 이 우주적 관점에 대한 열망과 관련이 있다. 미국의 생태주의 운동 지도자 중에는 우주에서 찍은 지구의 사진에 감명받아 행동에 나선 사람들이 많다. 우리가 사는 세계가 얼마나 조그맣고 섬세하며 연약한지, 인간의 잔인하고 무지한 착취에 얼마나 민감한지를 드러내 주는 사진 말이다. 그 사진 속에서 우리 지구는 하늘 한가운데 떠 있는 깨지기 쉬운 푸른 쟁반처럼 보인다.

우주 탐사와 거기에 따르는 지구와 그 거주민에 대한 새로운 관점의 결과가 우리 사회에 배어들면 문학과 시, 시각 예술과 음악은 그로부터 영향을 받을 수밖에 없다는 것이 내 생각이다. 저명한 미국인 물리학자 리처드 필립스 파인만(Richard Phillips Feynman, 1918~1988년)은 이렇게 썼다. "무언가에 대해 조금쯤 알게 되었다고 해도 그 신비로움이 손상되는 일은 전혀 없다. 진실은 과거의 그 어떤 화가가 상상한 것보다도 훨씬 더 놀랍기 때문이다! 현재의 시인들은 왜 그런 이야기를 하지 않는가? 의인화한 목성을 노래할 수는 있지만, 메테인과 암모니아로 이루어진 회전하

는 거대한 구인 목성을 노래할 수 없다면, 시인이라 할 수 있는가?"●

그렇지만 단순한 일반 탐사는 우주에 관심을 가진 광범위한 대중에게 아직 동기 부여를 하지 못하고 있다. 많은 사람이 우주인들이 달에서 가지고 돌아온 돌멩이에 엄청난 실망을 느꼈다. 그것들은 단순한 돌멩이들로만 보였다. 그 돌멩이들이 달-지구 계의 창세기를 다시 쓰는 데 어떤 역할을 할지, 대중은 아직 제대로 된 설명을 듣지 못했다.

우주에 대한 대중의 관심이 가장 두드러지는 곳은 우주론(cosmology)과 외계 생명체 탐사 분야이다. 이것은 인류 중 다수의 심금을 건드리는 주제이기도 하다. 다른 분야의 몹시 신중하고 중요한 결과들보다 우주생물학의 가장 가벼운 가설들에 신문 지면이 훨씬 많이 할애되는 것을 보면 공공의 관심이 어디에 놓여 있는가를 정확히 알 수 있다. 대중 언론에서는 대개 폼알데하이드와 사이안화수소의 존재를 나타내는 성간 마이크로파 스펙트럼 흡수선들이, 긴 일련의 연결 고리를 통해, 생물학의 물음들과 관련되어 있다는 설명을 해 왔다.

보통 사람에게 외계 생명체를 상상해 보라는 질문을 하면 인간과 비슷한 변종을 생각하는 것이 사실이지만, 우주 탐사의 다른 영역들에 비하면 그것보다는 화성 미생물에 관한 관심이 훨씬 큰 것 또한 사실이다. 외계 생명체 탐사는 태양계 안쪽과 그 너머를 탐사하고자 하는 우주 실험이 대중적인 지원을 확보하기 위한 쐐기돌이 될 수도 있다.

현재와 근미래에 우주 과학과 천문학에 드는 비용은 여러 가지 관점에서 살펴볼 수 있다. 지상 관측 천문학에 드는 연간 비용은 우주 계획에 드는 비용의 겨우 몇 퍼센트에 지나지 않기 때문에, 나는 후자의 비용에 집중하겠다. 미국에서는 우주에 대한 지출을 에틸알코올이나 풍

● Richard Feynman, *Introduction to Physics*, Vol. I, Addison Wesley, pp. 3-6.

선 검이나 화장품의 연간 지출에 비교하는 것이 통례이다. 하지만 나 개인적으로는 비교 대상을 미국 국방부가 쓰는 비용으로 잡는 편이 더 유용하리라고 본다. 정부 회계 감사원(《뉴욕 타임스》, 1970년 7월 19일 자)의 보고에 따르면 1976년 바이킹 화성 착륙 미션의 전체 기대 비용이 회계 연도 1970년도 소위 탄도탄 요격 미사일의 '초과 지출'의 절반밖에 되지 않음을 알 수 있다. 외행성계의 모든 행성을 전부 돌면서 탐사하는 데 드는 비용(자금 부족 때문에 취소되었다.)은 1970년도 미니트맨 III 시스템에 들어간 '초과 지출'에 맞먹는다. 우주의 기원에 관한 확정적 연구를 할 수 있는 대단히 큰 광학 현미경을 우주에 설치하는 비용은, 1970년도 미니트맨 II 미사일의 초과 지출에 맞먹는다. 그리고 지구 자원 위성들을 이용해 우리 행성의 표면과 기후를 수년간 밀착 탐사하는 대규모 프로그램은 1970년도 P-3C 항공기의 '초과 지출'과 얼추 맞먹을 것이다. 태양계 전체를 체계적으로 조사하는 10개년 계획은 '방어' 무기 시스템 하나를 1년 동안 개발하는 데 드는 비용의 회계 오차분 정도면 충분할 것이다. 과학적 우주 계획은 국방부 예산의 '오차분'에 비하면 얼마 안 되는 푼돈에 불과하다.

우주 탐사에 관해, 고려해 볼 만한 또 다른 관점은 오락이다. 바이킹 화성 착륙선이 찍은 화성 표면의 사진들을 어떤 잡지의 단 한 호에 담아서 모든 미국인에게 판매하면 바이킹 계획의 예산을 완벽히 모을 수 있다. 지구, 달, 행성, 그리고 나선형이고 불규칙한 은하 사진들은 우리 시대에 걸맞은, 심지어 전형적인 예술 형태이다. 루나 궤도선이 찍은 코페르니쿠스 분화구 내부 사진과 화성의 화산들, 반달 모양 사구와 바람 자국들, 그리고 매리너 9호가 찍은 화성 극지의 빙관 같은 기기묘묘하고 감동적인 사진들은 사람들에게 경이감과 영감을 제공할 수 있다. 화성에 보낸 무인 우주선이 찍은 사진들을 텔레비전에 내보낸다면 아마도 지원금을 충분히 뽑고도 남을 것이다. 화성 표면에는 막대한 양의 음향 에너지가 있는 듯하니, 그 소리를 마이크로 녹음해 팔면 널리 팔릴지도 모른다.

유인 행성 탐사 대 무인 행성 탐사의 논쟁을 여기서 꺼낼 마음은 없지만, 인간을 우주로 보내는 데 무척 좋은 비과학적 이유가 여러 가지 있다는 점만 다시금 강조하겠다. 유인 탐사와 무인 탐사 사이에는 중간적 사례들이 있는데, 앞으로 다가올 수십 년간 우리는 그것을 아주 잘 보게 될 것이다. 예를 들어 사람은 궤도선에 머물고 행성 표면에는 원격 조작 로봇만 내려보낼 수 있다. 궤도선에 있는 인간은 이 원격 조작 로봇이 보고 듣는 것을 모두 보고 들을 수 있고, 로봇의 동작을 완벽하게 통제할 수 있다. 또 지구 기준으로 무척 적대적인 환경을 가진 행성, 또는 지구 미생물로 인한 오염이 우려되는 행성은 인간의 감각, 인지 기능뿐만 아니라 근육 능력을 확장한 거대한 보철 기계에 인간이 탑승해 탐사하게 될지도 모른다.

이런 가정적인 발전상은 별도로 치더라도, 무인 행성 탐사를 위한 정교한 장비들 개발에 지구 상에서 유용한 로봇을 생산하는 데 필요한 것과 같은 기술이 사용된다는 것은 매우 명확하다. 1980년대 초에 화성에 착륙하는 무인 우주선들은 사람이 할 수 있는 것보다 훨씬 더 치밀하게 주위 환경을 탐지하고, 그곳을 돌아다니고, 미리 입력된 결정과 새로이 얻은 정보에 기반을 둔 결정을 모두 내릴 수 있는 능력을 갖출 가능성이 매우 높다. 그때 지구에서는 이런 로봇의 사촌이 대량 생산되어 유용하게 활용되고 있을 것이다. 나는 한편으로는 대양의 심해저처럼 접근 불가능한 환경에서 작업할 로봇도 생각하고 있지만, 또한 노동자들을 반복적이고 재미없는 업무로부터 해방해 줄 산업용 로봇, 그리고 주부들을 힘들고 단조로운 집안일에서 해방해 줄 가사 로봇도 생각하고 있다.

우주 탐사 경험이 어떤 독특한 철학을 제공하는 것은 아니다. 집단마다 어느 정도 거기에 자신의 철학적 시각을 반영해서 보는 경향이 있는데, 그 논리가 늘 건전하지만은 않다. 니키타 세르게예비치 흐루쇼프(Nikita Sergeevich Khrushchyov, 1894~1971년)는 유리 알렉세예비치 가가린(Yuri Alekseyevich Gagarin, 1934~1968년)의 우주 비행에서 천사 같은 초자연적 존재들이 탐지되지 않았다는 사실을 강조했다. 그리고 그것과는 거의 완벽한 대척점에 있는 것이 아폴로 8호의 비행사들이었다. 그들은 달의 공전 궤도에서 「창세기」 1장에 고이 새겨진, 바빌로니아 유래 우주 생성론을 읽었는데, 마치 자기네 미국인 청중에게 달 탐사는 정말이지 그 누구의 종교적 믿음과도 어긋나지 않는다고 안심시키려는 것 같았다. 그렇지만 우주 탐사가 얼마나 종교적이고 철학적인 질문들로 곧장 이어지는지를 생각해 보면 놀라울 정도이다.

나는 유인 우주 비행의 통제를 군에서 맡는 것 — (구)소련에서는 이미 현실이고 미국에서는 현재 논쟁거리이다. — 을 평화주의자들이 지지해야 한다고 믿는다. 미국과 (구)소련의 기존 군사 조직은, 내가 우려하기로는, 전쟁에서 이득을 얻는 제도이다. 그들은 전쟁을 위해 치밀한 훈련을 받는다. 전시에는 평시에는 없는 급속한 승진, 봉급 인상, 그리고 용맹을 떨칠 기회가 주어진다. 전쟁을 향한 열망이 존재하는 곳에서는 의도적이거나 우발적인 전쟁이 벌어질 가능성이 훨씬 더 높아진다. 군사 훈련 때문이든, 아니면 타고난 기질 탓이든, 군인들은 다른 종류의 돈벌이가 되는 직업에 흥미가 없기 쉽다. 군장성급의 특권적 힘을 가질 수 있는 다른 생계 유지 방식이 거의 없다는 것도 한 가지 이유이다. 만약 평화가 정착되면 더 이상 쓸모가 없어진 장교단은 심히 당황할 것이다. 흐루쇼프 총리는 한때 다수의 원로 장교들을 적군(赤軍)에서 면직시켜 수력 전기 발전소 같은 데로 발령하려고 한 적이 있었다. 그들은 내켜 하지 않았고, 한 1년쯤 후에는 다수가 다시 옛날 자리로 돌아갔다. 사실, 미국과 (구)소련의 군사 제도들은 서로의 일자리를 서로에게 기대고 있으니, 그들이 우리 나머지에 맞서 자연스럽게 동맹을 맺고 있다고 해도 아주 틀린 말이 아니다.

동시에, 교전 상태를 유지하는 데 강력한 이해 관계가 달린 막대한 노동력과 거대한 전자 공학, 미사일, 그리고 화학 기업 들이 존재하고, 그들은 그 상태를 유지하기 위해 강력한 로비를 펼친다. 무슨 돌림병이라도 도는 것처럼 모든 사람이 갑자기 이성을 되찾지 않는 한, 이 강력한 이해 관계의 집합체들이 한층 평화적인 활동으로 옮겨 갈 방법이 없을지도 모른다. 우주 탐사는 정확히 이런 재능과 능력의 결합을 필요로 한다. 전자 공학, 컴퓨터 기술, 정밀 기계와 항공 우주 프레임 제조 같은 분야에는 거대한 기술적 기반이 필요하다. 지리학적으로 흩어져 있는 수많은 기업체를 공통의 목표를 향해 체계적으로 움직이게 만드는 데에는 군사 조직과 무척 가까운 무언가가 필요하다. 지표면 탐사의 역사는 대체로 군사 분야의 역사였는데, 일부는 그것이 조직 생활과 개인적 용맹이라는 군사적 전통의 적절한 사용처이기도 했기 때문이다. 오늘날 우리에게 위협을 제기하는 것은 다른 군사적 전통이다. 아마도 태양계 탐사는 군사와 산업의 기득권층을 영예롭게 활용할 수 있는 방법이리라. 나는 미국과 (구)소련 양측 직업 장교단의 상당수가 우주 탐사로 이전되면 어떨지를 머릿속에 그려 본다. 상당한 수의 군 장교들이 우주국에 의해 군사적으로 거의 혹은 전혀 의미가 없는 활동에 차출되고, 그중에는 특출한 능력을 지닌 이들이 적어도 일부 존재한다. 그리고 물론 우주 비행사 중 엄청난 다수가 군 장교들이기도 했다. 여기에는 확실히 장점뿐이다. 그쪽에 관여하는 이들이 많아질수록, 이쪽에 관련된 이들은 줄어드니까.

NASA에 대한 숱한 언론 보도야 어쨌든, 우주 계획 다수와 그 속에서 연구되고 활용되는 우주 과학과 응용 프로그램 들은 장기적으로 보았을 때 대부분 내실 있고 또 보편적인 가치를 가지고 있다. 사실, 그들은 미국 사회의 많은 부분과 철학적, 탐구적, 그리고 인간적 관심사의 공동체를 공유한다. 심지어 서로 강력하게 어긋나는 화두가 많은 부분에서도 그렇다. 우주 탐사의 비용은 그 잠재적인 보상에 비하면 무척 적절해 보인다.

9장

인간 모험으로서의 우주 탐사 3: 역사적 관심

제1유형 문명을 개략적으로 그린 그림. 아마 몇 세기 후 우리 문명의 모습일 것이다. 존 롬버그, 「제1유형 문명 개략도(Schematic Representation of a Type 1 Civilization)」.

장기적 관점에서 보면, 우주 탐사의 가장 중요한 점은 그것이 역사를 돌이킬 수 없을 정도로 바꾸어 놓으리라는 것이다. 1장에서 언급했듯, 인류가 동일시한 집단은 인류의 역사 속에서 점차로 넓어졌다. 오늘날, 세계 인구 중 많은 수의 사람들이 적어도 민족 단위의 거대 국가들과 중요한 개인적 동일시를 하고 있다. 진보의 역사는 순탄하지 않았고, 때때로 역행하기도 했지만, 확실히 그 경향은 인류를 하나로 묶는 방향으로 가고 있다. 우주 탐사는 그 동일시에 박차를 가할 수 있다. 우주 비행사들은 우주에서 본 지구의 아름다움과 고요함을 엄청난 감동에 차서 언급한 바 있다. 그들 다수에게 있어 우주 비행은 삶을 바꾸어 놓은 종교적인 경험이었다. 아서 찰스 클라크(Arthur Charles Clarke, 1917~2008년)의 말마따나, 가장 열성적인 국가주의자들조차 자신이 살던 곳이 희미한 초승달 모양에서 조그만 빛의 점으로 변해 수백만 개의 별들 속에 사라지는 것을 본다면 생각을 바꾸지 않을 수 없을 것이다.

우주 탐사는 방대하고 알지 못할 우주에서 보이지도 않을 조그만 우리 행성의 중요도를 헤아리게 해 준다. 다른 세계의 생명체를 탐사하는 것은 거의 확실히 인류의 독특함을 납득하게 만들 것이다. 우여곡절로 가득하고 불확실하며 과연 일어났을까 싶지만 실제로 일어난 일련의 진화가 우리를 지금 있는 곳으로 데려왔다. 그리고 우리와 무척 비슷한 형태를 가진 존재를 찾아낼 가능성이 극도로 낮다는 사실은 — 아무리 우주에 지성을 갖춘 다른 존재들이 무리 지어 살고 있다고 해도 — 인간들 사이의 유사점을 차이점보다 압도적으로 두드러지게 해 줄 것이다.

우리의 지구 중심주의에는 일상적인 편리함이 있다. 우리는 여전히 지구가 돈다기보다는 태양이 뜨고 진다는 식으로 이야기한다. 우리는 여전히 우주가 우리의 편의를 위해 돌아가고 있다고, 그리고 우리만이 살고 있다는 식으로 생각한다. 우주 탐사는 약간의 겸손함도 가져다주리라.

노벨 화학상 수상자 해럴드 클레이턴 유리(Harold Clayton Urey, 1893~1981년)는 우주 탐사를 현대의 피라미드 건설이라고 지적한 바 있다. 그 의미를 예리하게 포착해 낸 것이다. 파라오 시대 이집트라는 맥락에서 보면 그 유사성이 특히 그럴싸해 보이는데, 피라미드는 우주론과 불멸의 문제들을 다루려는 시도였기 때문이다. 장기적 역사적 관점에서 본 우주 계획의 의미가 정확히 이것이다. 우주 비행사들이 달에 남긴 발자국은 수백만 년간 남아 있을 테고, 거기에 남은 잡다한 장비들과 포장 상자들은 태양만큼이나 오랫동안 존재할 것이다.

다른 한편, 피라미드는 기념비적이고, 오늘날 우리가 믿기로, 한 사람, 즉 파라오의 죽음 이후의 삶을 확보하기 위한 헛된 노력의 산물이다. 어쩌면 수메르 사람들과 바빌론 사람들의 계단식 탑인 지구라트에 비유하는 편이 더 나을지도 모르겠다. 신들이 지구로 내려오고 사람들이 매일의 일상을 탈피하는 곳. 거대한 추진 로켓에는 틀림없이 피라미드가 약간은 들어 있다. 하지만 나는 현대의 지구라트라는 비유가 더 그럴듯해 보인다.

사회가 자신의 환경에 비교적 적절하고 평화로우며 지적으로 중요한 탐사를 벌인다면 그것을 통해 막대한 성과를 얻을 가능성이 있다. 그런 인과 관계의 사슬을 입증하기란 어렵고, 역사적으로, 일대일 상호 관계는 존재하지 않는다. 그렇지만 가장 위대한 탐험의 꽃을 피운 국가와 시대에 문화의 풍요로움 역시 가장 대단했다는 사실은 주목할 만하다. 이것은 어느 정도는 틀림없이 폐쇄된 채 그 막대한 에너지가 내부로만 향하고 있던 문화에서는 몰랐던 새로운 것들, 새로운 삶의 양식, 그리고 새로운 사고 방식들과의 접촉 때문이리라.

『성경』에 나오는 근동, 페리클레스의 아테네를 비롯해 다른 시대에도 그런 예들이 있지만 나는 유럽의 탐사와 발견의 시대에서 느끼는 바가 가장 많다. 프랑스, 영국, 그리고 이베리아의 토착 언어들은 그야말로 최초의 대서양 횡단 발견 여행들이 이루어지고 있던 바로 그 시기에 궁극적인 문학적 표현을 찾아냈다. 프랑스의 라블레와 몽테뉴, 셰익스피어, 밀턴, 그리고 영국의 킹 제임스 판 『성경』의 번역자들, 스페인의 세르반테스와 로프 드 베가, 포르투갈의 카모엔스, 모두가 이 시대 사람들이다. 프랜시스 베이컨(Francis Bacon, 1561~1626년)의 저술을 보면 세계의 새로운 부분을 접하게 된 것이 당대의 시대 정신에 심오한 영향을 미쳤음을 분명히 알 수 있다. 망원경, 현미경, 온도계, 기압계, 그리고 진자 시계 같은 기본적인 도구들이 이 시대에 발명되었다.

그것은 또한, 그 새로운 탐험 국가들의 국민은 아니었지만 그중 하나와 밀접한 관련이 있던 갈릴레오 갈릴레이(Galileo Galilei, 1542~1642년)의 시대이기도 했다. (갈릴레오는 네덜란드에서 처음 발명된 망원경을 개량했다.) 이 시기 회화 예술의 다수, 예를 들어 히에로니무스 보슈(Hieronymus Bosch, 1450?~1516년)와 엘 그레코(El Greco, 1541~1614년) 같은 이들의 작품들은 시대를 관통한 변화의 정신을 반영한다. 바로 이 시기에 아이작 뉴턴(Isaac Newton, 1643~1727년)은 현대 물리학을 정립했다. 르네 데카르트(René Descartes, 1596~1650년), 토머스 홉스(Thomas Hobbes, 1588~1679년), 그리고 바뤼흐 스피노자(Baruch Spinoza, 1632~1677년) 같은 철학사에서 한 축을 담당하는 인물들의 사상이 꽃을 피웠다. 레오나르도 디 세르 피에로 다 빈치, 윌리엄 길버트(William Gilbert, 1544~1603년), 갈릴레오, 그리고 베이컨의 활동과 저술에서 볼 수 있는 것처럼 이 시대는 또한 과학의 실험적 방법을 낳았다.

역사상 흥미로운 사례는 인류의 배움과 문화에 제 몫 이상을 해낸 나라인 네덜란드에서 볼 수 있다. 네덜란드의 문화적 개화의 한순간을 꼽으라면 17세기 후반일 것이다. 네덜란드 공화국에서는 이베리아 항구에 접근할 수 없었는데, 프랑스와 스페인의 전쟁 때문이었다. 자체적인 교역처를 찾아야 할 처지에 놓인 네덜란드는 네덜란드 동인도 회사와 서인도 회사를 창립했다. 자연 자원의 큰 몫이 항해에 바쳐졌다. 그 한 가지 결과로 네덜란드는 세계 강대국이 되었다. 역사상 유일하게 이때뿐이었다. 네덜란드 말이 오늘날 인도네시아에서 쓰이는 것은 이런 모험들 때문이고, 미국 대통령 자리에 오른 이들 중에는 네덜란드계도 몇 명 있다. 하지만 그것보다 훨씬 중요한 것은, 같은 시기에 요하네스 페르메이르(Johannes Vermeer, 1632~1675년)와 렘브란트 하르먼손 판 레인(Rembrandt Harmenszoon van Rijn, 1606~1669년), 스피노자와 레이우엔훅의 업적이 네덜란드에서 꽃을 피웠다는 것이다. 네덜란드는 한 다리만 건너면 서로 아는 사회였다. 레이우엔훅은 사실 페르메이르의 사유지 유언 집행인이었다. 네덜란드는 이 시기에 유럽에서 가장 자유주의적이고 가장 덜 권위주의적인 국가였다.

인류 역사상 처음으로 태양계를 탐사할 첫 세대가 곧 등장할 것이다. 그 세대가 어렸을 적 행성들은 밤하늘을 떠다니는 멀고 흐릿한 원반들이었을 테고, 나이가 들어서는 구체적인 장소가 되고, 탐사의 경로에 따라서는 그곳에 정착할 수도 있는 새로운 세상들이 되리라.

우리 미래사에는 인간이 태양계 천체들을 구석구석 탐사하고 그곳에 거주하는 순간이 있을 것이다. 그들에게, 그리고 우리 다음에 올 모든 이들에게, 현재의 순간은 인류 역사에서 하나의 축과 같은 순간이 되리라. 역사적으로 이만큼 중요한 기회를 얻은 세대는 많지 않다. 기회는 우리 것이다. 우리가 움켜쥐기만 한다면 말이다. 우주 항법의 창안자이기도 한 콘스탄틴 예두아르도비치 치올콥스키(Konstantin Eduardovich Tsiolkovsky, 1857~1935년)의 말을 바꿔 말하자면, 지구는 인류의 요람이지만, 언제까지나 요람에서 살 수야 없는 노릇이다.

인간의 유아는 자신이 우주의 전부가 아님을 실험을 통해 발견하면서 성숙에 이른다. 우리 주변 세상에 대한 탐험의 발을 떼어 놓은 사회에도 같은 이야기가 해당한다. 우주 탐사가 가져다주는 시각은 인류의 성숙에 박차를 가할 것이다. 그 성숙은 결코 이른 것은 아닐 것이다.

2부

태양계에서

앞선 과학자들과 사상가들조차 천체들이 무엇으로 이루어져 있는지 알게 될 가능성이 없다고 생각하던 어떤 시대가 — 그것도 무척 최근에 — 있었다. 그 시대는 이제 지났다. 더 가까운, 직접적인, 우주 연구의 가능성에 대한 생각은 오늘날, 내가 믿기로는, 여전히 막연해 보인다. 소행성들의 토양에 발을 딛는 것, 달의 돌멩이 하나를 내 손으로 집어 올리는 것, 수십 베르스타(=1.0668킬로미터) 거리에서 화성을 관찰하기 위해 우주 공간에 이동식 정거장을 세우고 지구, 달, 태양 주변에 생명이 거주할 수 있는 고리 모양 시설을 건설하는 것, 그 위성에 착륙하고, 나아가 화성 표면에 착륙하는 것(이것보다 더 화려한 것이 어디 있으랴!). 그러나 천문학의 새롭고 위대한 시대, 하늘에 관한 세심한 연구의 시대가 시작되는 것은 오로지 핵에너지를 이용한 우주선이 도래해야만 가능하리라……. 내 삶의 주된 원동력은 인민을 위해 무언가 유용한 일을 하는 것이다. …….
내게 빵이나 권력을 얻어다 주지 않는 일들에 내가 관심을 두는 이유가 그것이다. 그렇지만 내 연구가 어쩌면 가깝고 어쩌면 먼 미래에, 사회에 산더미 같은 곡식과 한없는 힘을 안겨 주었으면 하는 게 내 바람이다.
—콘스탄틴 예두아르도비치 치올콥스키, 1912년

장 이나스 이시도르 제라르 그랑빌, 「무한의 신비 연작(Les Mystères des Infinis)」(1844년).

10장

1학년 가르치기

지구 전체를 찍은 아폴로 우주선의 사진.
NASA의 허가를 받고 실었다.

초등학교 1학년생인 내 친구가 나더러 자기 교실에 와서 이야기를 좀 들려 달라면서, 자기 친구들은 확실히 천문학에 대해 아무것도 모르지만 배우려는 열의는 있다고 했다. 친구의 선생님에게 허락을 받고 나는 캘리포니아 주 밀 밸리에 있는 친구의 학교로 찾아갔다. 우주에서 본 지구, 달, 행성들, 폭발 천체, 기체 성운, 은하 같은 천문학적 물체들이 담긴 컬러 슬라이드 20, 30개로 무장하고서. 그런 것들이면 아마 어느 정도는 놀라움을 주고 호기심도 끌고 심지어 교육도 할 수 있겠거니 했다.

그렇지만 이 반짝이는 눈을 한 조그만 천사들 앞에서 슬라이드 쇼를 시작하기 전에, 나는 과학이 발견한 것을 이야기하는 것과, 과학자들이 그 모든 것을 어떻게 발견했는지를 설명하는 것 사이에는 커다란 차이가 있다는 점을 설명하고 싶었다. 결론을 요약하기란 매우 쉽다. 어려운 부분은 무언가 흥미로운 것을 처음 발견하는 데 필요한 모든 실수, 잘못된 단서, 알아보지 못한 실마리, 헌신, 고된 노동, 그리고 이전 관점의 뼈아픈 폐기 같은 것들을 한데 엮는 것이다.

나는 이런 말로 시작했다. "여러분은 모두 지구가 둥글다는 말을 **들어봤지요.** 모두가 지구가 둥글다고 **믿습니다.** 하지만 **왜** 우리는 지구가 둥글다고 믿을까요? 누구 지구가 둥글다는 증거를 떠올릴 수 있는 사람?"

인류 역사에서 대부분의 시기에 걸쳐 지구가 평평하다는 주장은 확고한 믿음이었다. 정식기(定植期, planting time, 온상에서 기른 모종을 밭에 내어다 제대로 심는 아주심기하는 시기. ─ 옮긴이)에 네브래스카의 옥수수밭에 서서 둘러본 사람이라면 누구나 그것이 전적으로 뻔하다고 생각하리라. 평평한 지구라는 개념은 여전히 "지구의 네 모퉁이" 같은 구절을 통해 우리 언어에 뿌리를 내리고 있다. 나는 이 어린 1학년생들을 어리둥절하게 만든 다음에 지구가 구체라는 인식이 인류에게 전반적으로 받아들여지는 데 얼마나 어려움이 있었는가를 설명할 작정이었다.

"글쎄요." 철도 기술자들이 입는 원피스 오버롤(위아래가 붙은 작업복. ─ 옮긴이) 같은 것을 입은 아이 하나가 말했다. "배가 멀어질 때 보면, 돛대가 하는 그 돛을 다는 그거 있잖아요, 그게 점점 사라지잖아요. 그게 바다가 굽어 있다는 뜻 아닌가요?"

"**월식** 있죠? 그건 태양이 우리 뒤에 있고 지구 그림자가 달에 드리우는 거 맞죠? 저는 월식을 봤어요. 그림자가 직선이 아니고 둥글던데요. 그러니까 지구는 둥글어요."

"더 좋은 증거도 있어요. 훨씬 좋은 증거요." 또 다른 아이가 이야기했다. "세계 일주 항해를 했다는 그 할아버지 누구더라, 마젤리? 지구가 둥글지 않다면 지구를 한 **바퀴** 돌 수 없잖아요, 그죠? 그리고 오늘날 사람들은 만날 지구를 한 바퀴 돌아 항해를 하고 날아다니잖아요. 지구가 둥글지 않으면 어떻게 빙 돌아 날아다녀요?"

"야, 들어 봐, 얘들아, 너희들 지구의 **사진이** 있다는 거 몰라?" 넷째 아이가 보탰다. "우주 비행사들이 우주에 가서 지구 사진들을 찍어 왔잖아. 사진을 보면 알아. 사진들이 전부 동그래. 이런 웃긴 이유를 댈 필요도 없어. **보면** 그냥 동그란데 뭐."

그러고 나서 결정적인 한 방으로, 최근에 샌프란시스코 과학관에 견학을 다녀왔다는, 점퍼스커트를 입은 한 여자아이가 짧게 물었다. "푸코의 추 실험은요?"

그리고 정신이 번쩍 든 강의자는 현대 천문학의 발견들을 계속해서 묘사해 나갔다. 이 아이들은 전문 천문학자나 대학 교수나 물리학자나 그런 사람들의 자녀들이 아니었다. 분명히 평범한 1학년 아이들이었다. 나는 희망을 품었다. 이 아이들이 12~20년에 걸친 '제도 교육' 속에서 망가지지 않고 이대로 자라서 세상을 움직이기를.

공립 학교에서는, 적어도 미국에서는, 천문학을 가르치지 않는다. 일부 주목할 만한 예외를 제외하면, 학생은 1학년 때부터 12학년이 될 때까지 우리가 우주에서 어디에 있는지, 어떻게 여기까지 왔는지, 그리고 어디로 갈 것인지 같은 질문들에 답을 해 준 발견들이나 사상들을 단 한 번도 마주치지 않고 학창 생활을 보낼 수 있다. 우주적 관점과 한 번도 대면하지 않을 수 있다.

고대 그리스 사람들은 천문학을 자유인이라면 익혀야 하는 대여섯 개의 필수 교양 과목 중 하나로 보았다. 나는 1학년생과 히피 코뮌 생활자, 상·하원 의원, 택시 운전사 들과 대화를 나누어 보고, 천문학적인 것에 관한 관심과 흥분의 막대한 저장고가 전혀 건드려지지 않은 채로 남아 있다는 사실을 깨달았다. 미국의 대다수 신문은 매일매일 점성술

칼럼을 싣는다. 일일 천문학 칼럼이나, 심지어 과학 칼럼을 싣는 곳이 얼마나 되는가?

점성술은 사람의 삶을 지배하는 힘을 설명하는 척한다. 그렇지만 그건 사기이다. 정말로 사람들의 삶에 영향을 미치는 것은 과학이다. 단지 그 직접성이 약간 덜 느껴질 뿐이다. SF 소설과 「2001: 스페이스 오디세이」 같은 영화들의 엄청난 인기는 이런 과학적 열정이 존재하되 아직 발굴되지 않았음을 보여 준다. 과학과 기술은 우리 삶을 지배하고 조형하고 통제한다. 좋은 쪽으로든 나쁜 쪽으로든 말이다. 우리는 과학에 관해 배우려는 노력을 좀 더 할 필요가 있다.

11장

“고대의 오래고 전설적인 신들”

브리타니아 여신. 옛날 영국 페니 동전 앞면에 새겨져 있었다.

내가 다루는 다른 행성의 환경, 생명의 기원, 외계 생명의 가능성 같은 과학적 문제들은 대중의 관심을 끈다. 그건 우연이 아니다. 나는 모든 사람이 이런 근본적인 문제에 관심을 가진다고 생각하며, 이런 것 중 일부를 과학적으로 조사하는 것이 가능한 시대를 살고 있어서 행운이라고 생각한다.

그런 대중적 관심의 한 가지 결과로, 나는 무척 많은 우편물을, 온갖 종류의 우편물을 받는다. 그중에는 무척 유쾌한 것들도 있다. 예를 들자면 파이오니어 10호의 명판에 관한 시와 소네트 등을 창작해 보내준 것이 그렇다. 또 자기네 학교 숙제를 내가 해 주기를 바라는 초등학생들이 보낸 편지도 있다. 나한테서 돈을 빌리고 싶어 하는 사람들한테서 온 서

신도 있다. 일면식도 없는 사람들이다. 광선 총, 타임머신, 우주선, 또는 영구 기관의 자세한 도면을 보내면서 검토해 달라고 부탁하는 사람들도 있다. 그리고 점성술, 초능력, 미확인 비행 물체 접촉담, 에리히 안톤 파울 폰 데니켄(Erich Anton Paul von Daniken, 1935년~)의 초자연 소설, 마술, 손금 점, 골상학, 찻잎 읽기, 타로, 아이칭, 초월 명상, 그리고 환각 약물 경험 같은 다양한 고대의 믿음을 신봉하는 사람들이 보낸 것들도 있다. 더러 좀 슬픈 이야기들도 있다. 금성 사람들이 자기 샤워기를 통해 말을 걸어왔다는 여자, 또는 원자력 위원회가 자기의 일거수일투족을 "원자 광선"으로 추적했다면서 고소를 하겠다고 하는 남자도 있었다. 자기 치아의 충전재를 통해, 또는 그냥 정신을 올바른 방향으로 집중함으로써 외계의 전파 신호를 받았다는 편지를 써 보내는 사람들도 수두룩하다.

그렇지만 그 세월 동안 내 마음속에 깊이 새겨진 편지 하나는 그런 종류 중에 가장 절절하고 매혹적인 것이었다. 85쪽에 걸쳐 손으로 쓰고 봉투에 우표를 꾹 눌러 붙여 보낸 그 편지는 초록색 볼펜으로 씌어져 있었다. 발신인은 오타와의 정신 병동에 있는 한 남자였다. 그는 지역 신문에서 내가 다른 행성에 생명이 존재할 가능성이 있다고 생각한다는 보도를 읽었다고 했다. 그리고 이 입장이 완벽히 옳다는 것을 내게 확신시켜 주고 싶어 했다. 자신은 개인적 지식으로 그것을 알고 있다는 것이었다.

그런 지식을 어디서 얻었는지를 내게 알려주려고, 남자는 자신의 개인사 일부를 내게 들려주고 싶어 했다. 그것이 85쪽 분량의 많은 부분을 차지했다. 제2차 세계 대전이 발발할 즈음, 젊은 나이에 오타와에 살고 있던 그 발신인은 우연히 미국 육군 모병 포스터를 보게 되었는데, 염소수염을 단 영감쟁이가 집게손가락으로 보는 사람의 배꼽 근처를 가리키면서 이렇게 말하는 포스터였다. "엉클 샘은 당신이 필요하다." 남자는 그 점잖은 엉클 샘의 다정한 모습에 너무나 충격을 받아서, 즉각 그 사람과 안면을 터야겠다고 마음먹었다. 그리하여 캘리포니아로 가는 버스에 올랐다. 엉클 샘이 살 만한 곳이라면 분명히 거기일 것 같았다. 목적지에서 하차한 남자는 어디 가면 엉클 샘을 만날 수 있는지 묻고 다녔다. 엉클 샘의 성이 뭐냐는 질문에 대답하지 못한 내 발신인은 결국 사람들의 빈축을 샀다. 며칠간 열심히도 수소문했지만, 캘리포니아에 사는 누구도 그에게 엉클 샘이 어디 있는지 설명해 줄 수 없었다.

탐색에 실패한 남자는 깊은 우울함에 빠져 오타와로 돌아왔다. 그렇지만 거의 즉각적으로, 그의 평생의 과업이 번쩍하고 나타났다. 그것은 그의 편지에 여러 차례 반복 등장한 구절대로, "고대의 오래고 전설적인 신들"을 찾는 것이었다. 남자는 신들이 신자가 있는 동안만 살아남을 수 있다는 재미있고 나름대로 그럴싸한 생각을 하고 있었다. 그렇다면 예를 들어 고대 그리스와 로마의 신들처럼 더는 신자가 없는 신들은 어디로 갔을까? 남자는 이렇게 결론을 내렸다. 그들은 신으로서의 특권과 힘을 잃고 평범한 인간의 위치로 떨어진다. 그리고 이제는 생계를 위해 노동을 해야 한다. 다른 모두와 똑같이. 남자는 그처럼 강등된 신들이 자기 처지를 남들 모르게 숨기고 있지 않을까 추측했지만, 가끔은 옛날에 올림포스에서 살았던 그들이 육체 노동을 해야 한다는 데 대해서 불평할 것으로 생각했다. 그리고 남자가 생각하기에 그렇게 힘들고 지친 신들은 정신 병동들에 처넣어질 터였다. 따라서 이런 추락한 신들을 찾아내는 가장 합리적인 방식은 자신이 그곳의 정신 병동에 입원하는 것이었고, 남자는 즉각 그렇게 했다.

비록 우리는 그분의 사고 단계 중 일부에 동의하지 않는다 해도, 아마도 결과적으로 그 신사분이 옳은 일을 했다는 데는 동의할 듯싶다.

내 '통신원'은 고대의 오래되고 전설적인 신들을 모조리 찾으려면 너무 고된 일이 될 것이라고 결론을 내렸다. 그래서 그 대신 일부에만 눈길을 돌리기로 했다. 유피테르, 메르쿠리우스, 그리고 오래된 영국 페니 동전 앞면에 있는 여신이었다. 누구나 맨 처음 고를 만한 가장 흥미로운 신들은 아니지만, 확실히 대표적인 삼인조이기는 하다. 그리고 놀랍게도 남자는 유피테르, 메르쿠리우스, 그리고 옛날 영국 페니 동전 앞면의 여신을 찾아냈다. 자기가 입원한 바로 그 정신 병동에서였다. 신들은 기다렸다는 듯 자기들의 정체를 인정했고, 남자에게 넥타르와 암브로시아가 콸콸 넘쳐흐르던 옛 시절 이야기를 실컷 들려주었다.

그러고 나서 그 남자는 자신이 바랐던 것 이상을 성취했다. 어느 날, 체리 한 사발을 먹고 나서 "전지전능하신 신", 혹은 적어도 그 신의 현신을 마주한 것이었다. 적어도 그에게 그 체리를 제공한 인물은 자기가 전지전능한 신이라는 사실을 점잖게 인정했다. 전지전능하신 신은 병동 부지 위에 조그만 우주선을 두고 있어서, 그 남자를 데려가 태양계 주변을 짧게 돌아보게 해 주었다. 정말 짧은 시간이었다.

"그리고 이것이, 세이건 박사님, 제가 행성들에 생명체가 산다고 박사님에게 확실히 말할 수 있는 이유입니다."

그러고 나서 편지는 뭐랄까 다음과 같은 식으로 끝을 맺었다. "그렇지만 이 모든 다른 곳에 존재하는 생명체니 하는 것들은 너무나 사변적인 이야기라 박사님 같은 과학자께서 진정으로 진지한 관심을 기울이실 가치가 없습니다. 박사님은 북반구 고위도 지역에 캐나다 횡단 열차를 건설하는 것 같은 진짜 중요한 문제들을 논의하시는 게 어떻겠습니까?" 그리고 철도 경로에 대한 상세한 스케치가 제시되었고, 진심으로 잘 되기를 바란다는, 상투적인 문구가 뒤따랐다.

북반구 고위도 지역에 캐나다 횡단 철도를 건설하는 데 관한 내 진심어린 열의를 밝히는 것 외에, 나는 이 편지에 대한 적절한 답신을 끝내 생각해 낼 수 없었다.

12장

금성 추리 소설

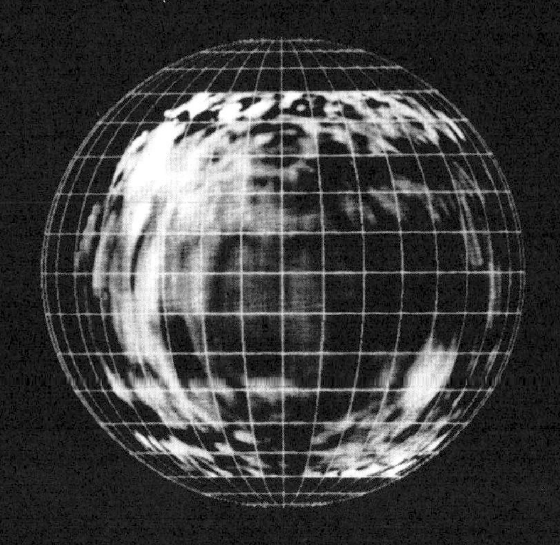

레이더 영상을 바탕으로 만든 금성 표면 지도. 행성의 고농도 대기와 구름 때문에 육안으로는 금성 표면을 볼 수가 없다. 코넬 대학교 아레시보 천문대의 허락을 받고 실었다.

요즘 행성 천문학 학계는 나름 들떠 있다. 그 한 가지 이유는 뭐가 진짜로 맞는지 알아내는 것이 가능해졌기 때문이다. 옛날에는 행성 환경에 관해서 말이 되든 안 되든 하고 싶은 대로 무슨 추측이든 할 수 있었고, 누군가가 내가 틀렸음을 입증할 가능성은 거의 없었다. 오늘날에는 행성 이론가들이 내놓는 각 가설 위에 우주선이 마치 다모클레스의 검처럼 매달려 있고, 우주선이 새로 보낸 행성 정보가 쇄도할 때마다 이론가들이 희망과 공포가 뒤섞인 흥미로운 상태에 처하는 것을 구경할 수 있다.

망원경과 자기 눈동자 말고는 천문학자의 관측에 도움을 줄 만한 것이 거의 없던 저 옛날에, 금성은 우리에게 지구의 자매인 양 손짓했다.

19세기 후반, 금성의 질량과 반지름은 지구와 대략 동일하다고 알려졌다. 금성은 지구에 가장 가까운 행성이니, 다른 점에서도 지구와 비슷하다고 가정하는 것이 자연스러웠다.

임마누엘 칸트(Immanuel Kant, 1724~1804년)는 금성에 인간과 유사한, 육욕(肉慾)이 강한 인종이 산다고 상상했다. 에마누엘 스베덴보리(Emanuel Swedenborg, 1688~1772년)와 애니 베전트(Annie Besant, 1847~1933년)는, 견신론(theosophy)을 창립한 인물들인데, 금성에서 인간과 무척 비슷한 생물들을 찾았다고 주장했다. 영적 여행(spirit travel)과 성간 투사(astral projection) 같은 방법을 통해서 그것들을 봤다고 했다. 좀 더 최근에는 비행 접시에 대한 장엄할 정도로 한층 더 대담해진 몇 가지 이야기가 등장했으니, 예를 들어 조지 아담스키(George Adamski, 1891~1965년)의 이야기 같은 게 그 예인데, 금성에 대개 긴 머리를 하고 긴 흰 로브를 입은 상냥하고 강력한 존재들이 산다고 했다. 이런 이야기들은 영성에 깊이 몰두했던 1963년 이전의 미국을 잘 보여 주는 상징 같은 것들이다. 우리의 가장 가까운 이웃 행성에 인류가 살 수 있다는, 심지어 우리와 비슷한 생물들이 이미 살고 있을지도 모른다는, 대중의 기대를 부추기는 희망 사항, 터무니없는 망상, 그리고 의식적이거나 무의식적인 사기는 오랜 역사를 지니고 있다.

따라서 금성에 대한 최초의 전파 관측의 결과는 상당한 놀람과 심지어 짜증스러운 반응을 마주할 수밖에 없었다. 1956년에 C. H. 메이어(C. H. Mayer)와 미국 해군 연구소(U. S. Naval Research Laboratory)의 동료들은 전파 관측을 통해 금성이 기대했던 것보다 훨씬 더 강력한 전파 방출원임을 발견했다. 금성의 태양으로부터의 거리, 그리고 금성이 우주로 반사하는 태양광의 양을 보면 금성은 추운 곳이어야 했다. 금성은 지구보다 태양에 더 가깝지만, 많은 태양광을 우주로 반사하므로 지구보다 온도가 낮아야 했다. 메이어의 팀은 금성이 3센티미터의 전파 파장에서 대략 섭씨 316도의 뜨거운 물체가 방출할 법한 복사를 방출하고 있음을 발견했다. 이후 다양한 전파 망원경으로 관측을 한 결과 금성이 대략 섭씨 310~430도의 '밝기 온도'를 가졌다는 일반적인 결론에 도달했다.

그런데도 과학계에서는 전파 방출이 금성 표면에서 이루어진다는 것을 믿기를 크게 주저했다. 회의주의자들은 이런 문제를 제기했다. 뜨거운 물체는 여러 파장으로 복사를 방출한다. 왜 금성은 전파 파장에서만 뜨거워 보일까? 또 금성 표면은 어떻게 그렇게 계속 뜨거울 수 있을까? 이것은 그래도 과학적인 문제 제기였다. 감정적인 문제 제기도 적지 않았다. 심지어 과학에서도 심리적인 요인들이 무의식적으로 강한 힘을 발휘할 수 있기 때문이다. 예를 들어 금성이 가장 뜨거운 가정용 오븐보다 더 뜨겁다는 결론은 금성에 육욕적이거나 영적인 경향을 지닌 자애로운 인간들이 살고 있다는, 칸트에서 아담스키에 이르기까지 오랜 전통을 지닌 주장에 비해 흥미롭지 않았다.

금성이 강력한 전파 방출원이라는 문제는 내 박사 학위 논문의 주요 주제 중 하나였다. 나는 1961년부터 그 문제가 마침내 답이 나온 것으로 간주되었던 1968년까지 그 주제에 관해 20편 남짓한 과학 논문을 썼다. 이 시기를 돌이켜보면 즐거운 기분이 든다. 금성의 전파를 추적하는 이야기는 실마리들이 어지럽게 흩어져 있는 추리 소설의 탐정 이야기와 무척 비슷했다. 일부는 해결책에 핵심적이고, 다른 것들은 잘못된 방향으로 인도하는 거짓 실마리들이었다. 가끔은 관련된 사실들을 모두 염두에 두고, 합리적이고 논리적인 일관성과 타당성을 요구함으로써 옳은 답을 추론해 낼 수 있었다.

우리가 금성에 대해 알았던 몇 가지 사실이 있었다. 우리는 밝기 온도가 전파 주파수에 따라 어떻게 달라지는지 알았다. 금성이 큰 레이더 망원경으로 보낸 지구의 전파를 어떻게 반사하는지도 알았다. 인류 최초의 성공적인 행성 탐사라고 할 만한 미국의 매리너 2호는 1962년에 금성의 가장자리보다 중심의 전파 파장이 더 밝다는 사실을 밝혀냈다.

그런 관측에 맞추기 위해 다양한 이론들이 제시되었다. 그것은 일반적으로 두 범주로 나뉜다. 뜨거운 표면 모형은 전파 방출이 행성의 고체 표면에서 일어난다고 주장했고, 차가운 표면 모형은 전파 방출이 어딘가 다른 곳에서 일어난다고 주장했다. 차가운 표면 모형의 경우 전파가 금성 대기의 전리층, 아니면 금성 구름 입자들 사이의 전기적 방전이나, 금성을 둘러싸고 급속히 움직이는 전기를 띤 분자들의 거대한 (상상의) 띠(지구와 목성의 대기에서도 볼 수 있는 것을 말한다.)에서 방출된다고 생각했다. 후자의 모형에서는 금성 표면 상공에서 집중적인 전파 방출이 일어나므로 표면은 차가워진다. 만약 여러분이 금성에서 배를 타고 항해하고 싶다면 차가운 표면 모형을 지지해야 했으리라.

우리는 이런저런 관측을 바탕으로 차가운 표면 모형을 체계적으로 비교한 결과, 그 모두가 심각한 문제에 봉착한다는 사실을 발견했다. 전파 방출이 전리층에서 일어난다는 모형은, 예를 들어, 금성이 전혀 전파를 반사하지 않아야 한다는 예측을 내놓았다. 그렇지만 레이더 망원경은 금성으로 발사한 레이더가 10퍼센트나 20퍼센트의 효율로 반사된다는 사실을 알아냈다. 전리층 가설의 옹호자들은 이 난감한 문제를 회피하려고 레이더가 전리층을 통과해서 금성 표면을 때리고 지구로 돌아올 수 있도록 특별히 수많은 구멍이 난 전리층이 존재한다는 무척 정교한 가설을 구축했다. 동시에 너무 많은 구멍이 있으면 안 되는 게, 그러면 전파 방출은 관측한 것처럼 집중적이지 않을 터이기 때문이었다. 이 모형들은 내게는 너무 복잡하고 그 요구 조건이 너무 멋대로인 것처럼 보였다.

1968년 특기할 만한 금성의 우주선 관측이 이루어지기 직전에 나는 영국의 과학 학술지인《네이처》에 논문 한 편을 제출했는데, 거기서 이런 결론들을 요약하고, 오로지 뜨거운 표면 이론만이 모든 증거와 합치된다고 추론했다. 나는 이전에 금성 표면 온도가 어떻게 그렇게 높을 수 있는지를 설명하기 위해 온실 효과와 관련된 구체적인 이론을 제시한 바 있었다. 그렇지만 차가운 표면 모형을 반박하는 1968년의 내 결론들은 온실 효과 설명의 유효성에 기대지 않았다. 그저 뜨거운 표면 모형이 자료와 맞아떨어지고, 차가운 표면 모형은 그렇지 못한다고 했을 뿐이다. 우주 생물학에 관심이 있는 나로서는 생물이 살 수 있는 금성을 선호했지만, 사실들은 나를 다른 곳으로 이끌었다. 나는 1962년에 발표한 논문에서 직접 증거를 바탕으로 금성의 평균 표면 온도는 대략 섭씨 430도이고 평균 표면 기압은 대략 지구 표면보다 50배 더 높다는 결론을 내렸다.

1968년에 미국 우주선인 매리너 5호가 금성을 지나 날아갔고, ㈷소련 우주선인 베네라 4호가 금성 대기에 진입했다. 1972년 말에는 금성 대기에 진입한 ㈷소련 관측 캡슐이 5대 있었다. 마지막 3대는 행성 표면에 도달했고 거기서 데이터를 보냈다. 이들은 다른 행성의 표면에 착륙한 인류 최초의 비행선이었다. 금성의 평균 온도는 대략 섭씨 480도인 것으로 밝혀졌다. 표면의 평균 기압은 대략 90기압이었다. 내 초기 결론은 약간 너무 보수적이기는 했지만 거의 정확했다.

우리가 금성의 실제 조건을 직접 관측을 통해 알고 난 지금 1960년대에 발표된 뜨거운 표면 모형에 대한 반박을 읽으면 재미있다. 박사 학위를 받고 난 다음 해에, 저명한 행성 천문학자가 내게 금성의 표면 압력이 지구의 10배 이상은 아닐 가능성이 높다는 의견을 제시했다. 나는 기꺼이 그의 내깃돈 100달러에 내 내깃돈 10달러를 더 얹었고, ㈷소련의 착륙 캡슐들이 보내온 관측 결과들이 들어오자 그는 내게 돈을 줬다.

이론과 우주선은 다른 방식으로도 소통한다. 예를 들어, 베네라 4호는 섭씨 232도와 20기압이라는 데이터를 마지막 무전으로 보냈다. (구)소련 과학자들은 이 마지막 무전이 금성 표면에서 보내진 것이라고 간주했고, 이 상태가 금성의 표면 상태라고 결론지었다. 그렇지만 지구 상에서 이루어진 전파 관측 데이터는 이미 금성의 표면 온도가 훨씬 높아야만 함을 보여 주었다. 매리너 5호의 데이터와 레이더 관측 결과를 결부시켜, 우리는 금성 표면이 (구)소련 과학자들이 베네라 4호가 착륙했다고 결론 내린 곳보다 훨씬 아래임을 알았다. 이제 보니 맨 처음 베네라 우주선 설계자들이, 차가운 표면 이론가들의 모형을 믿고 우주선을 비교적 약하게 만드는 바람에, 베네라 4호가 표면 훨씬 위 금성 대기권 안에서 기압에 눌려 짜부라진 것이다. 심해의 엄청난 수압을 견디도록 설계되지 않은 잠수함이 대양 바닥에서 뭉개지는 것과 매우 비슷하게 말이다.

1968년 도쿄에서 열린 COSPAR(Committee on Space Research of the International Council of Scientific Unions, 국제 우주 공간 연구 위원회)에서 나는 베네라 4호가 금성 표면 대략 24킬로미터 상공에서 작동을 멈추었다는 의견을 제시했다. 모스크바의 레베데프 물리학 재단(Lebedev Physical Institute) 소속인 내 동료 아르카디 드미트리에비치 쿠즈민(Arkadii Dmitrievich Kuzmin, 1923년~)은 그 우주선이 표면에 착륙했다고 주장했다. 내가 전파와 레이더 관측 데이터에 근거해 추론한 표면은 베네라 4호의 터치다운에서 추론된 고도가 아니라고 지적하자, 쿠즈민 박사는 베네라 4호가 높은 산 위에 착륙했다는 의견을 제시했다. 나는 지상에서 이루어진 금성 레이더 관측 연구에 따르면 금성의 산은 기껏해야 1.6킬로미터 높이라고, 그런 산이 존재한다고 쳐도, 베네라 4호가 금성에 있는 유일한 24

킬로미터 높이의 산에 착륙했을 가능성은 예외적으로 낮다고 주장했다. 쿠즈민 교수는 최초의 독일 폭탄이 제2차 세계 대전에 레닌그라드(현재의 상트페테르부르크. ─옮긴이)에 떨어져서 레닌그라드 동물원의 유일한 코끼리를 죽일 확률이 얼마나 될 것 같냐는 질문으로 대답했다. 내가 그 가능성이 무척 낮다는 사실을 인정하자, 그는 의기양양하게 그것이 레닌그라드 코끼리가 실제로 처한 운명이었다는 사실을 알려주었다.

레닌그라드 동물원이야 어찌 됐든, 이후의 우주선 금성 진입 미션에서 (구)소련의 과학자들은 더욱 신중을 기해서 우주선의 구조적 강도를 높였다. 베네라 7호는 지구 표면 압력의 180배의 압력을 견딜 수 있게 설계되었는데, 그 정도면 실제 금성 표면 조건을 탐사하기에 무척 적절했다. 그것은 타 버리기 전에 20분간 금성 표면에서 수집한 정보를 전송했다. 1972년 베네라 8호는 그것보다 2배나 더 긴 시간 동안 정보를 전송했다. 금성의 표면 압력은 20기압이 아니었고, 장엄한 '쿠즈민 산'은 존재하지 않았다.

내가 이 이야기로부터 도출한 과학적 방법에 관한 주된 결론은 이렇다. 실험을 설계하는 데 이론이 유용하기는 하지만, 오로지 직접적인 실험만이 이론을 확신할 수 있는 것으로 만들어 준다. 만약 내가 간접적 결론만 근거로 내세웠다면 지금도 여전히 많은 사람이 뜨거운 금성을 믿지 않았을 것이다. 베네라 관측의 결과, 모든 사람이 금성을 모든 것을 짓뭉개는 기압, 숨 막히는 열기, 흐릿한 빛, 그리고 이상한 광학적 효과들로 인식하게 되었다.

우리 자매 행성이 지구와 그토록 다르다는 것은 중요한 과학적 문제고, 금성에 관한 연구들은 지구의 가장 초기 역사를 이해하는 데 큰 도움을 준다. 거기다 에마누엘 스베덴보리, 애니 베전트, 그리고 셀 수도 없는 오늘날의 모방자들이 널리 퍼뜨린 종류의 성간 투사와 영적 여행들의 신뢰성을 헤아리는 데도 도움이 된다. 그중 그 어떤 것도 금성의 진정한 본질에 대해 어설픈 추측조차 하지 못했다.

13장

금성은 지옥

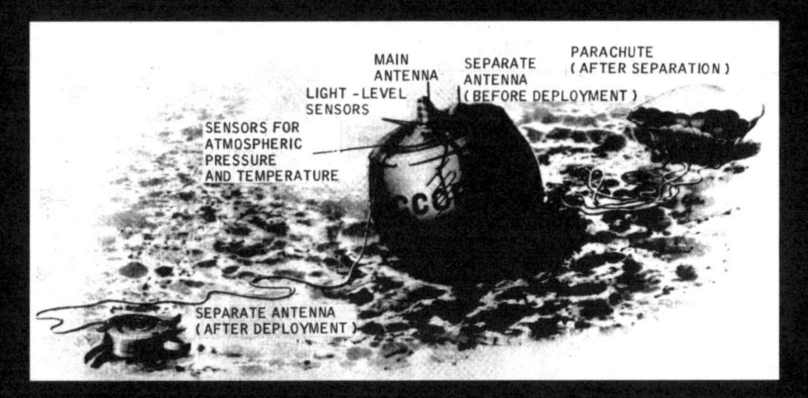

1972년 금성 표면에 착륙한 베네라 8호 우주선의 스케치. 타스(Tass) 통신 기사에서 인용한 것이다. (왼쪽 아래부터 시계 방향으로, 분리 안테나(설치 후), 기압 및 기온 감지기, 광도 감지기, 주 안테나, 분리 안테나(설치 전), 낙하산(분리 후)이다.)

행성 금성은 지구의 하늘에 노르스름한 흰색 빛의 조그만 점으로 고요하고 사랑스럽게 떠다닌다. 망원경으로 보거나 사진으로 찍으면 특색 없는 원반이 보인다. 절대로 흩어지지 않는 수수께끼 같은 거대한 구름층이 우리 시야로부터 표면을 가린다. 어떤 인간도 맨눈으로 우리와 가장 가까운 이웃 행성의 대지를 본 적이 없다.

하지만 우리는 금성에 대해서 엄청나게 많이 안다. 전파 망원경과 우주선 관측을 바탕으로 우리는 표면 기온이 대략 섭씨 482도임을 안다. 금성의 표면 기압은 우리 지구 표면의 대략 90배이다. 금성의 중력은 지구만큼 강하기 때문에, 금성 대기에는 지구 대기와 비교하면 대략 90배나 더 많은 분자가 있다. 이 밀집한 대기는 일종의 사람 몸을 감싼 담요처럼 작용해 온실 효과를 일으키고 표면을 뜨겁게 유지하며 지역에 따른 온도 차이를 완화한다. 금성의 극지방은 아마도 그 적도 지방보다 심하게 춥지 않을 테고, 금성에서는 한밤중도 정오처럼 더울 것이다.

표면에서 64킬로미터 상공에는 지구에 있는 우리에게 보이는 두꺼운 구름층이 있다. 적어도 최근까지, 아무도 이 구름의 성분을 몰랐다. 나는 일부는 우주적으로 무척 풍부한 물질인 물로 구성되어 있을 것이라는 가설을 제시했는데, 그러면 금성 구름의 관측된 성질이 전부는 절대 아니라도 대부분 설명이 되었다. 그렇지만 다른 후보 물질도 다수 제시되었는데, 그중에는 염화암모늄, 이산화탄소, 다양한 규산염과 산화물, 염산 용액, 수화된 염화 제이철 탄수화물(hydrated ferric chloride carbohydrates), 그리고 탄화수소 등이 있었다. 마지막 두 물질은 임마누엘 벨리코프스키가, 사변적 소설이라고 할 『충돌하는 세계(*Worlds in Collision*)』에서 사막에서 40년간 방황한 이스라엘 인들에게 제공된 식량인 '만나'의 후보 물질로 제시한 바로 그것이었다. 다른 후보 물질들은 다소 더 확고한 배경이 있었다. 그렇지만 각각은 하나나 그 이상의 관찰 결과와 어긋났다.

그렇지만 최근에 한 물질이 제시되었는데, 모든 관측과 정량적으로 탁월하게 합치했다. 미국인 천문학자 앤드루 영(Andrew T. Young)은 금성의 구름이 고농도 황산 용액과 무척 비슷하다는 것을 보여 주었다. H_2SO_4의 75퍼센트 용액은 지구에서 이루어진 편광 관측을 통해 결정된 금성 구름의 굴절률과 정확히 합치했다. 그런 용액은 금성의 구름이 존재하는 기온과 기압에서 액체 상태로 존재한다. 유황산은 적외선 분광기로 따지면 11.2마이크로미터 파장의 빛을 흡수하는 성질이 있다. 제시된 모든 물질들 중에서 오로지 H_2SO_4만이 그런 흡수성을 지녔다. 금성 대기 속으로 진입한 (구)소련의 베네라 우주선들은 금성의 보이는 구름 아래에서 대량의 수증기를 발견했다. 분광기로 수증기를 찾는 지상 관찰자들은 금성의 구름 위에서는 수증기를 아주 적은 양밖에 발견하지 못했다. 두 관찰은 이 두 영역 사이에 무척 효과적인 건조 촉매가 존재해야만 합치된다. 황산이 그런 촉매였다.

지구 대기에는 해발 고도에 물방울이 있고 대기 아래쪽에 수증기가 있다. 금성도 마찬가지이다. 만약 높은 구름에 황산 방울이 존재하려면 반드시 그 아래에, 표면 근처에 비교적 높은 농도로 황산 기체가 있어야 한다. 지구를 벗어나지 못한 천문대의 천문학자들은 또한 염산과 플루오린화수소산이 금성의 상부 대기에 기체로 존재한다는 틀릴 수 없는 증거들도 찾아냈다. 그 물질들 또한 금성의 대기 하부에서 매우 농도가 높아야 한다. 예를 들어, 로스앤젤레스의 하늘에 스모그가 맑은 공기보다 좀 더 낮게 있는 것처럼 말이다. 이 세 가지 산들은 부식성이 극히 높은 화학 물질이다. 어떤 우주선이든 금성 표면에서 살아남으려면 높은 압력에 맞서야 할 뿐만이 아니라 부식성 대기에 맞서서도 방어를 해야 한다.

(구)소련은 무척 활발한 금성 무인 탐사 프로그램을 운영하고 있다. 이제 우리는 금성 표면에 정오에 사진을 찍기에 충분한 빛이 있음을 안다. 내 생각에는 그리 오래지 않아 우리가 최초로 금성 표면 사진을 얻게 될 날이 올 것 같다. 금성 표면은 어떻게 보일까? 이미 어느 정도는 예측할 수 있다.

금성의 무척 밀도 높은 대기 때문에 흥미로운 광학적 효과들이 어느 정도 일어날 것이다. 그런 효과 중 가장 중요한 것은 영국인 제3대 레일리 남작 존 윌리엄 스트럿(John William Strutt Rayleigh, 3rd Baron Rayleigh, 1842~1919년)의 이름을 딴 레일리 산란이다. 태양광은 맑은, 먼지 없는 지구의 대기권에서도 산란한다. 지구 대기권에 존재하는 공기 분자들이 태양에서 날아온 광자의 경로를 방해하기 때문이다. 광자는 지구 대기의 분자를 때리고 튕긴다. 그런 튕김은 많이 일어난다. 그렇지만 공기 분자들은 빛의 파장보다 훨씬 더 작으므로, 짧은 파장의 빛은 공기 분자들과 충돌하고 나면 긴 파장의 빛에 비해 훨씬 더 효율적으로 흩어지거나 튕겨 나간다. 파란빛은 붉은빛보다 훨씬 더 잘 산란한다. 레오나르도 다빈치는 그 사실을 알았기 때문에 먼 풍경을 매우 아름답고 짙은 푸른색으로 그렸다. 우리가 보라색 산을 이야기하는 이유가 그것이고, 하늘이 파란 이유가 그것이다. 태양으로부터 오는 빛은 우리 대기 중에 흩어진다. 그 일부는 다시 위로 날아가 지구 바깥으로 흩어지지만, 다른 일부는 우리 대기의 분자들 사이에 흩어지며 태양과는 무척 다른 방향으로 날아간다. 그리고 다시 우리의 눈동자 속으로 날아든다. 달처럼 대기가 없는 곳에서는 하늘이 검다. 우리가 일몰을 볼 때, 그 태양은 정오에 보았을 때보다 지구 대기를 더 길게 지나 우리 눈에 들어온다. 파란빛은 이 경로를 따라 날아오면서 우선적으로 흩어진 다음이라, 붉은빛만 남아서 우리 눈을 때리게 된다. 일몰, 하늘, 그리고 먼 풍경의 아름다움은 모두 레일리 산란 때문이다.

금성의 레일리 산란은 어떨까? 대기 밀도가 훨씬 높은 그곳에서는 레일리 산란이 훨씬 큰 역할을 한다. 우리가 금성에서 구름을 벗겨낸다고 해도 금성 상공에서는 그 표면을 볼 수 없을 것이다. 온갖 색의 가시광선이 금성의 대기에서 온갖 방식으로 산란하기 때문에 우리는 표면의 세부 사항을 전혀 식별할 수 없을 것이다. 그러나 근적외선 대역의 빛, 다시 말해 인간 눈이 감지할 수 있는 것보다 더 긴 파장의 빛을 사용한다면, 금성 상공에서 표면을 볼 수 있다. 그렇지만 구름이 시야를 가릴 것이다. 적외선보다 파장이 긴 전파는 금성의 구름과 대기를 뚫을 수 있다. 현재 전파를 이용한 최초의 금성 레이더 지도가 만들어지는 중이다.

(155쪽 그림 참조) 몇 년쯤 지나면 푸에르토 리코에 있는 거대한 아레시보 망원경 — 코넬 대학교에서 관리 및 운영하고 있다. — 이 지상에서 이루어진 광학 관측으로 만든 가장 정확한 달에 대한 지도들보다 더 정밀하게 금성 표면을 그린 레이더 지도를 내놓기 시작할 것이다. 그 지도는 이 수수께끼 같은 행성 표면에 있을 산맥과 거대한 충돌 분화구들을 보여줄 것이다.

또한 레일리 산란은 금성 표면에서도 막대한 영향력을 발휘한다. 우리가 가시광선을 이용해서는 금성 상공에서 그 표면을 보지 못하듯이, 금성 표면에서도 가시광선을 이용해 태양을 볼 수 없다. 구름에 빈틈이 있더라도 말이다. 금성에 지적 생명체가 있다고 쳐도 그들의 천문학은 무척 느리게 발달할 테고, 전파 천문학이 먼저 등장할 것이다. 베네라 8호 덕분에 태양광이 실제로 낮에 금성 표면에 도달한다는 사실이 밝혀지기는 했지만 구름과 대기를 지나느라 너무 약해져서, 금성의 정오는 지구의 황혼 녘보다도 밝지 않다. 금성의 풍경은 태양이 뜨고 지는 것을 분간하기 어려울 정도로 흐릿하고 깊은 루비 레드 빛에 잠겨 있을 것이다.

여러분이 금성 표면에 내려 안전복을 입고 보라색 선글라스를 끼고 서 있다고 해 보자. 여러분은 10미터 거리밖에 보지 못할 것이다. 금성에서는 푸른빛의 레일리 산란이 너무나 강하게 일어나기 때문에 보라색은 가시성이 떨어진다. 그렇지만 긴 파장의 빛은 파란색보다 덜 흩어지기 때문에, 가시광선 스펙트럼의 맨 끝에 있는 붉은색 빛으로 여러분은 아마도 수천 미터 거리까지 볼 수 있을 것이다. 일단 붉은색 선글라스를 써야 한다. 금성 표면은 모든 것이 깊은 붉은색 어둠에 잠겨 있을 것이다. 우리는 색을 인지할 수는 있겠지만, 그것은 아주 가까이에 있는 것에 한해서만일 것이다. 우리 주변은 온통 뚜렷하지 않은 장밋빛으로 흐릿할 것이다.

따라서 금성은 지구와는 무척 다른 곳처럼, 그리고 놀라울 정도로 매력 없는 곳처럼 보인다. 지글지글 끓어 오를 것처럼 뜨거운 온도, 만물을 짓뭉개는 압력, 유독하고 부식성인 기체, 지독한 유황 냄새, 그리고 붉은 어둠 속에 잠긴 풍경.

흥미롭게도, 인류의 미신, 민담, 그리고 전설에는 이것과 놀랍도록 비슷한 장소가 존재한다. 우리는 그곳을 '지옥(hell)'이라고 부른다. 예를 들어 고대 그리스의 종교에서 그곳은 모든 인간 영혼이 죽음 이후에 가는 장소였다. 기독교 시대에 그곳은 두 가지 도덕적 신조 중 한쪽에 속하는 이들만이 사후에 가는 곳으로 생각되었다. 그렇지만 보통 사람이 보기에 지옥 — 지글지글 끓고 숨이 막히고 유황 냄새가 나고 붉은 어둠에 잠긴 곳 — 이 금성 표면을 똑같이 연상시킨다는 것은 의심의 여지가 거의 없다.

지구 생물을 구성하고 있는 분자들은 금성에 가자마자 산산이 분해될 것이다. 하지만 금성의 환경 조건에서도 상당히 안정적일 것으로 여겨지는 유기 분자들이 존재한다. 예를 들어 복잡한 고리 구조를 지닌 분자들이라면 버틸 수 있을 것이다. 그곳에서 생명이 존재할 가능성을 배제하기란 어렵지만, 확실히 우리가 익히 아는 것들과 무척 다르리라고는 말할 수 있다. 무엇이 됐든 그곳에 사는 생명체는 가죽 같은 피부를 갖는 편이 현명할 것이다. 대기압이 높은 것을 감안하면, 심지어 너무 힘차게 파닥거리지 않아도 여기저기 다닐 수 있는 작고 뭉툭한 날개가 달린 것도 말이 되리라. 악마라면 금성의 주민으로 무척 좋은 모형감이 아닐까. 성별이 남자로 보이는 것, 그리고 염소를 닮은 것만 빼면 말이다. 존 밀턴(John Milton, 1608~1674년)과 예언자 이사야는 지옥의 왕 루시퍼(Lucifer)를 "여명의 아들" 또는 "샛별", 즉 금성이라고 불렀다. 금성과 지옥은 수천 년간 동일시되었다.

무척 흥미로운 우연이기는 하지만, 나로서는 우연 이상의 무엇을 생각할 수 없다. 핵심은 모든 설화와 전설에서 지옥은 위가 아니라 아래에 있다는 것이다. 그리스와 로마의 고전 세계와 고대의 근동 세계 곳곳에 활화산이 있었다. 그런 화산 지형은, 현대의 아이슬란드와 하와이에서 보듯이 황량하고 적막하며 으스스하게 아름다운 풍경을 만든다. 화구에서는 유황 기체가 뿜어져 나온다. 용암 분수와 줄기는 주변을 붉은색으로 물들인다. 또한, 무척 뜨겁기도 하다. 용암에 너무 가까이 가면 우리 눈썹은 그을리고 말 것이다. 그리고 이 모든 열기와 붉음, 그리고 냄새는 아래에서 온다. 우리 조상들은 화산 지형이 지옥이라는 무척 다른 불타오르는 세계로 가는 구멍이라고 어렵잖게 상상할 수 있었으리라. 지구 내부와 금성 외부는 비슷하지만 똑같지는 않다. 둘 다 인간에게는 불편하다. 그렇지만 둘 다 아주 중요한 과학적 관심사이다. 정주(定住)까지는 아니더라도 적어도 꽤 긴 방문을 할 가치가 있다. 단테 알리기에리(Dante Alighieri, 1265~1321년)가 그랬던 것처럼 말이다.

14장

과학과 '정보'

해외에서 온 군사 관계자들이 아폴로 15호 발사를 보려고 모인 모습. 촬영은 필자.

나는 박사 과정 첫 2년을 캘리포니아 주립 대학교 버클리 캠퍼스에서 보냈는데, 당시에는 유독 다른 곳에 있는 생명체를 탐사하고 화성 같은 곳을 위해 설계된 우주선을 살균 소독하는 데 관심이 있었다. 지구의 미생물로 화성 환경을 오염시키고 싶지는 않았기 때문이다.

어느 맑은 봄날, 몇 차례 과학 모임에서 만났던 공군 장성 한 사람이 전화를 걸어왔다. 주로 항공 의학 관련 일을 하는 사람이었다. 여기서는 '바트 도플갱어' 장군이라고 부르겠다. 도플갱어 장군은 자기가 (구)소련 과학자 세 사람과 같이 로스앤젤레스에 있다면서, 그중 한 사람은 (구)소련에서 외계 생명체를 찾는 기구를 건설하기 위한 프로젝트의 책임자라고 했다. 그 사람 이름은 알렉산데르 알렉산드로비치 임셰네츠키(Alexander Alexandrovitch Imshenetsky, 그의 이름을 바꿀 이유가 전혀 없는 게, 이 꼭지에서 등장하는 다른 몇 사람과는 달리 그는 부끄러워할 게 아무것도 없다.)로, 이번이 첫 미국 방문이었다. 그렇다, 나야 확실히 그를 만나는 데 관심이 있을 수밖에 없었다. "언제요?"라고 물으니, 대답은 "당장."이었다. 그래서 나는 샌프란시스코 공항으로 차를 몰아 로스앤젤레스로 날아가서, 택시를 타고 도플갱어 장군이 준 주소로 향했다.

그곳은 유명한 UCLA 신경 생리학자의 집이었다. 도착해 보니 거실에는 그 생리학자, UCLA의 다른 항공 의학 전문가들, 도플갱어 장군, (구)소련 과학자 세 사람(둘은 항공 의학 관련자들이었고, 다른 한 사람은 임셰네츠키였다.), 그리고 통역가 한 사람이 모여 있었다. 통역가는 '이고르 로고빈'이라고 부를 텐데, 의회 도서관의 미국인 직원으로, 미국을 찾은 세 러시아 인의 통역으로 배정된 사람이었다. 내가 좀 이상하게 여겼던 것은 단 하나, 러시아 인 세 사람 다 영어가 꽤 유창하다는 것이었다. 그런데 웬 통역가?

다들 즐거웠다. 사교적인 인사말이 오가고, 술이 여러 순배 돌았다. 그리고 이고르 로고빈도 돌았다. 어떤 대화에든 그는 잠시라도 반드시 끼었다. 마치 꽃에서 꽃으로 미친 듯이 돌아다니는 벌처럼 무척 바빠 보였다.

잠시 후에 우리는 러시아 인들이 얼마 있다 비행기를 타야 하는 로스앤젤레스 국제 공항으로 다 같이 차를 몰고 가기로 했다. 그리고 비행 전에 함께 저녁을 먹기로 했다. 한 차에 타기에는 인원이 너무 많았고, 제아무리 로고빈이라도 동시에 두 차에 탈 수는 없었다. 나는 임셰네츠키와 다른 사람 몇 명과 같은 차에 탔고, 로고빈과 나머지는 다른 차에 탔다. 임셰네츠키와 나는 20분인가 30분쯤 달리면서 외계 생명체 탐사와 우주선 살균 기술 등에 대해 유용한 대화를 나눴다. (구)소련 과학자와 그처럼 접촉한 것은 그때가 처음이었다.

우리는 공항에 도착해서 가방 검사를 받았고, (구)소련 사람들은 실례한다며 화장실로 향했다. 어쩌다 보니 나는 이고르 로고빈과 둘이 남아 화장실 밖에서 기다리고 있었다. 그는 즉각 입술을 거의 움직이지 않고 영화 배우 제임스 프랜시스 캐그니 주니어(James Francis Cagney Jr., 1899~1986년)와 험프리 디포레스트 보가트(Humphrey DeForest Bogart, 1899~1957년)를 떠올리게 하는 발성으로 내게 이렇게 말했다. "어이, 친구, 뭣 좀 알아냈나?"

임셰네츠키와 교환한 정보에 그저 기쁘기만 했던, 물정 모르는 나는 즉각 내가 배운 것을 간략히 들려주었다.

"아주 좋은데, 친구. 자네는 누구 밑에서 일해?"

"UC 버클리." 나는 밝게 대답했다.

"아니, 아니, 친구, 위장 말고."

나는 차츰 이고르 로고빈의 직업이랄지 정체를 깨달았다. 그리고 점점 솟구치는 분노를 느끼며 꼭 미국 군사 정보부 요원이 아니더라도 (구)소련 과학자와 과학에 유익한 이야기를 나눌 수도 있다고 설명했다. 로고빈이 대꾸할 말을 찾기 전에, 우리 친구인 (구)소련 손님들이 다시 나오는 바람에 다 같이 저녁을 먹으러 갔다.

이번에도 임셰네츠키 옆에 앉기는 했지만 나는 더 이상 어떤 주제에 관해서는, 조금이라도 과학에 관련된 주제에 관해서는 이야기를 할 수 없는 상태였다. 기억을 되살려 보면 주된 대화 주제는 미국 영화와 (구)소련 시인이었다. 술이 몇 잔 돌고 나서 알렉산더 알렉산드로비치 임셰네츠키는 윌리엄 셰익스피어가 러시아의 중요한 시인이었고 미국 카우보이 영화는 극도로 폭력적이라는 의견을 내놓았다. 이 두 논제를 이야기하느라 몇 시간이 순식간에 흘러갔다. 러시아 인들은 비행기를 타고 고향을 향해 떠났고, 나는 버클리로 돌아갔다.

다음 날 아침, 나는 샌프란시스코 전화 번호부를 펼쳐 "미국 정부"를 찾고 다시 "중앙 정보국"이라고 표시된 항목을 찾았다. 표시된 번호를 돌리자 "유콘 4-2143" 어쩌고 하는 명랑한 목소리가 나를 맞았다.

"안녕하세요, 중앙 정보국이죠?" 나는 말했다.

"무엇을 도와드릴까요?"

"불만 신고를 하려고요."

"잠시만요. 불만 담당 부서로 돌려드리겠습니다." 피그스 만 사건 직후여서, 불만이 많이 들어오나 보다 짐작했다.

불만 담당 부서와 연결되고 나서, 나는 즉각 로고빈 씨와 나의 만남을 개략적으로 이야기하기 시작했지만, 전화로 이야기할 사안이 아니라는 경고를 받고 즉각 입을 다물어야 했다. 아마 그 사람 전화가 도청당하나 보다 싶었다. 그날 오후 '내' 사무실에서 만나기로 약속을 잡았다.

아니나 다를까, 약속된 시간에 말끔하게 양복을 차려입은 두 젊은이가 도착했는데, 최근에 중앙 정보국 국장으로 임명된 존 알렉산더 매콘(John Alexander McCone, 1902~1991년)의 서명이 된 플라스틱 신분증을 가지고 있었다. 내 전반적인 짜증을 표현하기 위해 두 사람의 신분증을 말도 안 될 정도로 오래 치밀하게 뜯어본 후, 나는 이야기를 시작했다. 두 사람의 얼굴에는 우려가 차오르고 있었다. 이야기의 결말에서, 두 사람은 로고빈의 행동이 무척 "그 정보국"의 직원답지 않았다고 해명했다. 특히 피그스 만 사건 때문에 "여론이 좋지 않은" 터라 그런 이야기를 무척 우려했다. 내가 더 이상 그 이야기를 퍼뜨림으로써 정보국을 당황하게 만들지 않는다면 그 일을 조사하기 위해 무엇이든 하겠다고 했다. 나는 잠깐 입을 다물기로 동의했고, 두 사람은 떠났다.

일주일쯤 지나서 전화를 한 통 받았다. "세이건 박사님, 저는 지난주에 사무실에서 뵈었던 스미스입니다. 우리가 이야기했던 그 일 기억하시죠?" 그 사람 전화가 여전히 도청당하는 모양이었다.

"저희는 그 문제의 일행 — 제가 누구 말씀하시는지 아시지요? — 이 그 이름으로 저희 조직을 위해 일하지 않는다는 것을 분명히 할 수 있었습니다. 물론 다른 이름들을 찾아보는 중이고, 할 수 있는 한 곧 연락드리겠습니다."

중앙 정보국의 인사 명단을 철저히 검토하는 데 일주일이 걸렸다. 명단이 틀림없이 무척 길든가 엄청난 기밀인 모양이었다.

며칠 후, 비슷하게 알 듯 모를 듯한 말로, 나는 전화를 받았고 이고르 로고빈이 어떤 이름으로도 중앙 정보국에서 일하지 않으며, 그런 상황이라, 당연히 자기네도 그 사람이 누구를 위해 일했는지를 궁금해하고 있다는 말을 들었다. 상당한 우려가 담긴 듯한 목소리였다.

한 주가 또 지나고, 중앙 정보국은 다시 한번 내 사무실에서 이야기하기로 약속을 잡았다. 먼젓번의 두 신사가 다시금 똑같이 존 매콘이 서명한 플라스틱 신분증 2개를 들고 왔다. 그리고 철저한 조사 끝에 이고르 로고빈이 명목상으로는 미국 의회 도서관 직원이지만 실은 공군 정보국의 직원임을 알아냈다고 알렸다. 다시금 그들은 자기들 정보국의 직원은 절대로 그처럼 상스러운 태도로 행동하지 않는다고 확언하고 자리를 떴다. 여기서 가장 눈에 띄는 사실은, 중앙 정보국이 동료 미국 정보 조직의 일원이 누군지 알아내는 데 2주일이나 걸렸다는 것이었다.

이 이야기는 후일담이 있다. 1년인가 2년 후, 국제 우주 연구 기관인 COSPAR가 이탈리아의 피렌체에서 회합을 하고 있을 때였다. 그런 모임에는 으레 멋진 부가 혜택이 있게 마련이고, 우피치 미술관이 각국에서 온 COSPAR 대표단의 일원들을 위해서 하루 저녁 개방되었다. 일행이 광대하고 텅 비어 있는 게 분명한, 산드로 보티첼리(Sandro Botticelli, 1445~1510년)로 넘치는 미술관에 들어설 때, 우연히도 나는 알렉산더 알렉산드로비치 임셰네츠키와 같이 있었다. 그리고 거기서, 미술관의 다른 쪽 끝에서 한 인간의 형체가 희미하게 눈에 들어왔다. 나는 임셰네츠키가 뻣뻣하게 굳는 것을 보았다. 눈을 가늘게 뜨고 알아보려 애쓴 끝에, 나는 수염으로 얼굴을 변장한 이고르 로고빈의 모습을 알아볼 수 있었다. 그는 의심할 바 없이 미행 중이었다. 임셰네츠키는 내 쪽으로 몸을 기울이고 속삭였다. "저 사람은 로스앤젤레스에서 우리하고 같이 있던 친구 아닌가요?" 내가 끄덕여 동의하자 임셰네츠키는 속삭였다. "무척 멍청한 친구군요."

돌이켜보면 나를 로스앤젤레스로 초대한 것은 도플갱어 장군이었으니 로고빈이 공군 정보국에서 일한다는 것은 그리 놀라울 것도 없었다. 다른 곳의 생명체에 대한 탐사나 우주선 살균을 위한 (구)소련의 계획이 공군 정보국에 관심거리로 여겨질 수 있다는 것이 어쩌면 더 놀랍지 않을까. 미국 정보국들이 비교적 무고한 젊은 과학자(나는 27세였고 정치적으로 순진했다.)를 이용해 그런 목적을 달성하려고 한다는 것은 끔찍한 일이다. 적어도 나에게는 끔찍했다.

그런 이야기는 미국과 (구)소련 양국의 정보 조직과 관련해서 많이들 있다. 그런 사건들의 전반적 영향은, 다른 나라의 과학자들 사이에 정식 과학 교류의 신뢰성을 떨어뜨린다는 것이다. 그런 교류는 핵으로 인한 전면 파멸로부터 겨우 한 발짝 떨어져 있는 시대에, 그리고 과학자들이 적어도 권력을 지닌 정치가들의 한쪽 귀에라도 접근할 수 있는 시대에 특히 필요하다. (구)소련 측 역시 그런 정보 수집 활동을 완벽하게 일상적으로 하고 있고, 방식도 그리 다르지 않다고 해도 — 아마 사실이겠지만 — 내 주장이 약해지는 것은 아니다. 국제적인 과학적 교류에 '정보국(intelligence agency)'이 이런 식으로 침투하는 것은, 뭔지는 몰라도 하여튼 정보라는 말이 아까운 짓이다.

15장

바르숨의 두 달

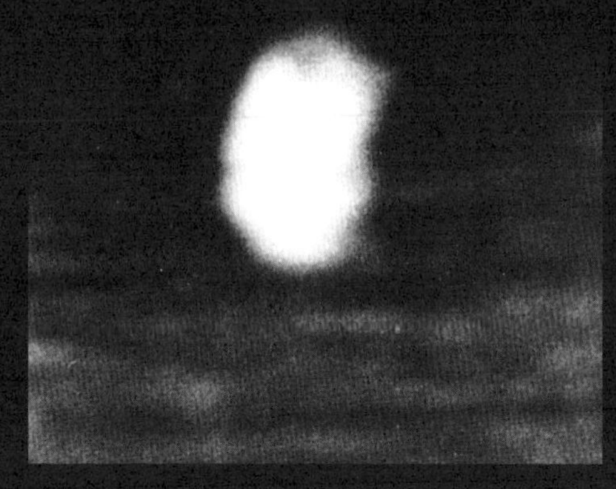

매리너 9호가 최초로 찍은 포보스 사진. 컴퓨터 보정을 거치지 않은 것이다. 187~188쪽의 사진과 비교해 볼 것.

소년 시절 나는 운이 좋아서, 『투비아, 화성의 아가씨(*Thuvia, Maid of Mars*)』, 『화성의 체스 인간(*The Chessmen of Mars*)』, 『화성의 공주(*A Princess of Mars*)』, 『화성의 대원수(*The Warlord of Mars*)』 같은 과장된 제목의 소설들을 접할 수 있었다. 그 소설들은 말할 것도 없이 화성을 다루었다. 그렇지만 '우리'의 화성을 다룬 것은 아니었다. 매리너 9호가 밝혀낸 화성 말이다.

적어도 나는 우리 화성이 타잔을 창조한 에드거 라이스 버로스가 쓴 소설 속 화성과 같다고는 생각지 않는다. 버로스의 화성은 퍼시벌 로런스 로웰(Percival Lawrence Lowell, 1855~1916년)의 화성이었다. 고대 바다가 말라 버린 행성, 운하와 거대한 펌프, 다리가 6개 달린 짐 끄는 짐승들, 그리고 초록색을 포함해서 온갖 피부색의 사람들. (더러 머리통이 없는 이도 있다.) 그들은 타르스 타르카스 같은 이름들을 가지고 있었다. 아마도 이런 소설에서 버로스가 제시한 가장 특기할 만한 가설은 인간들과 화성의 거주자들이 살아 있는 후손을 생산할 수 있다는 것이었으리라. 화성인과 우리의 생물학적 기원이 다른 것을 생각한다면 생물학적으로 불가능한 가설이었다. 버로스는 기적적으로 화성으로 보내진 미국 버지니아 주의 주민과 헬리움이라는 그럴싸하지 않은 이름을 가진 왕국의 공주인 데자 토리스의 후손 생산 가능성을 품위 있게 묘사했다. 나는 헬리움이라는 이름의 왕국이 만화 주인공 슈퍼맨의 고향인 크립톤이라는 이름의 행성의 직접적 선례가 되었을 것이라고 거의 확신한다. 여기에는 아직 사람의 손길이 닿지 않은 풍부한 문학적 광석의 혈맥이 존재한다. 미래에는 행성들, 별들, 또는 심지어 은하계가 네온, 아르곤, 제논, 그리고 라돈 같은 이름들을 달고 있을지도 모른다. 아직 쓰지 않고 남아 있는 고귀한, 아니 불활성 기체들 이름 말이다.

그렇지만 버로스가 발명한 이름 중에 오랫동안 내 뇌리에 남은 것은, 그가 화성인들이 화성에 붙였다고 상상한 이름, 바르숨(Barsoom)이었다. 그리고 그의 다른 어떤 구절보다 내 상상력을 사로잡은 구절은 이것이었다. "질주하는 바르숨의 달들."

화성은 사실 달이 둘 딸린 세계이기 때문에, 우리의 하나뿐인 달이 우리에게 그렇듯이, 화성의 주민들에게는 그것이 전적으로 자연스러운 상황일 것이다. 우리는 우리의 고독한 위성이 지표면에서 우리의 맨눈에 어떻게 보이는지 안다. 하지만 바르숨의 달들은 화성 표면에서 어떻게 보일까? 이 의문은 소년 시절 내내 나를 괴롭혔는데, 1971년 매리너 9호 발사 이전에는 대답할 수 없었다.

처음 화성에 달이 2개라고 한 사람은 행성들의 움직임을 발견했으며 지적으로 절대로 가볍게 볼 인물이 아닌 요하네스 케플러(Johannes Kepler,

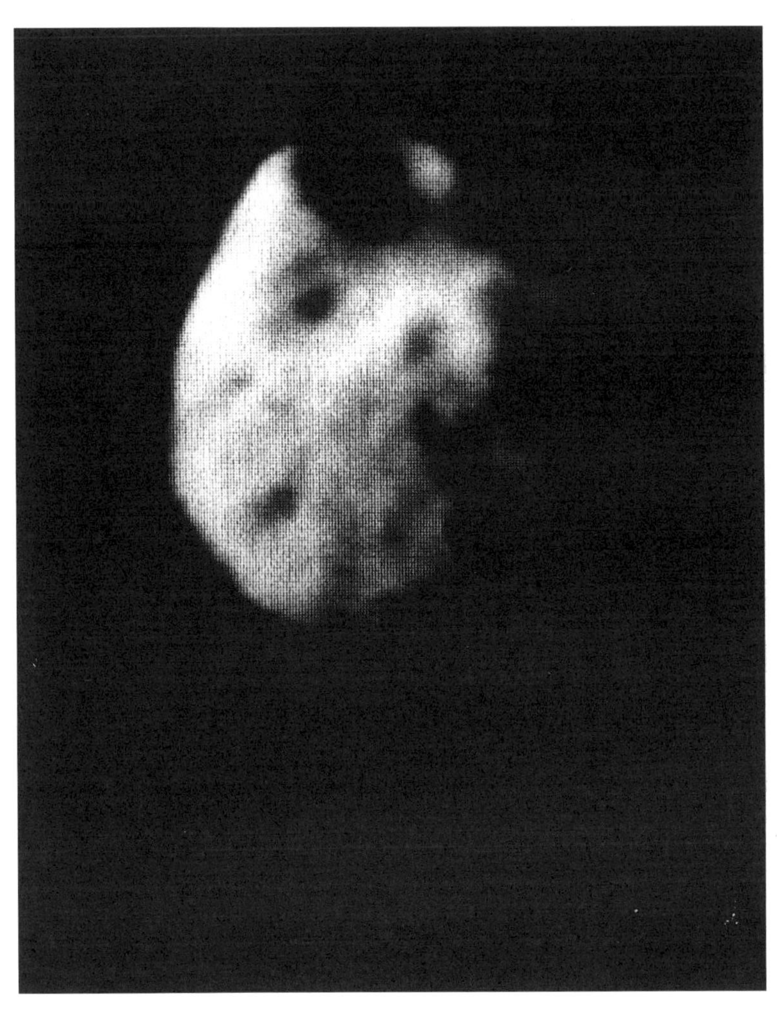

184쪽에 있는 것과 같은 사진을 컴퓨터로 대조 효과를 강조한 것으로, 분화구를 볼 수 있다.

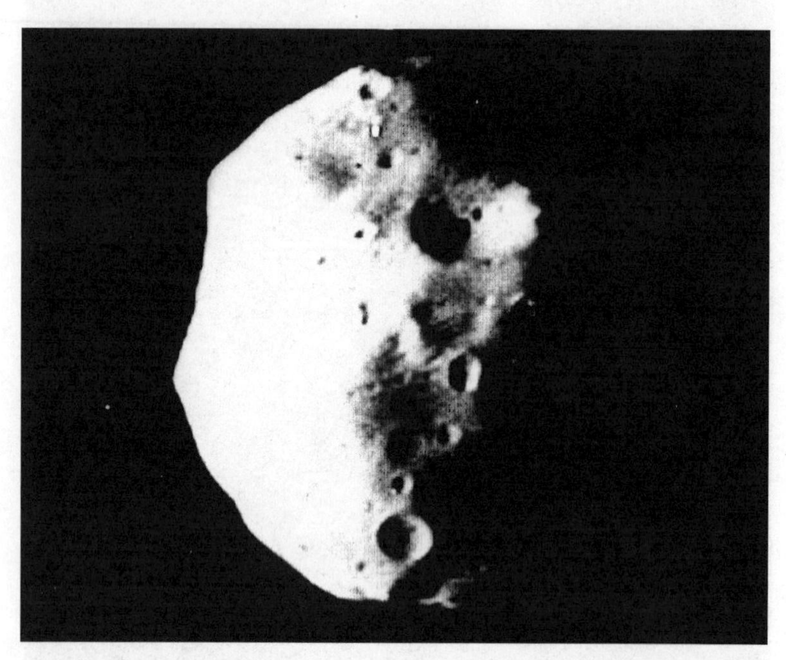

나중에 찍은 훨씬 더 자세한 포보스의 사진이다. 이 천체의 실상을 잘 보여 준다.

1571~1630년)였다. 그러나 케플러는 지금과는 지적 분위기가 사뭇 달랐던 16세기를 살았다. 케플러는 생계를 위해 별점을 쳤고, 천문학은 직업이라기보다는 취미였다. 케플러의 어머니는 마녀 재판을 받았다. 갈릴레오가 최초로 천체 망원경 중 하나를 사용해 목성에 커다란 달 4개가 있다는 사실을 발견했음을 알게 된 케플러는 즉각 화성에는 달이 2개 있다고 결론을 내렸다. 왜? 화성은 태양에서부터 셌을 때 지구와 목성 사이에 있었으니까. 그러니 달의 개수도 그 중간이어야 할 것이 당연하지 않은가. 관측에 따르면 금성은 달이 없고, 지구는 달이 하나고, 목성은 4개인 것이 사실인 듯했다. (목성의 위성이 실제로는 12개라는 것을 지금 우리는 안다.) 케플러는 화성에 달이 2개나 3개 있다고 추론할 수도 있었다. 그렇지만 등비 수열을 평생 사랑했던 그는 2를 선택했다. 그의 주장은, 물론, 오류였다. 토성의 달은 10개, 천왕성은 5개, 그리고 해왕성은 2개로, 그의 수비학적 체계와는 전혀 맞지 않는다. 그의 체계는 과학적이 아니라 미학적이었다.

특히나 아이작 뉴턴의 중력 이론에서 케플러의 행성 운동 법칙들이 나온 이후다 보니, 케플러의 명망은 막대했다. 그렇게 해서, 화성의 두 달에 대한 문학적 암시가 수 세기를 면면히 내려왔다. 볼테르(Voltaire, 1694~1778년)의 기다란 단편 「미크로메가스(Micromégas)」(1752년)에 등장하는 시리우스 별의 사람이 우리의 태양계를 돌아보다가, 아무렇지도 않게, 화성에는 달이 2개 있다고 언급한다. 조너선 스위프트(Jonathan Swift, 1667~1745년)의 1726년 풍자 소설 『걸리버 여행기(*Gulliver's Travels*)』에는 화성의 두 달에 대한 한층 더 유명한 발언이 나온다. 아주 작은 사람들이나 아주 큰 사람들이나 영리한 말들이 나오는 부분이 아니라, 그것보다 덜 알려진, 공중에 떠 있는 라퓨타라는 섬에 관한 부분에서다. 그 에피소드는 의심할 바 없이 스위프트 시대의 영국과 스페인 관계를 정확하게 그려 낸 비판이다. 왜냐하면 라퓨타는 스페인 어로 '창녀'이기 때문이다. 정치적 메타포는, 적어도 내가 보기에는 모호하다. 어떻든, 스위프트는 라퓨타의 천문학자들이 화성에서 2개의 재빨리 움직이는 달들을 발견했다고, 그리고 그 달들과 화성의 거리, 그리고 화성을 도는 주기에 관한 정보를 밝혔다고 아무렇지 않게 공언한다. 틀린 정보지만, 형편없는 추측은 아니다. 스위프트가 화성의 달에 관해 어떻게 알았느냐 하는 문제를 다루는 문헌은, 스위프트가 사실은 화성인이었다고 주장하는 것까지 포함해서, 완전히 하나의 장르를 이루고 있다. 그러나 증거에 따르면 스위프트는 화성인이 아니고, 2개의 달은 케플러의 사변에서 곧장 영향을 받은 것이 거의 확실하다.

화성의 달들이 실제로 발견된 것은 1877년 워싱턴 D. C. 외곽에서였다. 미국 해군 천문대에서 커다란 굴절 망원경을 막 완성한 참이었다. 그곳 소속 천문학자인 아사프 홀(Asaph Hall, 1829~1907년)은 노래와 이야기 속에 나오는 화성의 두 달이 실제 존재하는지 알아내려고 했다. 첫 며칠 밤 동안 성공을 거두지 못한 홀은 낙심해서 아내에게 탐사를 그만두려 한다고 했다. 홀 부인은 그래서는 안 된다면서, 망설이는 남편을 채근해 망원경 앞에서 며칠 밤을 더 머물게 했다. 그리고 남편은 화성의 두 위성을 발견했다. 잠시지만 홀은 자기가 위성을 3개 발견했다고 생각했는데, 안쪽에 있는 하나가 너무 빨리 움직여서 하룻밤에는 그것이 화성의 이편에서 보였고 다음 날 밤에는 다른 편에서 보였기 때문이었다. 홀은 두 달에 그리스 신화에서 전쟁의 신의 마차를 끄는 말들의 이름을 따서 각각 포보스(Phobos)와 데이모스(Deimos)라는 이름을 붙였다. 둘 다 두려움과 공포를 뜻하는 존재였다. 만약 화성의 또 다른 달이 언젠가 발견된다면 내 바람 같아서는 덜 무섭고 더 낙관적인 이름을 붙였으면 좋겠다. 로마 신화에서 평화를 관장하는 여신인 '팍스' 같은.

또 나중에 국제 천문 연맹에서 포보스와 데이모스의 분화구에 이름을 붙인다면 그중 하나는 홀 부인의 이름을 땄으면 좋겠다. 그렇지만 나머지 하나는 아사프 홀의 이름을 따서 지어질 게 분명하기 때문에 이것은 문제가 될 수 있다. 분화구 2개의 이름이 같은 홀이면 헷갈릴 테니까. 하버드 대학교에서 천문학 강연을 하던 중에, 나는 홀 부인의 결혼 전 성을 알 수 있다면 그 문제가 해결될 수 있을 텐데 하고 애석해했다. 그러자 내 친구인, 하버드의 과학사 교수 오언 제이 깅거리치(Owen Jay Gingerich, 1930년~)가 갑자기 자리에서 일어나더니 "앤젤리나 스티크니(Angelina Stickney)"라는 이름을 술술 읊었다. 언젠가, 바르숨의 두 달 중 하나에서 '스티크니'라고 이름할 수 있는 존재가 발견되기를 바라고 있다.

1877년부터 1971년까지 이루어진 포보스와 데이모스에 관한 후속 연구에는 흥미로운 역사가 있다. 화성의 달들은 너무 작아서 지구의 가장 큰 망원경으로 보아도 흐릿한 빛의 점처럼 보인다. 1877년 이전 망원경으로는 전혀 보지 못할 정도로 너무 희미하다. 그 궤도는 다양한 시간대에 그들의 위치들을 기록함으로써 계산할 수 있다. 1944년에, 미국 해군 천문대(포보스와 데이모스에 관한 관심을 전매 특허 낸 곳인데, 그럴 만도 하다.)에서, B. P. 샤플리스(B. P. Sharpless)는 가능한 한 가장 정확한 궤도를 확정하기 위해 당대에 얻을 수 있는 모든 관측 결과를 수집했다. 그는, 아마 틀림없이 놀랐을 텐데, 포보스의 궤도가 작아지는 것을 발견했다. 이것은 천문학자들이 영년 가속(secular acceleration)이라고 하는 것 때문이었다. 포보스는 오랜 기간을 지나면서 화성에 점점 더 가까이 접근하고 점점 더 빨리 움직이는 듯했다. 이 현상은 오늘날 우리에게 꽤 친숙하다. 인공 위성의 궤도가 지구의 대기권의 영향으로 늘 조금씩 줄어들기 때문이다. 처음에는 지구 상공에 널리 퍼진 대기와 충돌해 느려지지만, 결국에는 케플러 법칙에 따라 궤도는 작아지고 속도는 더 빨라진다.

포보스의 영년 가속에 대한 샤플리스의 결론은 설명되지 않았고, (구)소련 천체 물리학자 이오시프 사무일로비치 슈클롭스키(Iosif Samuilovich Shklovsky, 1916~1985년)가 1960년경에 그것을 고찰하기 전까지는 거의 검토되지 않은 수수께끼로 남아 있었다. 그는 영년 가속에 대한 넓은 폭의 대안적 가설들을 생각해 보았는데 그중에는 태양의 영향, 화성의 자기장(당시에는 실제로 존재하는지 알지 못했다.)의 영향, 그리고 화성 중력이 일으키는 조석 작용의 영향이 있었다. 그는 이런 것 중 맞아떨어지는 게 아무것도 없음을 깨달았다. 이어 그는 대기 항력(atmospheric drag)의 가능성을 재고해 보았다. 화성 위성들의 정확한 크기는 화성의 우주선 탐사 이전에는 제대로, 또는 직접적으로 알려지지 않았지만, 포보스의 지름이 대략 16킬로미터라는 사실은 알려져 있었다. 화성 표면 위 포보스의 고도도 알려져 있었다. 슈클롭스키와 그 이전의 다른 이들은 화성 대기의 밀도가 샤플리스가 추론한 그 항력을 낳기에는 너무 낮다는 사실을 발견했다. 슈클롭스키가 영리하고 대담한 추측을 한 것은 이 지점에서였다.

대기 항력이 무효함을 보여 준 계산에서 포보스는 늘 일반적 밀도의 물체로 가정되었다. 그렇지만 만약 그 밀도가 무척 낮다면? 그렇다면 크기가 아무리 커도 질량은 무척 작을 것이고, 그 궤도는 화성의 희박한 상층 대기에서도 충분한 영향을 받을 수도 있을 것이다.

슈클롭스키는 포보스의 밀도를 계산했고, 그 값이 물의 밀도의 대략 1,000분의 1임을 발견했다. 그렇게 낮은 밀도를 지닌 자연적인 물체나 물질은 없다. 예를 들어 발사 나무의 밀도는 대략 물의 절반이다. 그처럼 밀도가 낮다면, 가능한 결론은 하나뿐이었다. 포보스는 텅 비어 있어야 했다. 폭이 16킬로미터나 되는 거대한 텅 빈 물체는 자연적 과정으로 생길 수 없을 것이다. 따라서 슈클롭스키는 그것이 진보된 화성 문명이 만든 것이라고 결론 내렸다. 사실 16킬로미터 폭의 인공 위성은 우리보다 훨씬 더 진보한 기술을 필요로 하며, 버로스가 바르숨에 존재한다고 상상한 기술 문명, 그러니까 '검과 우주선'이 병존하는 문명보다도 훨씬 앞서야 할 것이다.

오늘날 화성에서 그런 진보한 문명의 흔적은 보이지 않으므로, 슈클롭스키는 포보스가 — 그리고 아마도 데이모스도 — 지금은 멸망한 화성 문명에 의해 먼 과거에 쏘아 올려졌다는 결론을 내렸다. (관심 있는 독자들은 슈클롭스키의 놀라운 주장의 좀 더 자세한 내용을 슈클롭스키와 내가 같이 쓴 『우주의 지적 생명(*Intelligent Life in the Universe*)』•이라는 책에서 볼 수 있다.) 그 주제를 다룬 슈클롭스키의 첫 저서에 뒤이어, 영국에서 G. A. 윌킨스(G. A. Wilkins)가 화성의 달들의 움직임을 재검토했고, 아마도 영년 가속이 없을 수도 있다는 가능성을 발견했다. 그렇지만 확신하지 못했다.

화성의 달들이 아마도 인공물일 것이라는 슈클롭스키의 평범하지 않은 제안은 그 기원에 대한 세 가지 가설 중 하나다. 다른 둘은 ① 화성에 포획된 소행성이거나, ② 화성이 형성될 때 남은 잔해라는 것이다. 이 둘은 확실히 나름대로 각각 흥미롭기는 하지만 슈클롭스키의 가정과 비교하면 자연스레 빛이 바랜다.

소행성은 화성 궤도와 목성 궤도 사이에서 태양 주위를 도는 바위와 금속 덩어리이다. 가까이 지나가는 소행성들을 화성의 중력이 낚아챘다는 시나리오는 그럴싸하지 않아도 이론적으로는 가능하다.

화성의 잔해설에서는, 다양한 크기의 바윗덩어리가 한데 뭉쳐 화성을 형성했고, 그렇게 모인 조각들의 마지막 세대가 화성에 커다란 오래된 충돌 분화구를 만들었으며(228쪽 참조) 포보스와 데이모스는 우연히

• *Intelligent Life in the Universe*, San Francisco, HoldenDay, 1966; New York, Delta Books, 1967.

도 화성의 초기 대변동의 역사에서 소멸하지 않고 남은 유일한 잔해라고 가정한다.

화성 위성의 기원에 대한 이런 세 가설 중 하나가 맞는다고 확정된다면 분명히 커다란 과학적 업적이 될 것이다.

영광스럽게도 내가 참여할 수 있었던 1971년의 매리너 화성 탐사는 원래 두 우주선, 매리너 8호와 매리너 9호에 관련된 프로젝트였다. 두 우주선은 화성 자체를 연구하되 서로 다른 목적을 수행하기 위해 서로 다른 궤도를 돌게 되어 있었다. 이 궤도들에 대한 결론이 내부 협의를 통해 최종적으로 나자, 나는 그 궤도들이 포보스와 데이모스의 궤도로부터 멀지 않음을 지적했다. 또한, 내가 보기에 매리너 우주선의 텔레비전 카메라 같은 장비로 포보스와 데이모스를 근접 관측하면 어쩌면 그들의 기원과 본질에 관해 무언가 결론을 내리게 해 줄 것도 같았다.

나는 따라서 그 매리너 계획을 조직하고 시행한 NASA 수뇌부에 연락을 취해 포보스와 데이모스 관측 계획을 허락받고자 했다. 실제로 우주선을 조종하는 제트 추진 연구소(Jet Propulsion Laboratory, JPL)의 미션 관리자들은 이 생각에 공감을 보이지 않았고, NASA의 일부 관료들은 반대하고 나섰다. 매리너 계획의 임무들은 커다란 책으로 작성되어 있었고, 매리너 8호와 9호의 목적도 거기에 분명히 적혀 있었다. 하지만 포보스와 데이모스는 어디에도 언급되어 있지 않았다. 그리하여 나는 포보스와 데이모스를 볼 수 없었다. 나는 그저 카메라가 화성의 위성들을 볼 수 있도록 우주선의 스캔 플랫폼을 움직이기만 하면 된다고 지적했다. 이번에도 반응은 부정적이었다. 좀 있다가, 나는 포보스와 데이모스가 실제로 포획당한 소행성이라면, 매리너 9호로 그들을 탐사하는 것은 소행성대를 공짜로 연구하는 프로젝트가 된다고, 내 주장을 진일보시켰다. 내 제안대로 스캔 플랫폼을 조작하면 NASA가 들여야 하는 비용에서 2억 달러 정도가 절감될 터였다. 이 주장은 적어도 일각에서는 좀 더 구미가 당기는 것으로 평가받았다. 대략 1년간의 로비 후, 위성 천문학 연구 그룹이 꾸려졌고, 포보스와 데이모스 탐사를 위한 시험적인 계획들이 작성되었다. 위성 천문학 연구 그룹의 팀장은 내 제안에 따라 내 학생이었던 제임스 폴락(James B. Pollack, 1938~1994년) 박사가 맡았다. 그렇지만 NASA가 꾸물거리는 바람에, 그 연구 그룹은 매리너 9호가 발진한 후에야, 그것도 화성에 도착하기 겨우 두 달 전에야 조직되었다. (한편 매리너 8호는 실패한 다음이었다.)

매리너 9호가 화성에 도착했을 때 화성 대기는 먼지로 완전히 뒤덮여 있었다. 화성 표면을 제대로 관측할 수 없게 되자 포보스와 데이모스 탐사에 관한 관심이 극적으로 높아졌다. 첫 단계는 어느 정도 정확하게 달들의 궤도와 위치를 확정하기 위해 좀 떨어진 곳에서 넓은 앵글의 사진을 찍는 것이었다. 이 임무의 초기 부분은 우주선이 화성 궤도로 진입하고 나서 대략 두 주 후에 달성되었다. 매리너 9호는 궤도 주기가 대략 12시간이어서 하루에 2회 가까이 화성을 돌았다.

매리너 9호가 찍은 텔레비전 사진들은 지구에서 유선 전송 사진을 보내는 것과 비슷한 방식으로 화성에서 지구로 전송되었다. 사진은 밝기나 음영이 다른 수많은 작은 점들(매리너 9호의 경우 몇십만 개의 점들)로 분해되어 전송된다. 우주선의 자기 테이프에 기록된 그 점들은 지구에서 모조리 재현되었다. 통신은 3277번 점 음영 단계 65, 3278번 점 음영 단계 62 하는 식으로 이루어진다. 그리고 지구에 있는 컴퓨터가 그 점들을 하나하나 찍어 가면서 재조립해 사진을 만들어 낸다.

포보스를 그럭저럭 클로즈업한 첫 번째 사진은 레볼루션 31을 통해 얻어졌다. 184쪽에는 레볼루션 31이 포보스를 비디오로 찍은 이미지를 출력한 폴라로이드 사진이 있다. 1971년 11월 30일에 수신한 것이다. 그 이미지는 무언가 결론을 내리기에는 너무 흐릿했다.

같은 날 밤 더 늦게, 역시 내 학생이었던 코넬의 조지프 베베르카 박사와 나는 꼭두새벽에 JPL의 이미지 처리 연구소에서 그 이미지에 있는 모든 상세 사항들을 밝혀내려고 작업했다. 컴퓨터 명암 대비 향상 기법을 이용했는데 그 결과는 187쪽에서 볼 수 있다. 모양은 불규칙하다. 그 점들이 분화구들일까?

컴퓨터로 화질을 개선한 우리 사진은 컴퓨터 모니터에 위에서 아래로 한 줄씩 재현되었다. 꼭대기에 명확히 보이는 커다란 분화구가 드러나기 시작했을 때, 우리는 그 중심에 있는 밝은 지점 하나를 보았다. 그냥 잠깐, 나는 우리가 포보스의 거대한 구멍을 통해 별 하나를 보고 있다는 느낌을 받았다. 혹은, 소름 끼치게도, 인공적인 빛을 보고 있다는 느낌을 받았다. 그렇지만 우리가 컴퓨터에 모든 '싱글비트 에러(single-bit error)'를 제거하라고 명령하자 그 밝은 점은 사라져 버렸다.

레볼루션 34에서, 매리너 9호와 포보스는 서로로부터 6,400킬로미터도 안 되는 거리에 있었다. 전체 임무에서 가장 가까운 거리였다. 사진을 받은 날 밤늦게, 베베르카와 나는 다시금 컴퓨터로 화질 개선 작업을 했다. 그 결과가 188쪽의 사진이다. 나는 폭이 16킬로미터인 '인공' 위성이 어떻게 생겼는지 확실히 알지 못하지만, 이 사진은 분명 그렇게 보이지는 않는다. 인공 위성이라기보다는 차라리 병에 걸린 감자처럼 보인다. 사실 분화구가 무척 많은 편이다. 태양계의 그 지점에서 그토록 많은 분화구가 생기려면 무척 나이가 많아야 할 것이다. 어쩌면 수십억 살쯤 되었을지도 모른다.

포보스는 거듭된 충돌로 심하게 두들겨 맞은 더 큰 바위에서 떨어져 나온, 완전히 자연적인 파편처럼 보인다. 구멍이 파였고, 조각이 깎여나갔다. 약간은 홍적세의 우리 조상들이 만든, 돌의 자연적 균열면을 따라

깨서 만든 손도끼처럼도 보인다. 기술의 흔적은 전혀 없다. 포보스는 인공 위성이 아니다. 데이모스의 사진 역시 컴퓨터로 명암 대비 향상 처리를 하고 나니 같은 결론을 내리게 되었다.

포보스와 데이모스는 역사상 처음으로 클로즈업 촬영이 이루어진, 다른 행성의 위성들이다. 또한, 매리너 9호에 설치된 자외선 분광계와 적외선 복사계로 관측되기도 했다. 우리는 그들의 크기와 모양과 '색상'에 대해서 결론지을 수 있었다. 그들은 극도로 어두운 물체이다. 여러분이 지금 앉아 있는 방에 있을 법한 가장 어두운 물체보다도 더 어둡다. 사실, 그들은 태양계에서 가장 어두운 물체에 속한다. 이처럼 어두운 물체는 어디서든 보기 드물어서, 우리는 그들의 성분에 관해 무언가 결론을 내릴 수 있기를 바란다. 둘 다 적어도 섬세하게 분쇄된 물질로 이루어진 얇은 층으로 덮여 있다. 이들은 초기 태양계의 충돌 과정에 관해 중요한 실마리를 제공한다. 나는 우리가 일종의 충돌로 이루어지는 자연 선택의 최종 산물, 더 큰 물체에서 떨어져 나온 파편을 보고 있다고, 그리고 그 대충돌의 과정에서 살아남은 유일한 두 조각, 즉 포보스와 데이모스를 보고 있다고 믿는다. 화성의 달들은 또한 화성의 중요한 충돌 구경 측정기이기도 하다. 포보스와 데이모스와 화성은 아주 오랜 시간 동안 태양계의 같은 영역에 함께 있었을 가능성이 매우 높다. 화성의 단위 넓이당 분화구의 수는 전반적으로 포보스와 데이모스의 그것보다 훨씬 적다. 그리하여 화성에는 존재하지만, 공기와 물이 없는 포보스와 데이모스에는 존재하지 않는 풍화 과정에 관한 중요한 정보를 제공한다.

우리는 드디어 이런 물체들의 크기와 모양에 관한 제대로 된 정보들을 가지게 되었다. 지금은 그들이 일반적 바위의 전형적인 밀도를 지니고 있다고 생각할 타당한 이유가 있기 때문에, 우리는 말하자면 포보스 위에 서 있으면 어떻게 될지를 계산할 수 있다. 우선 무엇보다, 9,600킬로미터 조금 못 미치게 떨어진 화성은 포보스 하늘의 대략 절반을 채울 것이다. 화성출(火星出, Marsrise)은 아마도 장관일 것이다. 화성을 관찰하기 위해 포보스에 천문대를 세운다고 해도 그리 나쁜 생각은 아니리라. 우리는 매리너 9호를 통해 포보스와 데이모스 둘 다 우리의 달이 하듯이 늘 자기들 행성에 똑같은 표면을 보이면서 돈다는 것을 알게 되었다. 포보스가 화성의 낮 반구 위에 떠 있을 때, 화성의 붉은빛은 독서도 충분히 가능할 정도로 포보스의 밤을 환히 밝힐 것이다.

포보스와 데이모스는 크기가 작다 보니 중력 가속도가 무척 작다. 중력의 인력은 그다지 강력하지 않다. 포보스의 인력은 지구의 1,000분의 1 정도이다. 만약 여러분이 지구에서 도움닫기 없이 제자리에서 60~90센티미터까지 높이뛰기를 할 수 있다면 포보스에서는 도움닫기 없이 제자리에서 800미터나 뛸 수 있을 것이다. 포보스를 일주한다면 몇 번 뛰지 않아도 될 것이다. 우아하게 천천히 한 번 뛰기만 해도 도약 궤적의 고점에 도달하기까지 몇 분간 날다가 땅으로 부드럽게 돌아올 것이다.

포보스에서 야구를 한다고 해 보자. 이런 게임은 한층 더 흥미롭다. 포보스 주위 궤도로 물체를 쏘아 올리는 데에는 시속 32킬로미터면 충분하다. 아마추어 야구 투수면 손쉽게 포보스 주위 궤도로 야구공을 쏘아 올릴 수 있을 것이다. 포보스의 탈출 속도는 겨우 시속 48킬로미터인데, 프로 야구 투수라면 쉽게 낼 수 있는 속도이다. 포보스에서 탈출한 야구공은 여전히 화성 주위 궤도에 있을 것이다. 인간이 쏘아 올린 화성의 작은 달인 셈이다. 만약 포보스가 완벽한 구라면, 야구에 관심이 있는 외로운 우주 비행사는 이미 다소 느린 이 게임의 더 느리지만 그럼에도 흥미로운 변형을 발명할 수 있을 것이다. 우선, 투수는 공을 옆으로 던진다. 시속 32킬로미터와 48킬로미터 사이로 지평선을 향해서. 그리고 나서 집에 가서 점심을 먹는다. 야구공이 포보스를 일주하는 데는 대략 2시간쯤 걸릴 테니까. 점심을 먹고 돌아와 야구방망이를 집어 들고 공을 던진 반대 방향을 바라보며 2시간 전에 던진 공이 오기를 기다리면 된다. 훌륭한 투수가 타자로서도 훌륭한 경우는 드물지만, 그것과는 별도로 이 공을 치기는 무척 쉬울 것이다. 공이 지평선에 나타난 다음에 우리 우주 비행사 근처에 도달하기까지는 대략 15초쯤 걸린다. 만약 그가 방망이를 휘둘렀는데 놓친다면, 혹은 좀 더 말이 되게 공이 멀찌감치 벗어난다고 가정하면, 집에 가서 2시간 낮잠을 자고, 포수의 장갑을 끼고 공을 잡으러 돌아오면 될 것이다. 다르게는, 만약 그가 공을 시속 32킬로미터에서 48킬로미터의 속도로 제대로 맞힌다면, 집에 가서 낮잠을 자고, 이번에는 외야수의 장갑을 끼고 돌아와서 2시간 후에 반대 지평선에서 날아오는 뜬공을 기다리면 된다. 포보스는 중력 때문에 온통 혹투성이라, 경기는 내가 이야기한 것보다 더 어려울지도 모른다. 포보스의 낮은 4시간쯤밖에 지속되지 않기 때문에, 전등을 세우든가, 아니면 던지고 치고 잡는 동작이 모두 낮 쪽에서 일어날 수 있도록 경기 규칙을 수정해야 할 수도 있다.

이런 경기들이 가능하다고 하면, 어쩌면 한두 세기 후 어느 날에는 포보스와 데이모스로 가는 관광 산업이 생겨날지도 모른다. 하지만 포보스에서 하는 야구는, 예컨대, 골프를 하는 게 달에 가야 하는 이유가 아니듯이 포보스에 가야 하는 이유가 아니다. 그러나 화성의 달들 — 나포된 소행성이든, 아니면 행성 형성 과정에서 남겨진 잔해든 — 에 대한 과학적 관심은 막대하다. 조만간, 수 세기 단위의 시간이 지나면 확실히 천정에서 지평선까지 하늘을 거대한 붉은 행성이 가득 채우는 광경을 포보스 표면에서 어떤 장비들이, 그리고 언젠가는 사람들이 볼 날이 올 것이다.

그러면 반대편에서는 어떨까? 다시 말해 바르숨의 달들은 화성의 표면에서 어떻게 보일까? 포보스는 화성에 너무 가깝다 보니, 본질적으로 그토록 작은 물체라고 해도 확실히 식별 가능한 원반처럼 보일 것이다. 사실 포보스는 지구 표면에서 본 우리 달의 절반 정도의 크기로 보일 것이다. 우리는 매리너 9호의 관측 결과로부터 지구에서 우리 달을 한 면밖에 볼 수 없는 것과 똑같이, 화성에서도 포보스의 한 면밖에 볼 수 없음을 밝혀냈다. 포보스의 그 면은, 어느 정도는, 187쪽에 보이는 얼굴이다. 매리너 9호 이전에는 누구도 그 얼굴을 알지 못했다. 화성인들이 있다고 치면 그들은 제외해야겠지만 말이다.

포보스가 화성에 그처럼 가깝다 보니, 케플러 법칙에 따라 포보스는 화성 주위를 비교적 빠르게 돌 수밖에 없다. 대략 화성을 24시간 동안 2.5회 돈다. 한편 데이모스는 화성 주위를 한 번 도는 데 30시간 18분이 걸린다. 두 위성 모두 화성이 그 축을 따라 자전하는 것과 같은 방향으로, 또는 같은 방식으로 자기 궤도를 돈다. 따라서 우리가 말 잘 듣는 위성이라면 응당 그래야 한다고 믿는 바대로 (이것 역시 지구 쇼비니즘이다.) 데이모스는 동쪽에서 뜨고 서쪽으로 진다. 그렇지만 포보스는 화성이 자전하는 데 드는 것보다 더 짧은 시간 안에 그 궤도를 한 바퀴 돈다. 따라서 포보스는 지평선에서 지평선으로 가는 데 대략 5시간 30분 걸려서 서쪽에서 뜨고 동쪽으로 진다. '질주'한다고는 할 수 없지만 — 별들의 평야를 배경으로 한 그 움직임은 1분쯤 가만히 본다고 쉽게 감지할 수 없을 것이다. 그렇다고 터벅터벅 걷는 것도 아니다. 포보스가 동쪽으로 지고 새벽 한참 전에 서쪽에서 뜰 때, 화성의 적도에는 며칠쯤 밤이 이어질 것이다.

포보스는 화성의 적도 면에 너무 가까워서, 화성의 극지방에서는 전혀 보이지 않는다. 만약 우리가 화성에서 지성적 존재가 발달했다고 상상한다면, 천문학은 고위도 지방이 아니라 적도 지방 사회에만 존재하는 학문 분야일 가능성이 높다. 헬리움이 적도의 왕국인지 어떤지 나로서는 알 수 없는 노릇이지만 말이다.

지그문트 프로이트(Sigmund Freud, 1856~1939년)는 어딘가에서 행복한 사람들은 오로지 소년 시절 꿈이 실현된 사람들뿐이라고 말했다. 그래서 내가 아무 걱정 없는 인생을 살고 있느냐면 그것은 아니다. 하지만 나는 조지프 베베르카, JPL 기술자와 내가 포보스의 얼굴을 본 최초의 인간이 된, 캘리포니아의 그 쌀쌀한 11월의 이른 아침 시간을 절대로 잊지 못할 것이다.

캘리포니아 주는 친절하게도 내게 "PHOBOS"라고 적힌 자동차 번호판을 내주었다. 내 차는 딱히 느리지는 않지만, 그렇다고 우리 지구를 하루에 두 바퀴 일주하지도 못한다. 표지판을 보면 나는 즐거워진다. "BARSOOM"이었으면 더 좋았겠지만, 번호판은 엄격한 여섯 글자 제한이 걸려 있다.

16장

화성의 산 1:
지구로부터의 관측

지구의 산들은 지질학적인 대격변의 산물이다. 거대한 습곡 산맥들은 대륙들이 이동할 때 거대한 대륙 지괴(地塊)들이 충돌한 결과로 여겨진다. 서로 가까워지고 멀어지는 대륙들의 이동 속도는 대략 1년에 2.5센티미터로, 우리에게는 끔찍하게 느려 보인다. 그렇지만 지구의 나이는 수십억 살이니까, 우리 지구 곳곳에서 대륙들이 서로 쾅쾅 부딪힐 시간은 충분했으리라.

더 작은 산들은 화산 활동으로 생겨났다. 용암이라고 불리는 고온의 녹은 바위가 지층을 뚫고 새어 나와 식으면 화산암으로 이루어진 커다란 덩어리들을 만들어 낸다. 그리고 그 꼭대기에는 구멍이 생긴다. 지질학자들은 그것을 정상 칼데라(summit caldera)라고 부른다. 그 구멍을 통해 아래로 내려가 보면 용암이 솟구치는 방이 있다. 예를 들어 하와이에서는 활화산의 정상 칼데라에서 실제로 녹은 용암을 볼 수 있다. 이런 화산과 습곡 산맥은 별개의 존재가 아니라 연관되어 있으며, 지구가 지질학적으로 살아 움직이는 존재임을 보여 준다.

화성은 어떨까? 화성은 지구보다 작은 행성이고, 그 내부 압력과 온도는 지구보다 더 낮으며, 평균 밀도도 지구보다 낮다. 이런 환경을 함께 고려한다면, 화성이 아마도 달처럼 지질학적으로 지구보다 덜 활동적일 것이라고 짐작할 수 있다. 그렇지만 화성보다 훨씬 작고 내부 온도가 화성보다도 더 낮을 것으로 예측되는 달에서도, 최근 화산 활동이 일어났다는 신호들이 아폴로 계획을 통해 밝혀졌다. 우리는 심지어 오늘날에도 한 행성의 크기와 구조, 그리고 화산 활동과 산맥들의 존재 사이의 관계를 알지 못한다. 비록 달에 유의미한 습곡 산맥들이 없다는 것은 알지만 말이다.

이 주제에 관한 우리의 현재 무지는 한 세기 전 조그만 망원경을 통해 엿보고 화성이 얼마나 먼지를 추측하려고 애쓰던 초기 행성학자들의 무지에 비하면 아무것도 아니다. 초기 행성학자 중 화성의 산이라는 문제에 몰두한 인물은 퍼시벌 로웰이었다. 로웰은 자기가 놀라운 규칙성을 가지고 화성 표면을 지그재그 가로지르는 직선들의 넓은 망이 존재한다는 증거를 찾아냈다고, 그리고 그것은 오로지 그 행성에 사는, 지능을 가진 존재들에 의해서만 만들어질 수 있다고 믿었다. (18장 참조) 그는 이런 "운하들"이 실제로 물을 운반하는 운하라고 믿었다. 우리는 지금 그 문제가 그의 논리가 아니라 오히려 그의 관측과 어긋난다는 사실을 안다. 매리너 우주선을 비롯해 최근에 이루어진 정량적 화성 관측은 로웰식 운하의 흔적을 전혀 보여 주지 않았다.

1890년대에 로웰은 화성이 산이 없을 것이라고 주장했는데, 근거는 산들이 종합적인 운하망의 건설에 심각한 장애물이 되었으리라는 것이었다. 그렇지만 행성 규모의 운하망을 건설할 수 있는 종족이라면 틀림없이 드문드문 잘못 놓인 산들을 깎아낼 수도 있을 것이다.

그렇긴 해도, 로웰은 화성의 산이라는 문제에 실제로 관측 검증을 적용한 최초의 천문학자에 속한다. 그는 명암 경계선(terminator) 너머를 보았다. 명암 경계선이란 행성의 낮과 밤을 가르는 선으로, 행성 대기가 있느냐 없느냐에 따라 뚜렷할 수도 있고 흐릿할 수도 있다. 명암 경계선은 하루에 한 번 행성을 한 바퀴 돈다. 여기에서 하루는 지구의 하루가 아니라 행성의 하루인 셈이다. 그렇지만 만약 산이 명암 경계선의 밤 면에 정확히 걸려 있다면, 인접한 계곡들이 어둠 속에 잠겨도 그 산은 지는 태양의 빛을 받을 것이다. 갈릴레오는, 그의 표현을 빌리자면, "달의 산"을 발견하는 데 처음 이 기술을 사용했다. 비록 달의 산은 지질학적 내부 활동을 통해 만들어진 지구의 산과 같지 않고, 주로 달 형성의 마지막 단계에서 하늘에서 떨어진 막대한 돌무더기 조각들로 이루어진 것이기는 하지만 말이다.

로웰과 그의 동조자들은 화성 명암 경계선 너머에서 석양을 받아 밝게 빛나는 돌출물들을 발견했다. 그렇지만 그 고도를 계산했더니 — 고등학교 기하학을 배운 사람이라면 손쉽게 할 수 있는 계산이다. — 수십 킬로미터인 것으로 밝혀졌다. 그놈의 운하 가설 때문에라도 화성 산들의 그런 높이는 로웰에게 말이 안 되어 보였다. 게다가 다음 날 — 화성의 하루는 지구의 하루와 거의 같다. — 그 모습이 다시 보였을 때, 그 위치는 바뀌어 있었다. 이것은 원인이 무엇이든 산답지 않은 행동이었고, 로웰은 자기가 본 것이 먼지 폭풍이었다는, 화성 표면의 섬세한 입자들이 수십 킬로미터를 날아올라 화성 대기로 진입했다는 올바른 결론을 내렸다.

화성의 중위도 지역에 관한 레이더 연구로 얻은 자료를 바탕으로 만든 화성의 지형학적 지도. 코넬 대학교 행성 연구소(Laboratory for Planetary Studies)에서 찍은 사진이다.

그런 먼지 폭풍은 우리가 화성의 낮 면을 망원경을 통해 관측할 때도 볼 수 있다. 그 행성의 특징이라고도 할 수 있는 밝고 어두운 패턴들이 가끔씩 흐려져 보일 때가 있다. 어두운 지역에 밝은 지역의 물질이 들어가고 이전 패턴이 그 뒤를 이어 다시 등장한다. 이런 변화는 로웰의 시대에는 밝은 지역에서 일어난 먼지 폭풍이 인근 어두운 지역들을 흐리게 하는 것으로 해석되었다. 매리너 9호의 화성 전역에 걸친 근접 관측에 기반을 둔 현재의 해석은 이 생각이 맞았음을 확인해 준다. (19장 참조)

로웰과 당대인들은 그 밝은 지역을 "사막"이라고 불렀고, 이것도 적절한 이름인 듯싶다. 로웰 동조자들은, 비록 고도 차이가 극도로 작다고 예상하기는 했지만, 밝은 지역들이 어두운 지역보다 더 높거나 낮을 수도 있다고 여겼다. 행성의 밝게 빛나는 돌출부, 또는 가장자리에 보이는 어두운 영역은 산골짜기나 함몰 지형처럼 보였다. 그렇지만 이것은 단순히 그저 어둡기만 한 지역일 수도 있었다. 그런데 그저 어둡기만 한 지역이라면 어두운 하늘 아래에서는 전혀 보이지 않아야 한다. 반대로 그곳이 산골짜기나 함몰 지형일지도 모른다는 우리 생각은 큰 오해일 수도 있다. 대다수 천문학자의 지배적인 의견은 어두운 영역이 밝은 영역보다 약간 더 낮다는 것이었던 듯하지만, 로웰은 그 차이를 기껏해야 800미터나 그 미만으로 추정했다.

나는 1966년에 이 문제를 제임스 폴락 박사와 재검토했다. 우리가 여기에 사용한 논지는 크게 두 가지였다. 화성은 겨울 반구에 거대한 극관(polar cap)을 가지고 있는데, 그것은 언 물이나 언 이산화탄소의 일종으로 여겨진다. 아직 그 구성 물질이 무엇인지는 확실히 밝혀지지 않았는데, 어쩌면 두 물질 다 존재할 수도 있다. 1년에 한 번, 각 반구에서 극관이 후퇴할 때 서리가 뒤에 남는 지역이 있다. 나중에 서리가 사라지고 나면 이 지역은 주변보다 더 밝게 보일 수도 있다. 지구와의 비교 연구를 바탕으로, 어쩌면 그것이 계곡의 눈이 녹거나 증발한 다음에도 눈이 녹지 않은 채 남아 있는 높은 산지라고 예측해 볼 법도 하다. 사실, 화성 극지방 중 한 지역, 소위 미첼 산(Mountains of Mitchel)이라고 불리는 지역은 이런 추론만을 바탕으로 산으로 인정되었다.

하지만 왜 지구의 산에서는 눈이 늦게까지 녹지 않을까? 등산객들이라면 누구나 알듯이, 위로 올라가면 갈수록 추워지기 때문이다. 그렇지만 위로 올라갈수록 더 추워지는 이유는 무엇일까? 지구의 산꼭대기를 산 아래보다 더 춥게 만드는 그 이유가 화성에도 적용될까?

우리는 지구에서 고도가 높아질수록 온도가 더 낮아지게 만드는 모든 요인이 화성에서는 무의미하다고 결론을 내렸는데, 그것은 화성 대기가 무척 희박하기 때문이었다. 그렇지만 화성에서 부는 바람은 지구에서 그렇듯이 계곡보다는 산꼭대기에서 더 강해야 한다. 이것은 지구와의 비교 연구에서 나온 결론이 아니라, 올바른 물리학에 기반을 둔 것이다. 따라서 우리는 화성의 산꼭대기에서는 강한 바람 때문에 눈이 먼저 치워질 것이고, 따라서 서리가 남아 있는 화성의 밝은 지역들은 고도가 낮을 것이라고 추론했다.

우리의 두 번째 논지는 1960년대 중반에 시작된 화성의 레이더 관측 결과였다. 곧바로 증거 하나가 우리 눈을 끌었다. 레이더 빔의 작은 중심 부분을 곧장 화성의 어두운 지역으로 향했더니, 레이더 신호의 일부만 아주 조금 지구로 돌아왔다. 그렇지만 레이더 빔의 중심 부분을 이 어두운 지역 주변에 있는 인접한 밝은 지역으로 향했더니, 반사는 훨씬 강력해졌다. 이런 현상은 어두운 지역이 인접한 밝은 지역보다 무척 높거나 무척 낮다면 이해할 수 있다. 당시 얻을 수 있었던 기초적인 레이더 관측 증거를 바탕으로, 우리는 두 대안 중 하나를 골라야 했다. 결국, 화성에서는 어두운 지역이 계통적으로 높다는 결론을 내렸다. 우리는 화성의 인접한 밝은 지역과 어두운 지역 사이의 고도 차이가 16킬로미터 이상 나기도 한다는 결론을 내렸다. 대규모 비탈의 경사는 기껏해야 겨우 몇 도로 그다지 가파르지 않았고, 고도 차이와 비탈의 경사 모두, 지구에 견줄 만했다. 비록 고도는 여기보다 훨씬 큰 것처럼 보였지만 말이다. 사막들이 저지대라는 개념은 고운 모래와 먼지는 낮은 계곡에 갇혀 있고 바람이 더 세게 부는 산꼭대기는 작고 밝고 고운 입자들로 이루어져 있다는 개념과 맞아떨어지는 듯했다.

우리의 분석이 나오고 나서 몇 년 동안, 더 자세한 레이더 연구들이 많이 이루어졌다. 주로 매사추세츠 공과 대학의 고든 페튼길(Gordon H. Pettengill, 1926년~) 교수가 이끄는 헤이스택 천문대(Haystack Observatory) 연구진에 의해서였다. 그 후 직접적인 레이더 고도 측정이 가능해졌다. 간접적 추론을 이용하는 대신, 레이더 신호가 화성에 도달했다가 반사되어 되돌아오는 데 걸리는 시간을 측정하는 것이 기술적으로 가능한 시점에 이른 것이다. 화성에서 레이더 신호의 귀환이 가장 오래 걸리는 지역은 우리에게서 가장 멀고, 따라서 가장 깊다. 레이더 신호가 귀환하는 시간이 가장 짧은 지역들은 우리에게 가장 가깝고, 따라서 가장 높다. 이런 식으로 화성 표면의 몇몇 선정 지역들에 대한 최초의 지형학적 지도가 구축되었다. 최대 고도 차이와 비탈의 경사 등은 우리가 훨씬 간접적 수단들을 통해 추정한 것과 거의 비슷했다.

그렇지만 어두운 지역이 밝은 지역보다 꼭 계통적으로 높은 것은 아닌 듯했다. 페튼길과 동료들은 타르시스(Tharsis)라는 화성의 밝은 지역들이 무척 높아 보인다는 사실을 밝혀냈다. 아마도 우리가 그 행성에서 고른 표본 지역 중 가장 높은 듯했다. 화성의 밝고 둥근 커다란 지역은 헬라스(Hellas, 그리스 어로 '그리스'라는 뜻이다.)라고 하는데, 실제 이후에 이루어진 비(非)레이더 관측을 통해 무척 낮은 곳으로 밝혀졌다. 엘리시움

(Elysium)이라는 다소 비슷한 지역, 역시 커다랗고 밝고 약간 둥근 지역이 있는데, 이곳은 높은 곳으로 밝혀졌다. 가장 높은 곳으로 여겨졌던 커다란 지역, 시르티스 메이저(Syrtis Major)는 알고 보니 가파른 비탈이었다.

왜 폴락과 나는 일부밖에 옳지 않았을까? 그 이유는 과학에서 편리하고 자주 쓰이는 규칙이지만 항상 옳지만은 않은 '오컴의 면도날(Occam's Razor)' 때문이다. 오컴의 면도날에 따르면 똑같이 그럴싸한 가설이 둘 있으면 더 단순한 편을 택하는 것이 맞다. 우리는 어두운 지역이 계통적으로 높든가 계통적으로 낮든가 둘 중 하나라고 추정했더랬다. 우리 추정이 타당했더라면 어두운 지역들은 계통적으로 높았으리라. 그러나 우리의 추정은 타당하지 않았다. 어두운 지역은 높은 곳도 있었고 낮은 곳도 있었다. 우리의 결론은 우리의 가정을 반영했을 뿐이다.

그렇지만 나는 우리가 논리학과 물리학을 이용해서 적어도 일부나마 옳게 추론할 수 있었다는 사실에, 그리고 화성에 로웰이 기대했던 것보다 훨씬 큰, 막대한 고도 차이가 존재한다는 것을 보여 줄 수 있어서 무척 기쁘다. 내가 또 하나 알게 된 것은, 모든 증거를 얻기 전에 간접 추론을 통해 올바른 답을 얻어내는 것이 더 어렵기는 하지만 또한 훨씬 재미있다는 사실이다. 이론가들이 과학에서 하는 일이 그것이다. 그렇지만 이런 식으로 도출된 결론은 직접 관측에서 도출된 것보다 위험하다. 대다수 과학자는 직접적인 증거들을 얻을 때까지 판단을 유보한다. 그런 추리 작업의 주된 기능은, 이론가들의 오락거리는 제외한다면, 아마도 관측 전문가들을 짜증 나게 하고 화나게 해서 중요한 관측을 하지 않을 수 없게 만드는 것이리라. 이론가들의 믿지 못할 헛소리를 계속 듣다 보면 그 누구라도 화가 나지 않겠는가.

17장

화성의 산 2: 우주에서의 관측

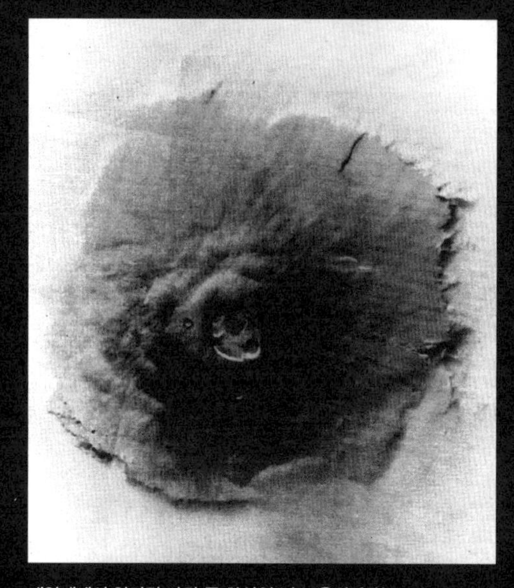

태양계에서 알려진 가장 큰 화산인 닉스 올림피카(Nix Olympica). 매리너 9호가 수직으로 위에서 찍은 사진 4장을 이어붙인 것이다. NASA의 허가를 받아 실었다.

1971년 매리너 9호의 전설적인 화성행은 화성의 산들과 고도들에 관해 결정적이고 직접적인 일련의 수치들을 새로 내놓았다. 매리너 9호에 실린 자외선 분광계, 적외선 분광 간섭계, 그리고 S밴드 전파 엄폐(S-band occulation) 장비들을 이용한 실험들 덕분에 화성 표면의 높이를 비교적 완벽하게 나타낸 지형도를 만들 수 있게 되었다. 그렇지만 화성의 산맥들에 관한 가장 놀라운 정보는 텔레비전 카메라 실험에서 나왔다.

매리너 9호가 1971년 11월 14일 궤도 진입 직전에 화성 근처에서 보내준 최초의 사진들은 거의 완벽할 정도로 특징 없는 행성을 보여 주었다. 남반구 극관은 흐릿하게나마 분간할 수 있었지만, 한 세기도 넘게 뜨거운 논쟁거리였던 밝고 어두운 점들은 어디서도 찾을 수 없었다. 이것은 매리너 9호에 실린 텔레비전 카메라의 오류가 아니었다. 9월 말에 시작해 1월 초까지는 그다지 가라앉지 않을, 전 행성 규모로 일어나는 장엄한 모래 폭풍의 결과였다.

궤도 진입 직전에 찍은 최초의 사진들, 그리고 첫 며칠간 궤도를 돌면서 찍어 보낸 사진들은 극지방이 아닌 지역에 대해서는 의미 있는 세부 사항을 보여 주지 못했다. 적도 지방 근처인 타르시스 지역은 예외였다. 타르시스 지역에서는 어둡고 다소 불규칙한 점이 4개 보였는데, 그중에 3개는 북쪽에서 남서쪽으로 줄지어 있었고, 네 번째 점은 서쪽에 따로 떨어져 고립되어 있었다. 그 외에는 보이는 게 그다지 없던 터라, 나는 그 미션의 초기 단계부터 이 점들에 어느 정도 주의를 기울였다. 사실 상당한 주의를 기울였다. 좀 더 재치있는 내 동료들은 얼마 동안 그 점들을 "칼의 점들"이라고 불렀다. 나는 다시 그것들을 하포(Harpo), 그라우초(Groucho), 치코(Chico), 그리고 제포(Zeppo)라고 이름 짓자고 제안했지만, 이것은 모두 그들의 중요성이 확정되기 전이었다. (이 이름들은 미국의 코미디언 그룹인 마르크스 형제(Marx Brothers)에게서 따온 것이다. — 옮긴이)

그 고립된 점은 이전부터 화성 연구자들 사이에서 닉스 올림피카(Nix Olympica, 그리스 어로 신들의 고향인 올림포스의 설원을 뜻한다.)라고 불리던 지형에 해당하는 자리에 있었다. 다른 세 점은 화성 표면 지형지물 중 어떤 것에 해당하는지 알 수 없었다. 그렇지만 뉴멕시코 주립 대학교의 천문학자인 브래드퍼드 스미스(Bradford Smith)가 그 점들이 (닉스 올림피카가 그랬듯이) 지구에서 관측했을 때 오후에 국부적으로 밝아진다는 사실을 지적했다. 모래 폭풍이 없을 때 파란색이나 보라색 필터를 통해 찍은 스미스의 지상 망원경 사진 몇 장에서 이 네 지점은 하얗게 빛나는 점들처럼 보였다. 비록 일반적인 밝고 어두운 지역들 사이의 음영 차이는 무척 작았고 화성 표면의 흔적들은 보통 구분이 거의 불가능했지만 말이다. (일반적인 상황이란 화성을 주황색이나 붉은색이 아니라 파란색이나 보라색 빛으로 관측했을 때를 말한다.) 그렇다면 우리가 지금 보고 있는 것은 평소에 밝은 구름만 있는 곳에 모래 폭풍이 일면서 생긴 일종의 검은 구름일까?

또 다른 매리너 9호 실험자, 애리조나 주 투산에 있는 사이언스 애플리케이션스 사(Science Applications, Inc.)의 윌리엄 케네스 하트먼(William Kenneth Hartmann, 1939년~)은 네 점이 찍힌 원본 사진의 명암 대비를 컴퓨터로 높여, 적어도 두 점에서 가운데 둥근 지역을 흐릿하게 보여 주는 표식들을 찾아냈다. 사실 매리너 6호와 7호도 1969년에 닉스 올림피카의 사진들을 찍었는데 거기서도 비슷한 표식들이 보였다.

이 무렵, 모래 폭풍의 지속 기간과 강도가 명확히 밝혀졌고, 기존에 계획된 매리너 9호로 그 행성의 지도를 그린다는 프로젝트는 연기하지 않을 수 없었다. 덕분에 문제의 네 점에 대한 고해상도 근접 촬영을 시도할 기회를 확보할 수 있었다. 또 이것은 매리너 9호가 가진 커다란 범용성 덕분이었다. 카메라가 설치된 스캔 플랫폼의 방향을 원하는 대로 바꿀 수 있었고 화성의 온갖 지역을 촬영할 수 있었다. 캘리포니아 공과 대학 JPL의 기술 스태프들 역시 변경된 미션의 과학적 필요에 맞춰 우주선 운용 계획을 충분히 신속하게 바꿔 나갔다. 우주선 설계상의 범용성과 조종 스태프의 적응성 덕분에 그 네 점에 대한 최초의 근접 촬영 사진들이 손에 들어오기 시작했다.

각 점 중심부에는 원형에 가까운 지형이 있었고, 활처럼 휜 선분들이 평행하게 놓여 있었다. 부채꼴 모양을 한 것도 있었다. 이 모든 지형지물들은 밝은 배경에 대비되어 어두웠고, 저해상도로 처음에 본 점들이 어두운 모습에 부합했다.

초기 사진들에서는 특기할 만한 형태를 발견하지 못했다. 그렇지만 나는 이런 둥근 형태들이 타르시스, 화성에서도 가장 높은 지역에서 나타난다는 사실에 충격을 받았다. 이것은 분화구들이었다. 왜 그것들은 우리에게 보이는데 화성의 다른 지형지물들은 실제로 하나도 안 보일까? 아마도 그것은 이 분화구들이 타르시스에서도 가장 높은, 이미 무지막지(無知莫知)하게 융기된 지역에 있는 지형지물이기 때문일 것이다. 따라서 네 점은 내게 모래 폭풍을 뚫고 솟은 장대한 산처럼 보였다. 시간이 지나고 모래 폭풍이 잠잠해지면(수십 년간 화성의 행성 규모 모래 폭풍들을 관측해 온 경험으로부터 우리는 모래 폭풍이 결국에는 가라앉는다는 것을 알고 있었다.) 우리는 이런 산들을 점점 더 많이, 산밑까지 명확하게 보게 되리라고 생각했다. 심지어 나는 모래가 가라앉으면서 잇따라 나타나는 세부 사항들을 바탕으로 지형학적 지도를 만드는 것이 가능하리라고까지 생각했다. 안타깝게도, 모래 폭풍이 잠잠해지는 것은 무척 불규칙한 현상이어서, 내 제안은 아직 아무런 열매를 맺지 못하고 있다.

매리너 9호 텔레비전 실험팀 소속 지질학자들, 해럴드 매저스키(Harold Masursky, 1922~1990년)와 존 매콜리(John McCauley)나 미국 지질 조사국(United States Geological Survey, USGS)의 사람들은 분화구의 '형태'에 착안해서 — 지구 상의 비슷한 지형들과 비교 연구해서 — 무척 일찍부터 그 점들이 정상 칼데라를 지닌 거대한 화산군이라고 정의했다. 나는 지구와의 비교 연구를 바탕으로 한 주장들을 늘 불신해 왔다. 누가 뭐래도, 화성은 무척 다른 곳이니까. 우리가 아는 한 — 적어도 '내가' 아는 한 — 화성에서는 지구와는 무척 다른 지질학적 과정들이 작용할지도 모르고, 지구와 비슷한 지형이 있다고 해도 그것들은 다른 요인들로 인해 생길지도 모른다.

그러나 다른 경로를 통해 나는 지질학자들과 같은 결론에 도달했다. 우리가 알기로 분화구를 생성하는 과정은 두 가지뿐이다. 행성 간 티끌의 충격(예를 들어, 달에 있는 대다수의 분화구가 이런 충돌로 생겼다.), 아니면 화산 활동이다. 이 행성에서 우연히도 가장 높은 지역인 타르시스에 4개의 커다란 운석이나 작은 소행성이 떨어져 이 행성에서도 가장 큰 충돌 분화구 중 4개를 만들어 냈다고 기대하는 것은 무리한 요구일지도 모른다. 그것보다 훨씬 그럴싸한 생각은 그 산들을 만든 메커니즘이 분화구도 만들었다고 생각하는 것이다. 그 메커니즘을 화산 활동이라고 한다.

모래 폭풍이 개이면서 이 네 화산들의 실제 규모가 밝혀졌다. 그중 가장 큰 닉스 올림피카는 폭이 800킬로미터로, 지구 상에 존재하는 가장 큰 순상 화산인 하와이 제도보다 더 크다. 그 점들의 고도들은 아직 정확하게 결론 내리지 못했지만, 행성의 평균 고도 위 10~32킬로미터 정도로 보인다. (우리는 아직 화성의 해발 고도를 말할 수 없다. 왜냐하면 — 어쨌든 오늘날에는 — 그곳에 바다가 없기 때문이다.) 이후 12개 이상의 작은 화산들이 화성의 다른 지역들에서 발견되었다.

매리너 9호의 적외선 복사계는 분화구들의 정상에 있는 칼데라에서 뜨거운 용암의 흔적을 전혀 발견하지 못했다. 다른 한편, 그것들이 새롭게 등장했다는 사실, 그리고 그 비탈에 운석 충돌공이 거의 전혀 없다는 사실은 그것들이 지질학적으로 말해서 무척 젊은 물체임을 보여 준다. 아마도 몇억 살 정도 되었거나 그것보다 더 젊을지도 모른다.

이런 화산에 걸려 있는 구름은 칼데라에서 분출되는 기체로 이루어져 있을지도 모른다. 예를 들어, 화산 분화구에서 나오는 수증기 같은 것일 수도 있다. 그렇지만 이렇게 높은 산들 정상에 구름이 존재하는 것은 바로 그 산들이 그만큼 높기 때문이라고 생각하는 게 더 그럴싸해 보인다. 화성 대기를 이루는 공기 한 무더기가 산비탈을 따라 올라가며 응축되고 식는 것을 상상해 보자. (화성 대기에서는 높이 올라갈수록 공기가 차가워진다. 그렇지만 화성의 공기는 너무나 희박하다 보니 화성 표면과 열을 잘 교환하지 못한다. 따라서 우리가 화성에서 산을 탈 경우 고도가 올라간다고 해서 화성의 '지표면'이 차가워지지 않는다.) 공기 무더기의 온도가 물의 어는점 아래로 떨어지면, 그 무더기에 있는 수증기 전부는 얼음 결정으로 응축된다. 보이는 구름을 만들어 내는 데 필요한, 화성 대기에 존재한다고 알려진 수증기의 양, 산의 높이, 그리고 조그만 얼음 결정의 양은 한데 합쳐져 화성의 산 구름들에 대한 정합적인 설명을 이룬다.

화산 정상의 구름이 화산에서 일어난 기체 분출의 흔적이든 아니든, 화산 폭발은 반드시 기체 분출을 동반한다. 뜨거운 용암은 지표면으로 흘러나올 때 상당한 양의 기체를 동반한다. 지구에서는 주로 물이지만 다른 물질도 상당량 포함되어 있다. 따라서 우리가 화성에서 발견한 화산들은 틀림없이 화성 대기 형성에 중요한 역할을 했으리라. 적어도 부분적으로, 땅에 있는 이런 구멍들에서 공기가 나왔다. 오늘날 화성이 너무 춥다 보니 물은 얼음 같은 여러 형태로 갇혀서 대기 중에 남아 있지 않을 수 있다. 오늘날 우리가 화성 대기에서 보는 것보다 훨씬 많은 기체가 이런 화산들에 의해서 생성되었을 수 있다. 만약 화성에 생명체가 산다면 그 존재는 거의 틀림없이 대기와의 물질 교환을 바탕으로 생명 현상을 유지할 것이다. 지구를 보라. 녹색 식물의 광합성과 동물의 호흡 사이에 일어나는 순환이 생명계를 지탱하고 있다. 만약 화성에 생명체가 존재한다면 이 화산들은 어쩌면 — 적어도 간접적으로라도 — 그들의 현재 발달상에 중요한 역할을 해 왔으리라.

모래 폭풍이 걷힌 후, 매리너 9호는 원래 계획했던 지질학적 지도를 만들려고 더 높은 궤도로 올라갔다. 우주선은 설계자들이 기대했던 것보다 몇 배나 더 오래 작동했다. 화성 거의 전역을 화소 1개가 800미터에 해당하는 해상도로 촬영했다. 그 결과 타르시스 고원 주위에 기다랗게 뻗은 산줄기와 협곡으로 이루어진 지형이 드러났다. 마치 화성 전체 표면의 3분의 1 또는 4분의 1을 파서 그 흙을 타르시스에 쌓아 올린 듯한 사건이 최근에 일어난 것처럼 보였다. 기다랗게 뻗은 지형 중 가장 장엄한 것은 코프라테스(Coprates)라는 열곡 지형이다. 지구에서 가장 큰 열곡, 아프리카 대륙 동해안을 따라 대륙 남쪽 끝에서 북쪽으로 서아시아의 사해까지 이어지는 동아프리카 지구대와 거의 똑같이 길다. 심지어 화성 경도로 따져서 80도에 걸친 지역을 가로지른다. 화성은 지구보다 작으므로 코프라테스 열곡은 훨씬 더 깊은 인상을 준다.

동아프리카 지구대는 해저의 확장과 대륙의 이동 때문에 일어난다. 아프리카 대륙과 아시아 대륙은 서로 천천히 멀어지고 있고, 그 사이에 생기는 거대한 틈이 바로 동아프리카 지구대이다. 그렇지만 대륙 이동은 지구 맨틀 물질의 느린 순환 탓에 생긴다. 그렇다면 우리는 지구보다 더 작고 내부 온도가 더 낮은 화성에서도 맨틀 대류와 대륙 이동이 일어난다는 결론을 내려야 할까? 아니면 다른 과정이 지구와 비슷한 지형을 만든 것일까?

답이 무엇이든 우리는 이웃 행성인 화성의 지질학을 탐사함으로써 지구의 지질학에 관해 훨씬 더 많은 것을 배우게 될 것이다. 지진 예측과 통제 같은 실용적인 미래 기술은 덤이다.

18장

화성의 운하

1877년 — 1971년과 마찬가지로 — 행성 화성은 지구에 접근했다. 지구에서 6400만 킬로미터 거리였다. 유럽 천문학자들은 새로이 개발된 망원경으로 이웃 행성을 관측할 준비를 했다. 그것은 그때까지 인류 역사상 가장 자세한 관측이 될 터였다. 그중 한 사람이 밀라노에서 관측을 하던 이탈리아 인 조반니 스키아파렐리(Giovanni Virginio Schiaparelli, 1835~1910년), 패션 디자이너이자 향수 사업으로 유명한 엘사 스키아파렐리(Elsa Schiaparelli, 1890~1973년)의 방계 친척이었다.

일반적으로 망원경으로 화성을 보면 흐리고 어슴푸레했는데, 천문학자들이 말하는 '시상(視象)'이 지구 대기의 온갖 난류에 방해를 받았기 때문이다. 그렇지만 지구 대기가 안정화되고 화성이라는 원반의 진정한 세부 사항이 번뜩 드러나는 것처럼 보이는 순간들이 있다. 스키아파렐리는 화성 원반을 뒤덮은 가는 직선들의 망을 보고 놀랐다. 그리고 그 선들을 **카날리**(canali)라고 불렀다. 이탈리아 어로 '물길'을 뜻한다. 그렇지만 이 말은 곧 영어로 인위적 '설계'라는 의미를 명확히 함유한 '운하'로 번역된다. 지금의 한국, 옛날의 조선에 파견된 적 있는 외교관 퍼시벌 로웰이 이 스키아파렐리의 관측들을 접했다. 보스턴의 상류층이자 하버드 대학교 학장, 그리고 심지어 그보다 더 중요한 인물이었던 여성 시인 에이미 로웰(Amy Lowell, 1874~1925년. 서거 직후에 퓰리처 상을 받은 시인으로, 시가를 지독히 즐기는 애연가로 더 유명했다.)의 오빠인 로웰은 화성을 연구하려고 애리조나의 플래그스태프에 사설 천문대를 세웠다. 그리고 스키아파렐리가 발견한 것과 같은 **카날리**를 발견했다. 로웰은 카날리를 더 자세히 묘사했고 설명을 정교화했다.

로웰의 결론에 따르면 화성은 그곳에서 태어난 지적 생명체가 자신의 행성을 행성 규모의 위험에 맞서기 위해 개조한, 죽어 가는 세계였다. 주된 위험은 물 부족이었다. 로웰의 상상에 따르면 화성 문명은 극관에서 녹은 물을 기후가 좀 더 온화한 적도 근처 거주지로 운반하려고 광대한 운하망을 건설했다. 이 주장의 전환점은 운하들이 직선을 이룬다는 것이었는데, 그중 일부는 거대한 원으로 수천 킬로미터를 가로지른다. 로웰이 생각하기에, 그런 지리학적 배열은 지질학적 과정으로는 생겨날 수 없었다. 선들은 너무 곧았다. 오로지 지적 생명체만이 그런 것을 만들 수 있었다.

이것은 우리 모두가 동의할 수 있는 결론이다. 다만 유일한 논란은, 그 지적 생명체가 망원경의 어느 쪽에 있느냐 하는 것이다. 유클리드 기하학을 사랑했던 로웰은 망원경의 머나먼 반대편에도 지적 생명체가 존재한다고 믿었다. 그렇지만 얼룩덜룩한 흐릿한 원반을 그저 몇 초간 열심히 들여다본 다음, 기억에 의존해서 상세하게 그려 내는 것은 너무나 어려운 일이라, 우리의 눈과 손과 뇌는 이런저런 형상들을 직선으로 이으라는 유혹을 받기 십상이다. 세기 전환기와 우주 시대의 개벽 사이의 시기에 화성을 관찰했던 가장 뛰어난 천문학자들 다수가 좋기는 하지만 탁월하지는 않은 시상 조건에서 운하를 보기는 했다. 그렇지만 불규칙한 점들의 집합을 직선으로 이을 수 있는 것은 시상 조건이 완벽하게 좋은 극도로 드문 순간들뿐임을 깨달았다.

그리고 곧 거대한 극관이 얼어붙은 이산화탄소로 이루어져 있지 얼음으로 이루어져 있지 않음이 밝혀졌다. 대기압은 지구보다 훨씬 낮다는 것도 알게 되었다. 액체 물은 철저히 존재 불가능하다는 사실이 밝혀진 것이다. 진화된 생명 형태와 화성의 운하들에 관한 생각은 죽어 버렸다. 그렇지만……. 1971년에 행성 규모의 모래 폭풍이 가라앉으면서, 매리너 9호 우주선은 예로부터 화성 관측자들이 코프라테스라고 부르던 지역의 사진을 찍기 시작했다. 코프라테스는 로웰, 스키아파렐리, 그리고 그 동료들이 찾아낸 **카날리** 중에서 가장 큰 축에 들었다. 모래 폭풍 거의 마지막에, 코프라테스는 화성 적도 근방에서 동서로 4,800킬로미터를 가로지르고 폭이 80킬로미터에 깊이는 1.6킬로미터에 이르는 방대한 열곡임이 밝혀졌다. 완벽한 직선은 아니었다. 확실히 어떤 공학의 산물은 아니었다. 그렇지만 지구에 비교했을 때 그 어떤 지형지물보다도 더 길고 크고 깊은 틈이었다.

그리고 코프라테스에서 갈라져 나온 지형들도 무척 흥미로웠다. 구불구불한 수로들이 코프라테스 열곡 위 고지대 전역에서 굽이쳤고, 아름다운 작은 지류들이 장식처럼 나 있었다. 만약 지구에서 그런 물길들을 보았더라면, 주저 없이 흐르는 물이 만든 지형이라고 해석했으리라. 그렇지만 화성은 표면 기압이 하도 낮아서 지구 표면에서 액체 이산화

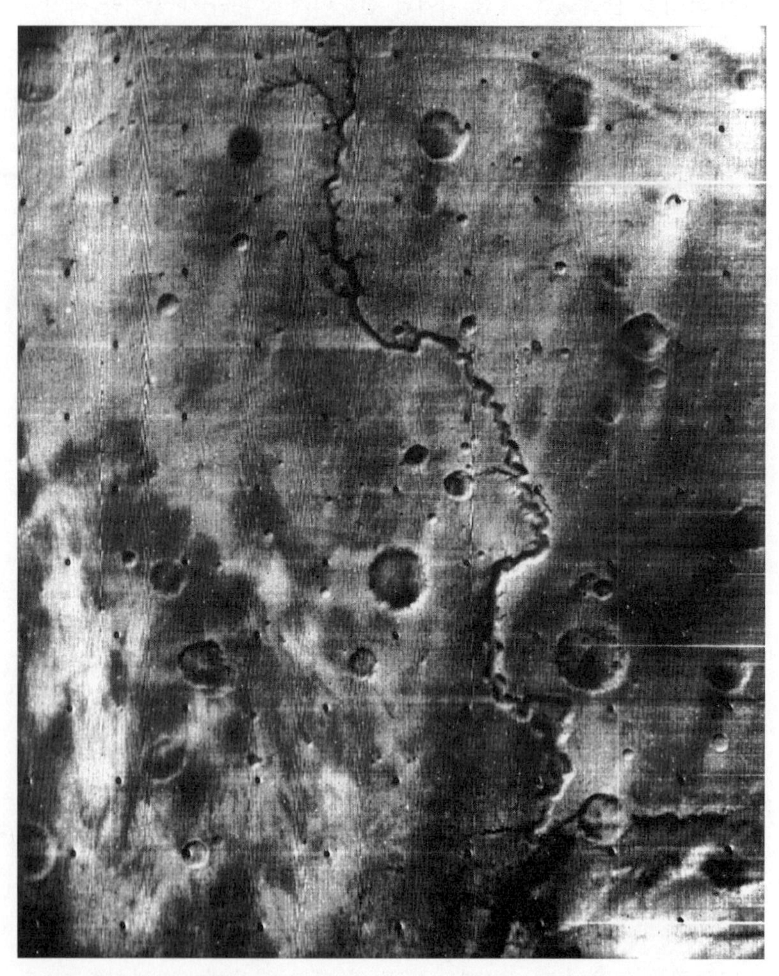

화성의 물길들. 아마도 고대 화성에 존재했던 강들이 깎아 만든 것이리라. NASA의 허락을 받고 실었다.

탄소가 곧장 증발하듯이, 액체 물이 곧장 증발해 버린다. 우리 지구에는 고체 이산화탄소와 기체 이산화탄소가 있지만, 액체 이산화탄소는 없다. 마찬가지로 화성에서는 액체 물이 없다.

그렇지만 매리너 9호가 계속 사진 촬영 작업을 수행하면서 다양한 물길이 추가로 발견되었다. 지류를 두세 개 가진 물길들, 시작이나 끝에 분화구가 없는 물길들, 가운데 눈물방울 모양 섬들을 가지는 물길들, 매듭처럼 생긴 종착점이 있는 물길들. 지구에서 가끔 홍수가 발생할 때 생기는 것들이기도 하다.

길이가 최장 수백 킬로미터에 이르는 수십 개의 거대한 물길 대다수와 그것보다 작은 수백 개의 물길이 파인 이유가 물의 흐름이라는 데에는 의심의 여지가 거의 없어 보인다. 하지만 오늘날 화성에는 액체 물이 존재할 수 없으므로, 물길들은 분명 화성 역사상 과거에 파였을 것이다. 화성의 표면 기압이 훨씬 더 세고, 기온이 더 높고, 물을 얻을 가능성이 더 높았던 때가 있었을 것이다.

매리너 9호가 찾아낸 물길들은 화성에서 무지막지한 기후 변화가 일어났을 가능성을 웅변한다. 이런 관점에서 보자면 오늘날 화성은 한창 빙하기를 겪고 있는 행성이라고 할 수 있다. 도대체 얼마나 오래전인지는 아무도 모르지만, 과거에는 훨씬 온화한 시대가 있었을 것이다. 그리고 그 기후 조건은 지구와 비슷했을 것이다.

그런 극적인 기후 변화의 이유는 아직 뜨거운 논란거리이다. 매리너 9호가 발사되기 전에 나는 액체 물이 다시 나타나게 해 줄 기후 변화가 화성에서 다시 일어날 수 있는 이유를 제시했다. 그것은 바로 세차 운동이다. 세차 운동은 팽이의 회전축이 천천히 도는 것과 비슷하다. 화성의 세차 운동 주기는 대략 5만 년일 것이다. 만약 화성 북극의 빙관이 확장된 지금이 세차 운동으로 봤을 때 화성의 겨울이라면, 2만 5000년 전에는

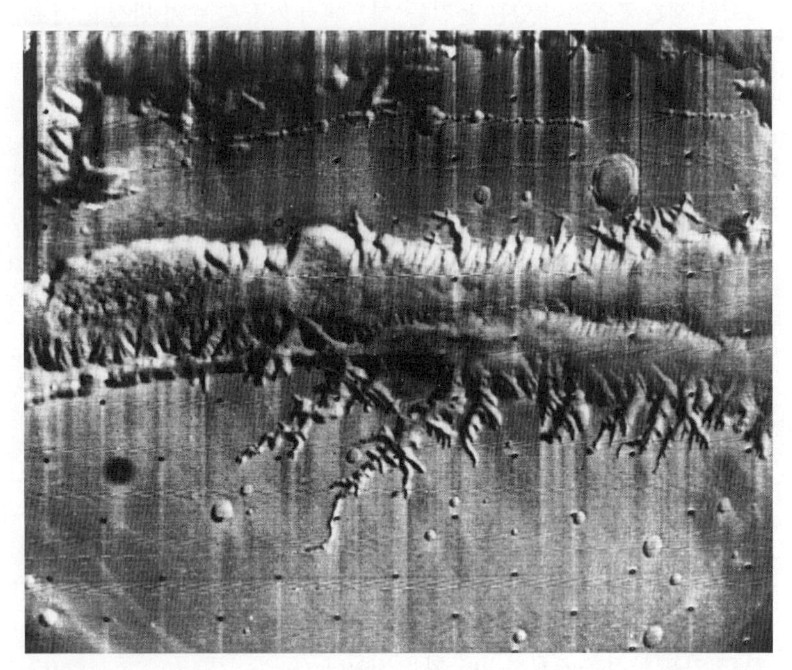

거대한 코프라테스 열곡. NASA의 허가를 받고 실었다.

남극의 빙관이 확장되어 있었을 것이다.

아니면 2만 5000년 전은 세차 운동으로 봤을 때 봄과 여름이었을지도 모른다. 고밀도였던 당시 대기가 지금은 극관에 갇혀 대기권에서는 제거되었지만, 1만 2000년 전에는 이 대기가 화성 상공 전체를 뒤덮어 이 행성에 훈훈한 기후, 온화한 밤, 그리고 액체 물을 선사했을 수도 있다. 그때는 액체 물이 셀 수 없이 많은 개울과 시내를 채우고 마구 흘러 거대한 강들로 합류해 가던 시대였을지도 모른다. 이런 강의 일부는 거대한 코프라테스 열곡으로 흘러들었겠지.

만약 그렇다면 1만 2000년 전 화성은 지구와 비슷한 종류의 생명체가 살기에 좋은 시대였으리라. 만약 내가 화성의 생명체라면, 나는 세차 운동의 여름에는 활동을 더 열심히 하고 세차 운동의 겨울에는 가게 문을 닫았으리라. 매년 훨씬 짧은 우리 지구의 겨울에 많은 생명체가 그렇게 하듯이 말이다. 나라면 포자를 만들겠다. 식물 인간 형태를 만들고, 안전한 곳에 숨어 휴식을 취할 테고, 긴 겨울이 지나갈 때까지 겨울잠을 자겠다. 만약 이것이 정말 화성 생명체들이 하는 일이라면, 우리는 어쩌면 화성에 1만 2000년 일찍 갔는지도 모른다. 아니면 너무 늦었거나!

그렇지만 이런 생각들을 시험할 방법이 있다. 가설적인 화성 생명체에게 세차 운동의 봄이 왔다는 것을 알리는 한 가지 방법은, 액체 물을 다시 한번 나타나게 하는 것이다. 따라서 린다 살츠먼 세이건이 언급했듯이, 화성에서 생명체를 찾아내는 요리법은, "물을 보탠다."이다. 그리고 이것이 바로 1976년에 화성에 착륙해서 미생물을 탐사할 계획인 미국 바이킹 생물학 실험이 하려는 일이다. 로봇 팔로 화성 토양 표본 2개를 채취하고 액체 물에 떨어뜨리는 것이다. 그리고 세 번째 표본은 액체 물이 없는 실험실에 둘 것이다. 만약 첫 두 실험 표본이 긍정적인 생물학적 결과를 내놓는다면 세 번째 실험 표본은 그렇지 않을 테고, 화성 생명체들이 긴 겨울이 끝나기를 기다리고 있다는 생각을 어느 정도 뒷받침해 주리라.

그렇지만 이렇게 설계한 실험들이 너무나 지구 중심적이라고 얼마든지 비판할 수 있다. 현재의 환경에 만족하며 액체 물에서는 익사하고 마는 화성 생명체가 있을지도 모른다. 화성 생명체가 바이킹의 축축한 입맞춤을 기다리는 잠자는 미녀라는 것은 좀 멀리 나아간 추측이다. 매혹적이기는 하지만.

뭐라고 해도 이 물길들 전부가 로웰과 스키아파렐리가 그린 고전적인 '카날리'의 위치에 부합하지는 않는다. 일부는, 예를 들어 세라우니우스(Ceraunius) 같은 것들은 산등성이처럼 보인다. (높이 5.5킬로미터의 화산으로 확인되었다. — 옮긴이) 나머지는 우리가 지금 분간할 수 있는 어떤 세부 사항과도 부합하지 않는다. 그렇지만 코프라테스 같은 일부는 화성 표면에 있는 옴폭 파인 홈이다. **화성에는 물길이 존재한다.** 그 물길들은 로웰이 상상했던 것과는 종류가 다를지언정(긴 겨울 모형에서 짐작할 수 있듯이) 어쩌면 생물학적 함의를 지닐지도 모르고, 아니면 어쩌면 화성 생물학과는 아무런 연관이 없을지도 모른다.

로웰의 운하는 존재하지 않지만, 스키아파렐리의 카날리는 아직 눈에 보인다, 어쩌면, 미래의 어느 날, 그 물길들은 다시금 물로 가득 찰지도 모른다. 그리고 그곳을 행성 지구에서 온 곤돌라 사공들이 가득 채우고 있을지도.

19장

잃어버린 화성 사진들

화성으로 간 매리너 9호는 우리 이웃 행성에 관한 지식을 혁명적으로 바꿔 줄 7,232장의 사진을 지구로 무선 통신으로 보냈다. 이 사진들 수백 장은 화성의 다양한 지형지물을 연구하는 데 사용되었다. 이제는 대체로 바람에 날린 모래 먼지 덧으로 밝혀진, 밝고 어두운 표식들의 상대적 관계들과 그 시간적 변화들에 대해서 우리는 이제 더 자세히 알게 되었다. 우리는 특정한 충돌 분화구에서 출발해서 화성 표면을 수십 킬로미터씩 가로지르는 수천 개의 밝고 어두운 줄들을 찾아냈다. 그것들은 탁월풍의 방향을 잘 보여 준다. 우리는 그 줄들이 분화구에서 나온 먼지들을 실어다 분화구 절벽 너머의 화성 표면에 내려놓는 거센 바람들 때문에 만들어진다고 생각한다. 이런 줄들은 자연적인 풍향계이고,

어쩌면, 우리에게 가르침과 즐거움을 주기 위해 화성 표면에 놓인 풍속계인지도 모른다. 우리는 어둡고 불규칙한 파편들 또는 얼룩들을 발견했는데, 대개는 분화구 내부에 있었고, 분화구의 바람이 가려지는 쪽 벽에 있는 경향이 있었다. 따라서 그 줄들뿐 아니라 그 얼룩들은 풍향계였다. 매리너 9호는 그 얼룩 중 일부가 평행한 사구들이 있는 방대한 평야임을 밝힌 바 있다.

우리는 매리너 계획의 여러 임무를 통해 그 모습이나 크기가 다양한 어두운 줄과 얼룩 들을 많이 발견했다. 이런 어두운 형태들의 위치와 다양성은 한 세기도 더 전의 지상 기반 천문학자들이 관찰했고, 그들이 주로 계절에 따라 변하는 화성 표면의 어두운 식생 탓으로 돌렸던 화성의 고전적인 어두운 표식에 잘 부합한다. 그렇지만 우리의 매리너 9호의 증거에 따르면 화성의 계절 변화는 생물학적이기보다는 기상학적인 것임이 분명하다.

그렇다고 화성에서 생명의 가능성이 배제되는 것은 결코 아니다. 그저 화성에 생명체가 있다고 해도 행성 간 거리 때문에 쉽게 추적할 수 없다는 뜻일 뿐이다. 한편 그 역도 마찬가지로 사실이다. 우리가 우리 행성의 궤도 사진 수천 장을 연구함으로써 알게 된 것처럼, 화성에서 지구의 생명체를 낮의 빛 속에 **사진으로** 추적하는 것은 불가능하다. 그렇지만 시간에 따라 변하는 화성 표면의 물줄기와 얼룩 들은 화성에서 새롭고 가장 짜릿한 현상들이고, 더 이상의 연구를 요구한다.

화성에서 변화는 천천히 일어나기 때문에 다양한 특징을 가진 지형지물들에 어떤 변화가 일어났는지를 살펴보려면, 시간 간격을 길게 두고 동일한 지역을 찍은 사진 두 장이 필요하다. 미션 마지막 단계에서 매리너 9호의 카메라가 시르티스 메이저 지역과 타르시스 지역에 대해 사진 15장을 성공적으로 찍었는데, 장기적 변화를 이해하는 데 중요한 역

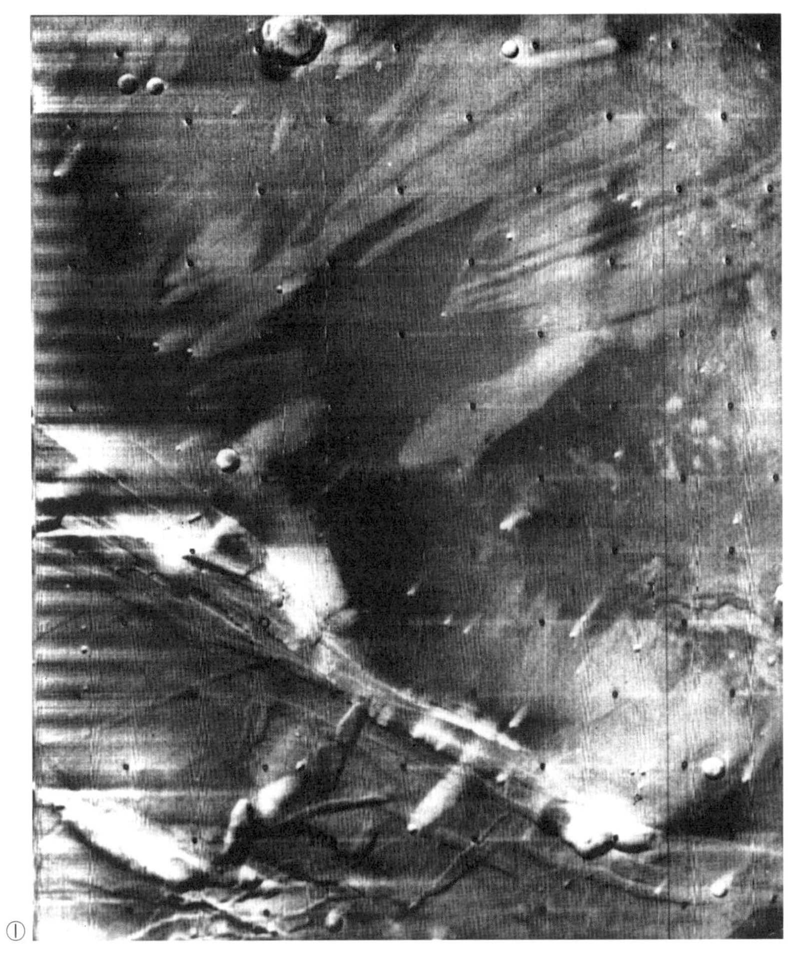

①

이 두 쪽에 걸쳐 펼쳐진 매리너 9호의 사진 3장은 거센 바람이 화성 표면에 미치는 영향을 보여 준다. ① 충돌 분화구들에서 바람이 만든 줄기가 뿜어져 나오고 있다. 각 줄기는 바람에 날린 모래 먼지로 이루어진 얇은 층이다. ② 분화구 내부의 얼룩들. 이런 형태 중 일부는 덮여 있던 모래 먼지가 강한 바람에 제거되어 드러난 어두운 바위이다. ③ 왼쪽 위의 얼룩 중 하나를 지구의 대규모 사구 평야들과 비교해서 종으로 늘어선 사구들로 해석한 것이다. NASA의 허가를 받고 실은 사진이다.

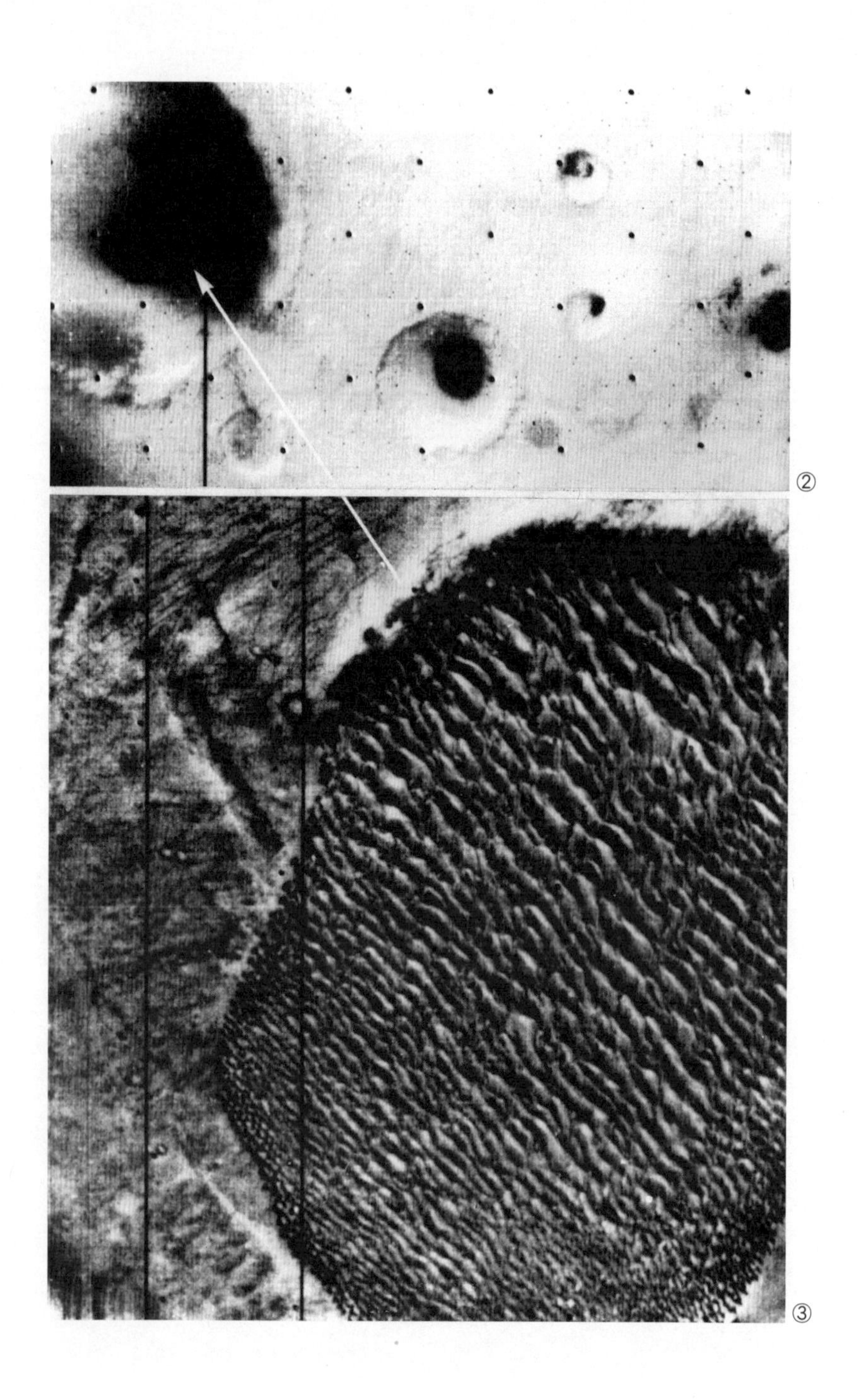
②
③

할을 했다. 하지만 우주선의 테이프 레코더를 재생해서 그 사진을 전송할 수 있도록 매리너 9호의 고성능 위성 통신 안테나를 지구로 돌려야 할 때가 왔을 때, 자세 제어 가스가 바닥나는 바람에 그 사진은 전송하지 못했다. 우주선의 연료가 바닥난 것이다.

매리너 9호 프로젝트가 시작되기 1년쯤 전, 우주선의 자세 제어 가스가 떨어질 가능성이 있다는 이야기가 나왔다. 해결책도 제시되었다. 추진 가스용 탱크를 자세 제어 가스 시스템에 연결하면 된다는 것이었다. 일종의 우주선 혈관 연결(anastomosis, 문합(吻合))이랄까. 그러면 자세 제어용 질소 기체가 바닥나도 남은 추진 가스를 자세 제어에 쓸 수 있을 터였다. 그러나 그 제안은 기각되었다. 대체로 비용 때문이었다. 3만 달러 정도 더 드는 것으로 추정되었다. 그렇지만 매리너 9호가 자세 제어 가스가 바닥날 정도로 오래 버티리라고 기대한 사람은 아무도 없었다. 설계상 수명은 90일이었다. 하지만 매리너 9호는 거의 1년을 버텼다. 공학자들은 자신의 탁월한 피조물을 평가하는 데 지나치게 보수적이었던 것이다.

돌이켜보면, 그 절약은 무척이나 잘못된 생각이었다. 자세 제어 가스가 적절히 공급되었더라면 그 우주선은 화성 주위 궤도에서 너끈히 1년은 더 버틸 수 있었을지 모른다. 배관 비용 3만 달러를 아끼느라 1억 5000만 달러어치 돈과 과학을 손해 본 셈이다. 우주선이 질소 기체 부족으로 멈출 줄 알았더라면, 행성 과학자들이 자기들끼리 그 3만 달러를 모금하고도 남았을 것이라고 나는 확신한다.

사실 우주 계획에서는 자금을 약간만 더 보태도 주어진 프로젝트의 과학적 보상을 엄청나게 높일 수 있는, 그런 핵심적인 부분이 많이 있다. 그렇지만 의회와 백악관, 그리고 예산 관리국이 부과한 자금 제한에 엄격하게 매인 NASA는 아무리 적은 금액이라도 인상할 수 없었다. 만약 가능했더라면, 그리고 후한 기부자가 나타났더라면, 개인 자선 활동이 아주 탁월하게 쓰인 본보기가 되었으리라.

그렇지만 이런 것은 한가한 몽상일 뿐이다. 문합술은 수행되지 않았고, 마지막 사진 전송은 완수되지 못했다. 매리너 9호 테이프 레코더에는 아직 귀중한 화성 사진 15장이 남아 있다. 그것은 매리너 9호 자체 동력으로는 결코 돌아오지 못할 것이다. 더 이상 그 4개의 거대한 태양광 패널에서는 전력을 생산하지 못할 것이고, 그것을 재작동시킬 방법도 없다. 우리는 타르시스와 시르티스 메이저가 1972년 11월 초에 화성 궤도의 시점에서 봤을 때 어떤 모습이었는지 영영 알 수 없을지도 모른다.

어쩌면 방법이 있을 수 있다. 매리너 9호는 화성 대기에서 천천히 감속하는 궤도에 있다. 그렇지만 그 감속은 너무 느려서 앞으로 반세기 동안은 화성과 충돌하지 않을 것이다. 그러기 한참 전에 화성으로 유인 궤도 비행이 이루어진다면 어떨까? 랑데부와 도킹을 위한 자세 제어 장치와 기술은 유인 우주선이 어느 정도 수준에 이른 지금 이미 잘 개발되어 있다. 그렇다면 어쩌면, 1990년 즈음에, 화성으로 가는 장대한 유인 우주 탐험의 짧은 곁다리 코스로 매리너 9호와의 랑데부가 시도될지도 모른다. 그러면 오래되고 낡은 우주선은 거대한 유인 우주 화물선에 실려 귀향하리라. 어쩌면 스미스소니언 항공 우주 박물관에 소장하기 위해서일지도 모르고, 어쩌면 매리너 9호의 지구 미생물이 화성에 착륙하는 것을 막기 위해서일지도 모른다. 어쩌면, 매리너 9호의 잃어버린 15장의 사진들을 구해 읽어 내기 위해서일 수도 있다.

20장

빙하기와 가마솥

지구 기후의 극단들. 위: 사하라의 사구 평야. C. Krüger, *Sahara*, New York, Putnum, 1969에서 인용했다. 아래: 아이슬란드의 바트나이외쿠틀(Vatnajökutl) 빙하의 크레바스. O. Bihalji-Merin, Hill and Wang, *The World from Above*, New York, 1966에서 인용했다.

우리 별과 일정한 거리를 두고 거의 원형의 궤도를 돌고 있는 조그만 우리 행성에서도 기후는 지역에 따라 장소에 따라 극단적으로 다르다. 사하라 사막은 남극과 다르다. 사하라 사막에 수직으로 내리꽂히고 남극에는 비스듬하게 떨어지는 태양광은 상당한 기후 차이를 만들어 낸다. 뜨거운 공기는 적도 부근에서 솟아오르고, 차가운 공기는 극점 근처에서 가라앉는다. 그리하여 대기 순환이 일어난다. 그 결과로 야기되는 기류의 움직임은 지구의 자전으로 인해 편향된다.

대기 중에도 물이 있는데, 이 물은 응축되어 비나 눈이 되고 이때 열이 대기 중으로 풀려나 다시 공기의 움직임을 바꾼다.

새로 내린 눈으로 덮인 대지는 눈으로 덮이기 전보다 더 많은 태양광을 우주로 반사한다. 땅은 더욱 차가워진다.

수증기나 이산화탄소가 대기에 더 많이 들어 있으면 지구 표면에서 방출된 적외선이 더 많이 가로막힌다. 열복사는 이 대기의 온실을 벗어날 수 없고, 지구의 기온은 오른다.

여기에 지구의 지형학이 또 작용한다. 바람이 산맥 위나 계곡으로 흐를 때 순환이 바뀐다.

한 조그만 행성의 어느 한 시대, 어느 한 지점의 날씨는, 우리 모두가 알듯이, 복잡하다. 기후는 적어도 어느 정도까지 예측 불가능하다. 과거에는 더욱 난폭한 기후 변화가 있었다. 종, 속, 과, 목, 강에 속하는 식물과 동물 들이 아마도 기후 변화 때문에 모조리 멸종했다. 공룡의 멸종에 대한 가장 그럴싸한 설명 한 가지는 그들이 체온 조절 시스템이 영 형편없는 대형 동물이었다는 것이다. 공룡은 굴을 파지 못했고, 따라서 전 지구적 기온 강하에 적응하지 못했다.

인류의 초기 진화는 방대한 홍적세 빙하 작용으로부터 지구가 빠져나온 것과 단단히 연결되어 있다. 지구의 자기장 역전과 조그만 수생 동물들의 대규모 멸종 사이의 연결 고리는 아직 설명되지 않고 있다.

그런 기후 변화의 이유는 아직 심각한 논쟁거리이다. 어쩌면 태양이 내는 빛과 열의 양이 수만 년이나 그 이상의 시간 규모로 달라지기 때문인지도 모른다. 어쩌면 기후 변화는 지구 자전축의 기울기와 궤도가 느리게 변화하는 데에서 야기되는지도 모른다. 어쩌면 북극과 남극을 덮은 빙하의 전체 질량의 불균형 때문일지도 모른다. 어쩌면 어마어마한 양의 먼지를 대기로 뿜어 올리는 화산이 하늘을 어둡게 하고 지구를 식히기 때문인지도 모른다. 화학 반응이 일어나 대기에서 이산화탄소를 비롯한 온실 기체 분자의 양을 줄이고, 그래서 지구가 식었는지도 모른다.

사실, 빙하기를 비롯해 지구상의 주된 기후 변화에 대해서는 한 50가

지나 60가지쯤 되는, 대체로 상호 배타적인 이론들이 있다. 그것은 실질적인 지적 관심사이다. 그렇지만 그 이상이기도 하다. 기후 변화를 이해한다면 심오하게 실용적인 결과를 얻게 될지도 모른다. 왜냐하면 인류는 지구 환경에 막대한 영향을 미치고 있기 때문이다. 그렇다고 해서 어떤 장기적인 이득을 고려해서 그런 영향을 주고 있는 것은 아닌 것 같다. 뭘 모르거나 착각해서, 그리고 단기적인 경제적 이득과 개인의 편의를 추구하는 와중에 지구 환경을 비가역적으로 바꾸고 있다.

산업 영역에서 생산되는 공해 물질은 막대한 양의 분자 크기 물질들을 대기로 마구 퍼뜨리고, 이들은 대기를 통해 전 지구로 퍼진다. 가장 작은 분자는 성층권에 진입할 경우 떨어지는 데 몇 년 이상 걸릴 수 있다. 이런 분자들은 지구의 알베도(albedo), 즉 반사율을 높이고 표면에 떨어지는 태양열의 양을 줄인다. 다른 한편, 석탄이나 경유나 휘발유 같은 화석 연료를 태우면 지구 대기의 이산화탄소량이 증가하는데, 그러면 상당한 적외선이 흡수되어 지구 기온이 상승할 수 있다.

기후를 서로 반대 방향으로 밀고 당기는 다양한 효과들이 있다. 누구도 이런 상호 작용들을 완전히 이해하지 못한다. 현재 허용 가능한 수준으로 여겨지는 오염량이 지구에서 중요한 기후 변화를 초래할 수 있을 것으로 보이지는 않지만, 절대적으로 확신할 수는 없는 일이다. 국제적으로 본격적인 합동 조사를 해 볼 만한 가치가 있는 주제이다.

우주 탐험은 기후 변화 이론을 시험하는 데서 흥미로운 역할을 한다. 예를 들어 화성에는 고운 모래 분자가 주기적으로 막대하게 대기로 투입된다. 이것은 떨어지는 데 몇 주 이상, 가끔은 몇 달이 걸린다. 우리는 매리너 9호 실험을 바탕으로 화성의 기온 구조와 기후가 그런 모래 폭풍 기간에 극적으로 변한다는 것을 안다. 화성을 연구함으로써 우리는 산업 오염이 지구에 미치는 영향을 더 잘 이해할 수 있다.

금성도 마찬가지이다. 이 행성은 온실 효과의 폭주를 겪은 것처럼 보인다. 막대한 양의 이산화탄소와 수증기가 대기로 투입되어, 적외선 열복사가 거의 우주로 도망치지 못하도록 표면을 덮어 버렸다. 온실 효과는 그 표면을 섭씨 482도나 그 이상으로 데워 왔다. 금성에서는 어쩌다 이런 식의 과잉 온실 효과가 일어났을까? 우리는 여기서 그런 일이 일어나는 것을 어떻게 막을 수 있을까?

우리 이웃 행성에 관한 연구는 그저 우리가 우리 행성의 연구를 일반화하는 데 도움이 되는 것을 넘어, 우리가 읽을 수 있는 가장 실용적인 실마리와 경고를 들려준다. 그것을 이해하려면 우리가 그만큼 현명해야겠지만 말이다.

21장

지구의 시작과 끝

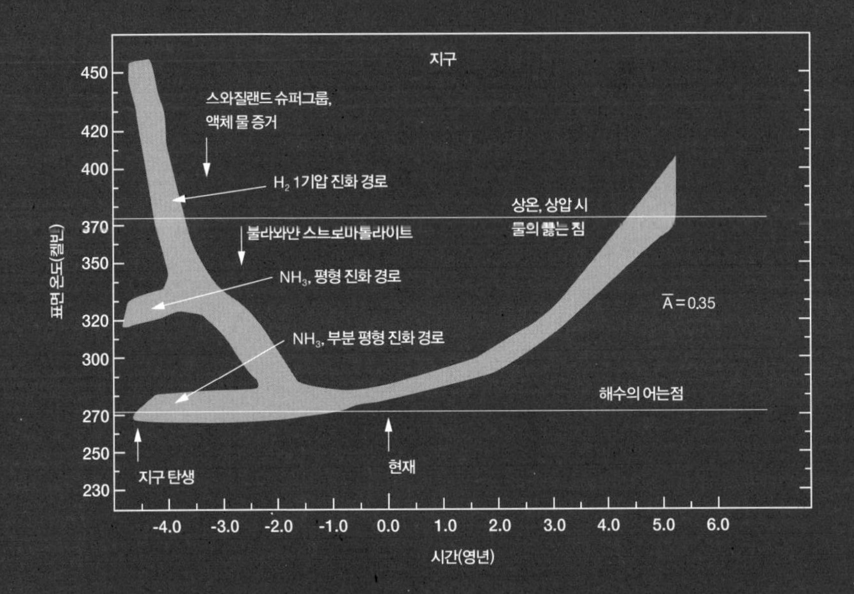

지질학적 시간에 걸친 행성 지구의 기온 변화 추이. 이 그래프에 나타낸 기온 변화는 태양에서 방출되는 빛의 양과 지구 대기 구성의 변화에서 야기되었다. 1영년(永年, aeon, AE)은 10억 년이다. 계산은 저자가 한 것이다. 미국 과학 진흥 협회(American Association for the Advancement of Science, AAAS)의 허가를 받아 실었다.

사람들과 마찬가지로 별들도 영원히 살지 못한다. 그렇지만 사람의 수명은 수십 년인 데 비해 별의 수명은 수십억 년으로 측정된다.

별은 기체와 티끌로 이루어진 성간 구름에서 태어난다. 그리고 한동안 그 핵심부에 있는 열핵 반응 용광로에서 수소를 헬륨으로 안정적으로 변화시킨다. 이윽고 별이 나이가 들면, 크거나 작은 격변을 잇달아 겪는다. 별의 물질을 우주로 조금씩 뚝뚝 흘리거나 아니면 폭발적으로 방출하는 것이다. 한 별의 수명에서 어느 정도 안정적인 시기에 수소를 헬륨으로 변환시키는 뜨거운 내부 영역은 중심에서 바깥쪽으로 자신의 영역을 점차 넓혀 나간다. 시간이 지나면서 별은 천천히, 거의 알아볼 수 없을 정도로 천천히 더 밝아진다.

플레어 활동 같은 사춘기 초기의 격렬한 활동 이후, 우리 태양은 복사를 어느 정도 꾸준히 방출하는 상태로 진정되었다. 그렇지만 40억 년 전에 태양은 오늘날과 비교하면 30퍼센트 더 흐릿했다. 40억 년 전 지구에서 육지와 물과 구름과 극지방 얼음의 비율이 지금과 같았다고 가정하면, 그래서 오늘날과 비교해서 같은 비율의 태양 광선을 흡수했다면, 그리고 또한 오늘날과 동일한 대기를 가지고 있었다고 가정한다면, 지구의 기온이 어떠했을지를 계산할 수 있다. 계산해 보니 지구 전체의 평균 기온은 해수의 어는점 한참 아래였다. 사실, 앞의 가정들을 그대로 적용한다면, 20억 년 전까지만 해도 태양은 지구의 평균 기온을 어는점 위로 유지할 만큼 충분히 밝지 않았으리라.

그렇지만 우리에게는 그것이 사실이 아니라는 폭넓고 다양한 증거가 있다. 우리는 수십억 년 전 오래된 진흙층에서 액체 물이 남긴 물결 무늬를 확인할 수 있다. 해저 화산들이 낳은 침상 용암도 있다. 대양 가장자리에서만 만들어질 수 있는 막대한 퇴적물 층도 있다. 스트로마톨라이트(stromatolite)라는, 물에서만 만들어질 수 있는 생물학적 산물도 그 증거이다.

그럼 뭐가 문제일까? 태양의 진화에 관한 우리 이론이 틀렸거나 아니면 태곳적의 지구가 현재의 지구와 같았다는 우리 가정이 틀렸거나 둘 중 하나이다. 태양 진화 이론은 모양새를 제대로 갖춘 것처럼 보인다. 아직 확실치 않은 부분도 있기는 하지만 그것들이 태양이 초기에 방출했던 빛의 문제에 영향을 미치는 것 같지는 않다.

이 명확한 역설의 가장 그럴싸한 해결책은, 태곳적의 지구에 무언가 다른 점이 있었다는 것이다. 폭넓은 범위의 가능성을 연구한 끝에, 나는 그 다른 점이, 20억 년이나 더 전에 지구 대기에 있던 소량의 암모니아(NH_3)라는 결론을 내렸다. 암모니아는 오늘날 목성에 존재하며, 원시 조건에서 존재할 것으로 기대되는 질소의 한 형태이다. 그것은 지구가 우주로 방출하는 적외선 대역의 빛을 무척 강력하게 흡수한다. 원시 지구의 암모니아는 열을 잡아두고, 온실 효과를 통해 표면 온도를 높였으며, 지구의 행성 전체 기온을 '적절한' 수준으로 유지해 주었을 것이다. 적절하다는 말은 우리 행성의 초기 역사에 풍부하게 존재했던 생명의 기원 물질과 물과 관련해서 한 것이다. 그리고 암모니아는 생명의 벽돌을 만드는 데 필요한 구성 요소에 속한다. 우리는 태양의 진화를 연구함으로써 지구의 초기 역사, 화학적 구성, 그리고 기온에 관한 정보를 얻을 수 있고, 따라서 생명을 탄생시키는 데 적합한 지구의 조건을 알 수 있다. 천문학적 진화와 생물학적 진화는 이어져 있다.

태양의 미래는 어떻게 될까? 태양은 꾸준히 밝아지고 있다. 조금씩 조금씩. 지금으로부터 40억 년쯤 지나면 태양은 놀랄 만큼 밝아져서 지구의 온실 효과는 오늘날 금성에서 보듯이 엄청나게 커질 것이다. 대양은 끓어오를 것이고, 지금은 퇴적암 속에서 탄산염으로 존재하는 이산화탄소는 대기로 쏟아져 나올 것이다. 지구는 사람이 살 수 없는 가마솥이 될 것이다.

그런 먼 미래에 기술 문명이 존재한다면, 그런 운명을 회피하거나 방지하라는 임무가 맡겨질 것이다. 그러나 그것은 극도로 어려운 기술적, 공학적 과제가 될 것이다. 그렇지만 특기할 만하게도, 지금으로부터 수십억 년 후에는 그 태양 밝기의 증가 때문에 현재 평균 기온 섭씨 -73도의 화성이 오늘날 지구와 거의 같은 기온을 가진 곳으로 바뀔 것이다.

지구가 살 수 없는 곳이 될 때, 화성은 훈훈하고 온화한 기후를 얻을 것이다. 우리의 먼 후손들이 만약 멸종하지 않고 존재한다면, 이런 우연을 이용하고 싶어 할 것이다.

22장

테라포밍

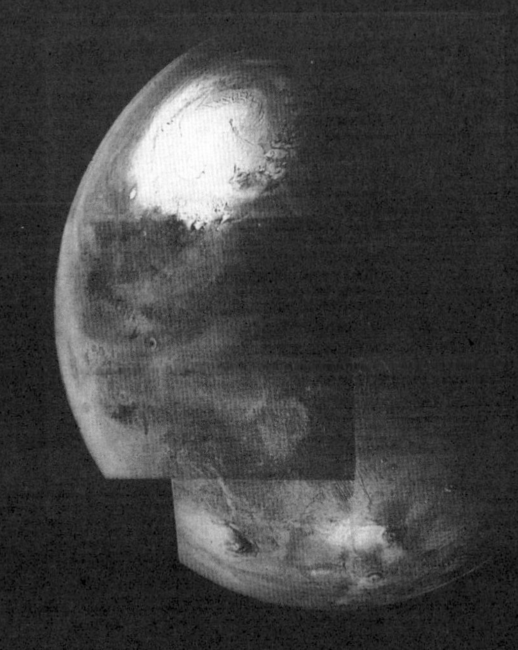

매리너 9호의 화성 사진들을 합성한 것. 커다란 화산들과 북극을 덮은 빙관이 꼭대기에 보인다. 극관에 보관된 어마어마한 양의 이산화탄소와 물이 만약 대기 중에 방출된다면, 아마도 지구와 훨씬 비슷한 대기 조건을 낳을 것이다. NASA의 허가를 받고 실었다.

때로는 미묘하게, 때로는 심오하게 생명 활동들은 우리 행성의 환경에 영향을 미쳐 왔다. 우리 대기는 20퍼센트의 산소와 80퍼센트의 질소로 이루어져 있다. 산소는 거의 전적으로 녹색 식물의 광합성에서 만들어진다. 비슷하게 가장 최근 증거에 따르면 질소는 거의 전적으로 토양 미생물의 생물학적 활동의 결과임을 짐작할 수 있다. 그것은 질산염과 암모니아를 질소 기체(N_2)로 바꾼다. 생물학적 활동들을 통해 섬세하게 조절되는 것은 우리 대기의 주요 구성 성분만이 아니다. 소소한 구성 요소들 역시 마찬가지이다. 이산화탄소의 양 또한 상당한 정도로 광합성/호흡 되먹임 고리를 통해 완충 범위 안에서 조절된다. 심지어 메테인(CH_3, 메탄) 같은 지구 대기의 소수 구성 요소들조차 생물학적 기원이 있다.

화성에서 찍은 사진으로 지구 생명체를 찾아내기는 몹시 힘든 일이지만, 작은 망원경 하나와 적외선 분광계 하나만 있어도 지구 생명체를 추적할 수 있다. 화성인들이 있다 치면 그들은 3.33마이크로미터의 적외선 파장 대역에서 강력한 흡수선 하나를 어렵지 않게 관찰할 수 있을 텐데, 간단한 분석만 거쳐도 그것이 지구 대기에 메테인이 있다는 신호임을 알아낼 수 있을 것이다. 게다가 그 양이 비정상적으로 많다는 것도 곧 눈치 챌 것이다. 이것은 손쉽게 메테인이 생물학적 기원을 가졌을 것이라는 추론으로 이어질 것이다. 메테인은 화학적으로 산소가 과잉인 상태에서 불안정하다. 그리고 급속히 이산화탄소로 산화된다.

$$CH_4+2O_2=CO_2+2H_2O.$$

우리 대기의 극단적 산소 과잉을 고려하면, 평형을 이루고 있을 메테인의 양은 실제로 관찰된 양의 10억×10억×10억분의 1보다 더 적다. 그렇다면 이렇게 많은 양의 메테인은 어디에서 온 것일까? 현재 지구 대기의 메테인 양은 메테인이 아주 빨리 생산되지 않으면 유지될 수 없다. 그렇다고 산소가 줄어드는 것도 아니다. 어쩌면 지구의 고대 유전에서 쏟아져 나오는 막대한 메테인 때문인지도 모른다. 그렇지만 요구되는 산출량이 워낙 막대하다 보니, 이것은 그다지 그럴싸한 가설이 되지 못한다. 메테인이 생물학적 과정에서 생겨난다고 하는 편이 훨씬 그럴싸하다.

그리고 실제로 그렇다. 생태학 문헌에서는 이 메테인의 원천으로 거론되는 두 가지 가능성을 두고 논쟁이 있는 듯하다. 그 하나는 메타노젠(methanogen, 메테인 생성 세균)으로 늪과 습지에 살고 있다. 따라서 '습지 기체(marsh gas)'는 메테인을 가리킨다. 메타노젠의 또 다른 주서식지는 유제류의 반추위이다. 전자보다 후자에서 메테인이 더 많이 생산된다고 믿는 생태학자들이 꽤 있다. 그것은 소, 순록, 코끼리, 그리고 엘크의 내장 활동이 행성 간 거리를 넘어서 추적 가능하다는 것이다. 그 정도면 인류의 활동 대부분은 보이지 않을 거리인데 말이다. 우리는 보통 소들의 되새김 따위를 지구 생명의 지배적인 징후로 여기지 않겠지만, 이것은 확고한 사실이다.

지구 생명체는 무심하게, 그러나 중요한 방식으로 환경을 조정해 왔다. 인류 역시 아무런 의식 없이 지구 환경을 뒤바꿔 왔다. 예를 들어 지구 생명체는 전 지구적 규모로 일어나는 기체 교환 반응에 참여하고 있다. 이것을 통해 지구 생명체는 지구의 대기압과 대기의 구성 요소를 변화시키고 있고, 대기압과 대기 구성 요소의 변화는 다시 생명체의 삶에 깊은 영향을 미친다. 이 되먹임 고리가 계속되고 있다. 어떤 면에서 지구 생명체들은 지구를 테라포밍(terraforming), 즉 지구화했다. 지구 생명체들이 지구를 지금 모습으로 만들어 온 것이다.

머나먼 미래 어느 날 우리는 다른 행성들을 비슷하게 지구화할 수 있을까? 오늘날 인류가 살 수 없는 화성이나 금성을 온화하고 살 만한 환경으로 바꿀 수 있을까? 그런 변화가 가능하다고 치면, 우리는 우선 그 결과를 좀 더 주의 깊고 책임 있게 살펴봐야 한다. 그러고 난 다음에야 이웃 행성들의 지구화에 나서야 할 것이다. 우선은 그 행성의 현재 환경을 철저히 이해해야 한다. 우리는 그 행성의 어떤 토착 생명체도 지구화로 인해 멸망하지 않으리라는 것을 양심을 걸고 확실히 해야 한다. 예를 들어 화성에 지구화 때문에 멸종할 토착 생명체들의 군집이 있다면, 우리는 절대로 그런 지구화를 행해서는 안 될 일이다. 그렇지만 만약 그 행성이 생명이 없다면, 또는 그 생명체가 우리 지구와 비슷한 환경에서 더 잘 살아남을 수 있다면, 미래의 어느 시점에 그런 행성 환경의 변화를 고려해 보는 것도 합리적이리라.

행성 개조를 위한 우리의 목표는 명확해야 한다. 이것은 인구 과잉 문제의 해결책이 아니다. 지구에서는 오늘도 수십만 인구가 태어난다. 확실히, 근미래에 수십만 인구를 날마다 다른 행성들로 실어다 옮길 전망은 없다. 역사를 통틀어 인류가 다른 천체로 보내는 데 성공한 사람의 수는 오로지 12명뿐이다. 또 근미래에 다른 행성에서 채굴한 광석을 지구로 가져와 광산업을 부흥시킬 것 같지도 않다. 화물 운송비가 장난이 아닐 테니까.

그렇지만 인간의 영혼은 한없이 팽창할 수 있다. 새로운 환경을 식민화하려는 욕구는 많은 이들의 마음속 깊숙이에 놓여 있다. 그런 활동들은 우주적 제국주의 없이, 신세계에 대한 유럽 식민화의 특징이었던 그런 거만함 없이, 또는 미국 서부에서 백인들이 아메리카 원주민의 터전에 가한 침략 없이 이루어질 수 있다. 다른 행성 식민화는 인류의 가장 고귀한 영감과 목표와 부합할 수 있다.

그걸 어떻게 해낼 수 있을까? 금성의 경우, 12장에서 보았듯이, 대체로 이산화탄소로 구성된 무지막지한 압력의 대기가 있고, 섭씨 482도의 지글지글 타는 극한의 표면 온도가 있다. 이런 환경을 막대한 기술적 원조 없이 사람이 살고 일할 수 있는 환경으로 바꾸는 것은 실로 가공할 작업이리라. 그렇지만 금성을 지구와 매우 유사한 장소로 개조할 가능성이 없는 것은 아니다. 내가 1961년에 다소 조심스럽게 제시한 방법을 따른다면 말이다. 그 방법은 높은 표면 온도가 이산화탄소와 물과 관련된 온실 효과에서 야기되었다는 가설을 바탕으로 하는데, 그 가설은 그때보다 지금이 훨씬 더 그럴싸한 것으로 받아들여지고 있다. 그 방법은 간단하다. 금성의 구름에 생명력 강한 조류(藻類, algae) 변종을 뿌리면 된다. 나는 당시 노스토카카이(*Nostocacae*)라는 속을 제안했는데, 그것은 금성 대기의 구름 위치에서 광합성을 할 것이다. 이산화탄소와 물은 유기 화합물, 대체로 탄수화물과 산소로 변환될 것이다. 그렇지만 조류는 대기 순환을 따라 금성 대기의 더 깊숙하고 더 뜨거운 곳으로 실려 가서 거기서 타 버릴 것이다. 조류가 타면서 단순한 탄소 화합물, 탄소, 그리고 물이 대기로 배출된다. 따라서 대기의 물 함량은 원래대로 남고, 알짜 결과는 이산화탄소가 탄소와 산소로 변환되는 것이 될 것이다.

금성의 현재 온실 효과는 대개 이산화탄소와 물 때문이다. 금성의 현재 기압은 대략 지구 표면의 90배이다. 금성 대기는 대체로 이산화탄소로 되어 있다. 이산화탄소가 탄소와 산소로 변환되고, 산소가 화학적으로 금성의 지각과 결합하면서, 대기압은 줄어들고, 대기의 적외선 흡수율은 하락하고, 온실 효과는 줄어들고, 기온은 떨어질 것이다.

따라서 타 버리기 전에 적절히 성장하고 더 빨리 증식할 수 있는 조류를 금성 구름에 투입하고 기다리면 현재 극도로 적대적인 금성 환경을 인류에게 훨씬 더 쾌적한 장소로 바꿀 수 있을 것이다.

우리가 현재 추정하고 있는 금성 대기의 수증기량은, 금성의 표면에서 응축될 경우 대략 30센티미터 높이의 수층을 만들어 낼 정도이다. 대양을 이루기에는 부족하겠지만 관개(灌漑)를 비롯해 인간의 다른 필요를 충당하기에는 충분하리라. 또한, 금성 표면 암석들 속에 풍부한 물이 존재할 가능성도 있다.

이것이 진정으로 실현 가능한 시나리오인지, 혹은 태양계의 두 번째 행성을 개조하는 데 시간이 얼마나 걸릴지 가늠할 수 있는 사람은 아무도 없다. 앞에서 소개한 생각에 어떤 형태로든 오류가 있으리라는 것도 완벽하게 가능한 이야기이다. 예를 들어, 높은 표면 온도는 어쩌면 온실 효과 때문이 아닐 수도 있다. 하지만 나는 그럴 가능성은 희박하다고 생각한다.

어떻든 나는 금성을 지구화하는 것이 불가능하지 않다고 생각한다.

인류의 기술과 과학이 지질학적 시간에 비하면 상당히 짧은 시간 안에 다른 행성의 환경을 개조할 수 있음을 잘 보여 주는 실례를 우리는 녹조 현상에서 쉽게 찾아볼 수 있다.

우리가 18장에서 살펴보았듯이 화성의 경우 비교적 가까운 과거에 존재했던 여러 조건이 오늘날 환경 조건보다 훨씬 더 지구와 비슷했다는 증거가 있다. 우리는 막대한 양의 이산화탄소와 물이 화성 극관에 갇혀 있을 가능성, 영구 동토층에 묻혀 있거나, 화학적으로 변형되어 화성의 표면 물질에 포함되어 있을 가능성을 언급했다. 이 이산화탄소와 물의 대부분은 5만 년이라는 세차 주기에 따라 두 차례 극관에서 대기로 방출될지도 모른다. 코넬 대학교의 조지프 번스(Joseph Burns, 1941년~) 박사와 마틴 하위트(Martin Harwit, 1931년~)는 지금으로부터 수천 년이 아니라 수백 년 후에 화성의 한층 온화한 환경을 불러올 다양한 기술적 계획을 고찰해 보았다. 이 계획들은 화성의 세차 운동을 변화시키기 위해 화성의 위성이나 근처 소행성들의 궤도를 바꾸거나, 극관 위 위성 궤도에 거대한 거울을 설치해 극관의 얼어붙어 있는 물질을 녹이자는 계획이었다. 그러나 그것보다도 더 쉬운 것은 극관 위로 카본 블랙(carbon black)을 흩뿌리는 것이다. 극지방을 데워서 대기압을 증가시키고 행성을 데우는 것이다.

이런 계획들이 제대로 통할지 우리는 알 수 없다. 하지만 아주 불가능해 보이지는 않는다. 수백 년이라는 시간이 주어진다면 우리는 화성을 다른 것보다는 한층 지구 같은 행성으로 바꿀 수 있을 것이다.

달과 소행성들은 화성과 금성보다 그다지 살 만하지 않다. 대기를 붙잡아 둘 능력이 훨씬 적어서, 우리가 논한 지구화 계획을 거기에는 적용하기 어렵다. 그렇지만 아무리 공기 없는 세계라도, 인간이 사는 식민지를 그 표면이나 심지어 — 소행성의 경우에는 — 그 내부에 설립하는 것은 인류의 미래 계획으로 가능해 보인다. 그런 식민지들은 화성이나 금성을 개조하는 것보다 훨씬 더 제한이 클 테고, 희귀한 자원을 절약하는 데 한층 더 주의가 필요할 것이다.

그런 식민지들의 존재는 상당한 자연 자원 — 특히 얼어 있거나 화학적으로 갇힌 물 — 이 발견될 수 있어야만 합리적으로 여겨질 수 있다. 달의 표면의 경우, 아폴로 우주 비행사들이 가지고 돌아온 표본들은 실제로 그런 물을 전혀 보여 주지 않았다. 그렇지만 달의 극점 근처의 차갑고 그늘진 지역들에, 또는 달 표면 아래의 상당한 깊이에 커다란 물 저장고가 있으리라는 것은 얼마든지 가능한 이야기이다.

세기 단위의 시간이 여러 번 지나면 대규모의 인간 식민지가 내행성계 곳곳과 목성의 거대 위성 일부에 건설되어 있을지도 모른다. 이런 가능성이 영 없을 것 같지는 않다. 물론 그 전망은 쉽지 않다. 막대한 공학적, 기술적 작업이 필요할 테고, 생태학적으로 다른 환경을 존중해야 할 필요가 널리 존재할 것이다. 어느 방향으로든 생물학적 오염의 위험은 늘 엄격하게 검토되어야 한다.

심지어 언젠가는 태양계를 제대로 관리했는가에 대해 누군가 우리에게 해명을 요구할 날이 올지도 모른다. 그 시점에서 우리 시대를 되돌아본다면, 우리 시대는 우리 종의 요람을 처음으로 떠나, 더듬더듬 암중모색하는 방식으로 우리를 둘러싼 우주를 탐험하고 변화시키는 순간으로 보일 것이다.

23장

태양계의 탐사와 이용

「작은 우주 범선(A Space Caravel)」. 브뤼헐의 그림에 존 롬버그가 그림을 더한 것이다.

20세기 초, 그것도 아주 초기에는 많은 과학자들과 일반인들이 비행기를 불가능한 것으로 보았다. 하지만 20세기 말에는, 핵 재앙이나 생태학적 재앙의 어두운 망령을 배제하면, 아마도 (구)소련과 미국의 합작 유인 우주 원정대가 더 가까운 행성으로 가는 것을 볼 수 있으리라.

이것은 인류의 가장 오래된 꿈의 일부가 실현되는 것이다. 우리 시대는 인류가 날개를 펴고 다이달로스와 다 빈치의 열망을 실현하는 세기이다. 지금도 공기를 들이쉬고 내쉬는 기계들이 사람들을 싣고 우리 행성을 하루도 안 걸려서 일주하고 있다. 다른 기계들은 대기를 스치며 90분 안에 우리 지구를 한 바퀴 돌아 인간을 운송한다.

어떤 세대 사람들에게 그들이 젊었을 때 봤던 행성들은 상상할 수 없을 만큼 멀리 떨어져 있는 빛의 점이었다. 그리고 달은 손에 넣을 수 없는 것의 상징이었다. 중년이 되었을 때 그들은 자기 동시대인들이 달 표면을 걷는 것을 보았다. 아마 노년이 되었을 때에는 화성의 모래투성이 표면을 방랑하는 사람들을, 그리고 포보스의 울퉁불퉁한 표면이 그들의 발걸음을 물끄러미 바라보는 것을 보게 될 수도 있다. 인류의 1000만 년 역사 속에서 그런 변화를 겪을 세대는 하나뿐이다. 그 세대는 바로 우리이다.

또한, 지금은 인류 역사에서 처음으로, 우리 행성 전체가 탐사되는 순간이기도 하다. 부족주의가 소멸하고, 거대한 초국가적 단위들이 조직되고, 통신과 교통 분야의 놀라운 기술 발전이 인류의 다양한 부분에서 문화적 차이들을 침식하고 있다. 그렇지만 생물학적 다양성이 생명체의 생존을 위한 대장간이듯, 문화적 다양성은 우리 문명의 생존을 위한 대장간이다.

지구는 과밀 상태이다. 인구 과잉만 말하는 것이 아니다. 우리 기술은 36억 명 이상의 현재 인구가 쾌적하게 살 수 있도록 지구 환경을 유지하기에 충분하다. 지구는 심리학적 의미에서 과밀 상태이다. 조급하고 야심 많은 일부 사람들에게는 더 탐험할 새로운 영역이 없다. 그들은 인류 역사에서 우리 종이 가야 할 새로운 길을 닦아 왔다. 아직 미개척 영역이 우리 내면에 남아 있지만, 그런 이들의 특기는 내면 세계를 탐구하는 것이 아니다. 물론 저 바다 밑 심해 세계가 존재하지만 우리는 아직 그곳을 본격적으로 탐험하는 데 몰두하지 않고 있다. 하지만 때가 되면 그런 세계들을 급속히 파헤칠 것이다.

우리 역사의 바로 이 시점에 우주 속 우리 이웃 세계를 탐험하고 식민화할 가능성이 두드러지기 시작했다. 그리고 이것은 시기상조가 아니다.

1992년 10월 12일은 크리스토퍼 콜럼버스(Christopher Columbus, 1450 /

1451~1506년)가 '신세계'를 발견한 500주년 기념일이 될 것이다. 내가 보기에 인류는 콜럼버스가 모험을 떠났던 때와 비슷한 바로 그 순간에 서 있다. 우리의 상황은 콜럼버스와 그 시대 뱃사람들보다 더 유리할 것이다. 우리는 우리가 어디로 가는지, 그리고 어떻게 가는지 정확하게 안다. 앞서간 무인 선박들이 그 길을 미리 탐색했다. 우리는 곧 정확한 지도를 얻게 될 것이다. 어려움은 있으리라. 예를 들어 외행성계로 가는 길에 소행성과 충돌할 수도 있고, 아니면 기계적 결함에 맞닥뜨릴 수 있다. 그렇지만 콜럼버스 시대 뱃사람들 다수가 진심으로 두려워했던 것처럼 세계의 끝에서 미끄러져 떨어질까 봐 겁낼 일은 없을 것이다. 그리고 태양계에는 무풍대(無風帶, doldrums)나 바다 괴물들에 맞먹는 무언가가 존재하지 않을 가능성이 높다. 그렇지만 콜럼버스가 '아메리카'를 향해 네 차례의 항해를 떠나게 만든 것과 동일한 탐험이 줄 전율과 모험 정신이 우리를 이끌어 갈 것이다. 신세계 발견과 탐험이 유럽 문명에 심오하고 돌이킬 수 없는 영향을 미쳤듯이, 태양계 탐험과 식민화는 인류 역사와 발전에 영구적인 변화들을 낳으리라.

수 세기 전에 이루어진 영웅적 항해와 현재의 우주 탐사를 비교하는 것은 내가 보기에는, 놀라울 정도로 그럴싸해 보인다. 이탈리아 인으로 스페인 궁정을 드나들던 콜럼버스는 신대륙 탐사 초기에 몇 차례 항해를 했다. 미국의 아폴로 유인 달 탐사의 초기 몇 회는 베르너 마그누스 막시밀리안 폰 브라운(Wernher Magnus Maximilian Freiherr von Braun, 1912~1977년) 남작 같은 독일 출신 공학자로 이뤄진 집단이 영감을 주고 실제 작업도 주도했다. 콜럼버스가 네 차례 항해를 마치고 나서 10년 정도의 공백이 있었다. 그러고 나서 스페인, 영국, 프랑스, 그리고 네덜란드의 사람들이 한층 더 진전된 탐험 활동을 펼쳤다. 수많은 선박과 거기서 펄럭이는 수많은 국기, 세계 곳곳에서 온 다양한 국적자들로 이루어진 수많은 원정대가 행성 지구의 대양을 누볐다.

아폴로 17호는 아폴로 달 탐사 계획의 마지막을 알렸다. 적어도 미국에서는, 추가적인 달 탐사를 하거나 달 기지 건설 계획이 추진되려면 최소 10년 정도의 공백이 분명 있을 것 같다. 아폴로 계획의 기본적 지향점은 결코 과학적인 것이 아니었다. 그것은 미국이 정치적 수모를 당하고 있던 시기에 배태되었다. 일부 역사가들은 케네디 대통령이 아폴로 계획을 조직한 주된 동기는 피그스 만 침공으로 인한 쓰라린 패배로부터 대중의 관심을 돌리기 위해서였다고 말한다. 수백억 달러가 아폴로 계획에 지출되었다. 만약 목표가 달에 관한 과학적 탐사였다면, 훨씬 적은 비용으로, 무인 우주선을 통해 훨씬 더 효과적으로 수행될 수 있었으리라. 초기 아폴로 우주선들은 달에서 과학자들의 관심이 그다지 높지 않은 지역들로 향했는데, 왜냐하면 우주 비행사들의 안전이 중요한, 거의 유일한 주안점이었기 때문이었다. 과학적 고려 사항들이 중요한 역할을 하기 시작한 것은 아폴로 계획이 거의 종말을 향해 갈 즈음에서였다.

아폴로 계획은 달에 최초의 과학자가 착륙한 바로 그때 끝났다. 하버드 대학교에서 수학한 지질학자 해리슨 헤이건 '잭' 슈미트(Harrison Hagan 'Jack' Schmitt, 1935년~)는 아폴로 17호 착륙 모듈에 탑승한 두 인간 승무원 중 하나였다. 아폴로 계획이 이 달 과학 탐사에서 커다란 진전을 이룩할 수 있게 된 바로 그때 취소되었다는 사실은 참 역설적이다. 대단히 적절하게도, 달에 착륙한 최초의 과학자는 달에 착륙한 마지막 인간이기도 했다. 적어도 눈에 보이는 미래까지는 그럴 것이다. 미국도, 우리가 아는 한, (구)소련도, 달에 유인 우주선을 추가로 보낼 계획은 없다.

아폴로 계획을 취소한 근거는 경제적인 것이었다. 그렇지만 우주선 한 대당 추가 비용은 수천만 달러로, 아폴로 계획 전체 비용의 1,000분의 1 정도였다. 그러니까 이런 식이다. 내가 아내의 조언을 무시하고 롤스로이스 자동차를 산다고 치자. 아내는 폭스바겐 정도면 나한테는 충분하다고 하지만, 나는 골치 아픈 업무에서 벗어나 기분 전환을 하려면 롤스로이스가 필요하다고 느낀다. 그래서 그 큰돈을 롤스로이스에 쓰고 나서, 차를 잠깐 몰아 본 다음에, 기름값을 감당할 수 없어서 더는 차를 끌고 다니지 말아야겠다고 생각한다. 롤스로이스 값의 1,000분의 1 정도의 비용을 말이다.

나는 애초에 아폴로 우주선 발사에 반대하는 과학자 중 하나였다. 그렇지만 일단 아폴로 우주선 발사 기술이 개발되자, 그 기술을 지속적으로 사용하자는 쪽으로 곧바로 전향했다. 나는 잘못된 결정이 두 번 내려졌다고 믿는다. 처음 것은 달에 개발 초기 단계에 있는 유인 우주선을 보내기로 한 것이고, 나중 것은 그 계획을 폐기한 것이다. 아폴로 17호 이후, 미국에는 유인과 무인을 막론하고 달 탐사 계획이 하나도 남지 않게 되었다. (구)소련은 무인 우주선인 루나 시리즈를 통해 달 표면을 탐사하고 표본을 채취해 지구로 자동 전송하는 등 다재다능한 능력을 갖춘 장비를 개발하고 그 기술을 입증해 왔다.

이런 무인 장비를 이용한 신세계 탐사는 우리가 맞닥뜨린 우주 탐사의 공백기가 잠시뿐임을 시사한다. (구)소련과 미국의 궤도 정거장인 소유즈와 스카이랩의 연결은 1975년이나 1976년으로 일정이 잡혀 있는데, 국제 합동 행성 탐사 유인 우주선의 전례가 될 조짐이 보인다.

태양계는 지구보다 훨씬 방대하지만, 우리 우주선의 속도는 15세기와 16세기의 범선보다 훨씬 빠르다. 우주선으로 지구에서 달까지 가는 것은 범선을 타고 스페인에서 카나리 제도까지 가는 것보다 빠르다. 지구에서 화성으로 가는 데에는 영국에서 북아메리카까지 항해하는 시간만큼 걸릴 것이다. 지구에서 목성의 달들로 가는 데에는 대략 18세기 프랑스에서 태국까지 가는 것과 맞먹는 시간이 필요할 것이다. 게다가 미국이나 (구)소련의 국민 총생산 대비 비용은 그냥 영국과 프랑스가 16세기와 17세기에 범선을 이용한 탐험에 들인 국민 총생산 대비 비용에 견줄 만하리라. 경제적으로나 인간적으로나, 우리는 이전에도 그런 여행들을 해 왔다는 이야기이다!

나는 1980년대 무렵이면 달에서 반영구적 기지를 볼 수 있으리라고 믿는다. 처음에는 지구에서 자원들과 인력들을 계속 보내야 하겠지만, 점차 달의 자원을 이용하는 자족적인 형태로 바뀔 것이다. 그런 식민지에서 태어나는 아이들도 있을 것이다. 그들은 결국 지구를 '구세계'로 생각하게 될 것이다. 옛 방식을 고수하고, 시대에 발맞춰 변화하지 않고, 달 식민지들보다 규제가 더 많고 자유는 더 적은, 여러 가지 의미에서 구식인 세계로 보일 것이다. 달에서의 삶이 아무리 더 엄혹하고 기술적인 제한이 있다고 하더라도 말이다.

비교적 가까운 미래에 태양계 전체는 정교한 무인 우주선에 의해 탐사될 것이다. 우리는 1980년대와 1990년대 무렵이면 목성과 토성과 타이탄(토성의 가장 큰 위성) — 내가 믿기로, 이들은 토착 생물이 살기에 태양계에서 단연코 우호적인 환경을 가지고 있을 것이다. — 의 대기에 깊이 침투하는 탐사선을 볼 수도 있을 것이다. 혜성들 사이로 지나가는 조그만 우주선들의 길, 목성과 토성의 큰 위성들에 착륙하는 것, 해왕성과 명왕성 등을 근접 통과하고 태양으로 뛰어드는 튼튼한 우주선들이 가장 가까운 별의 화염에 의해 부글부글 녹아 버리기 전에 무선으로 데이터를 전송하는 것을 목격하게 될 것이다.

그렇지만 가장 가까운 행성에라도 인간이 착륙하는 것은 옛날에 생각했던 것처럼 쉽지 않으리라. 금성 표면은 에덴 동산이기는커녕 우리가 보았듯이 지옥에 더 가까운 것으로 밝혀졌다. 앞으로 수십 년 동안은 금성 표면에 유인 탐사대를 보내는 것을 상상도 할 수 없다. 금성은 무시무시한 기온과 유독한 기체와 무지막지하게 무거운 기압을 가진 행성이다. 그렇지만 금성의 구름은 온화한 환경에 있고, 유인 부유 탐사선 — 뭐랄까, 우주 비행사들이 셔츠와 가죽 산소 마스크를 쓰고 일하는 19세기의 풍선 곤돌라 같은 우주선 — 은 매력이 없지 않고 과학적 관심을 가질 만하다.

화성은 지질학적, 기상학적, 그리고 생물학적으로 막대한 관심을 둘 만큼 엄청나게 짜릿한 행성이다. 화성의 유인 탐사는 무척 바람직한 일이 될 것이다. 단 두 가지 반론을 먼저 고려해야 한다. 첫째로, 비용이 막대할 것이다. 아마 보수적으로 잡아도 1000억 달러에서 2000억 달러가 들 것이다. 나 자신부터도 앞으로 몇십 년 사이에 그만큼의 돈을 당장 써야 한다고 생각하지 않는다. 그 정도 돈이면 해결할 수 있는 지상의 불행이 얼마나 많은가. 그렇지만 장기적으로 보았을 때, 말하자면, 21세기의 첫 몇십 년간이라면 비용을 근거로 한 반대는 설득력이 약해질 것이다. 왜냐하면 새로운 추진 시스템과 생명 유지 시스템이 개발될 테니 말이다.

화성으로 유인 우주선을 보내는 것에 대한 둘째 반론은 좀 더 미묘하다. 그것은 (구)소련의 루나 탐사선들이 달에서 표본을 자동으로 채취해 보내는 것처럼, 화성에서 표본을 자동으로 채취해 지구로 보내는 것에 대한 반대이기 때문이다. 이것은 '역오염(逆汚染)'의 위험을 우려한다. 화성의 환경이 잠재적으로 엄청난 생물학적 관심거리라는 바로 그 이유에서, 화성에는 지구 환경으로 보내지면 막대한 생물학적 피해를 입힐지 모를 병원균이나 생명체가 있을지도 모른다. 허버트 조지 웰스(Herbert George Wells, 1866~1946년)의 『우주 전쟁(*The War of the Worlds*)』의 플롯을 거꾸로 뒤집은 것처럼, 화성의 돌림병이 지구를 휩쓸지도 모른다. 이것은 극도로 심각한 문제이다. 한편으로, 우리는 화성 생명체가 지구 생명체에게는 어떤 심각한 문제도 일으킬 수 없다고 주장할 수도 있다. 왜냐하면 화성과 지구 생명체 사이에는 45억 년간 아무런 생물학적 접촉도 없었기 때문이다. 바꿔 말하면, 지구 생명체가 존재할지도 모르는 화성 병원균에 대해 어떤 방어책도 없이 진화했다는 뜻이 된다. 정확히, 45억 년간 접촉이 전혀 없었기 때문이다. 그런 감염의 확률은 매우 낮을 수도 있지만, 만약 일어난다면, 그 피해는 확실히 무척 심각하다. 범선 항해의 초창기에 일어난, 산토 도밍고와 사모아와 타히티의 토착 인구가 재앙적으로 몰살당한 사건의 이유가 바로 그것이었다. 콜럼버스가 신세계로 실어 나른 선물들 가운데 천연두가 있었던 것이다.

화성에서 채취된 표본이 지구 환경에 노출되지 않고 지구나 달에 있는 연구 기지로 안전하게 보내진 경우를 생각해 봐도 소용이 없다. 달 기지는 지구로 왔다 갔다 하는 사람들로 북적거릴 테고, 커다란 지구 궤도 정거장 역시 그럴 것이다. 아폴로 우주선이 가져온 달 표본을 격리하려던 과정에서 얻은 한 가지 명확한 교훈은, 그 미션을 지휘하고 통제하는 사람들이 눈앞에 보이지 않는 전 지구적 돌림병의 가능성보다 눈앞에 있는 우주 비행사들의 안위 — 그들의 죽음까지 포함해서 — 를 더 중요시한다는 것이다. 유인 달 착륙에 처음으로 성공한 아폴로 11호 — 우주에는 적합했지만 바다에는 그다지 적합하지 않았다. — 가 지구로 돌아왔을 때, 합의된 격리 규칙은 즉각 위반되었다. 우주 비행사 세 사람이 뱃멀미를 할 위험을 감수하느니 태평양 바다 위에서 아폴로 11호의 해치를 열어, 달에 있을지도 모르는 병원균에 지구 생태계가 노출되는 편이 낫다고 판단한 것이다. 적어도 관계자들이 생각하기에는 그랬다. 달에서 온 표본을 격리해야 한다는 생각이 어찌나 부족했던지, 사령선 모듈을 인양하기로 계획되어 있던 항공모함 크레인이 안전하지 않다는 것도 마지막 순간에 가서야 발견되었다. 그때까지 해치를 열지 않고 있던 아폴로 11호의 비행사들은 사령선 모듈이 인양 도중에 도로 바다에 빠졌다면 해치를 열고 우주선을 탈출해야 하는 상황이었다.

또한, 잠복기라는 성가신 문제도 있다. 지구 생명체가 화성 병원균을 접하게 되면 무슨 일이 일어날지 우리는 전혀 알지 못한다. 예를 들어, 한센병의 잠복기는 10년 이상이다. 지구가 역오염될 수 있다는 위험 때문에, 나는 화성의 유인 착륙이 다음 세기 초까지, 무인 화성 우주 생물학과 지구 전염병학에 관한 치밀한 연구가 진행된 이후로 연기되어야 한다고 믿는다.

나는 주저 끝에 이 결론에 도달했다. 최초의 화성 유인 탐사에 참여할 수 있다면 나로서는 더없이 좋을 것이다. 그렇지만 화성 생물학을 철저하게 연구하는 무인 탐사 프로그램이 반드시 선행되어야 한다. 그런 병원균이 존재할 가능성은 아마도 낮을 테지만, 수십억의 목숨이 달린 상황에서는 아무리 작은 위험이라도 감수할 수 없다. 그렇기는 해도, 21세기 초반이면 인간이 화성 표면을 걷고 있으리라고 믿는다.

그것을 넘어, 그 이상의 탐험과 식민화를 어렴풋이 개괄하는 것은 얼마든지 가능하다. 목성의 큰 위성들, 그리고 토성의 가장 큰 위성인 타이탄은 자체적으로 커다란 세계들이다. 타이탄은 화성보다 훨씬 밀도 높은 대기가 있다고 알려져 있다. 이 다섯 위성은 모두 표면에 상당한 양의 얼음을 가지고 있다. 이 세계들을 좀 더 살 만하게 만들려면 그 얼음들을 식량 생산과 대기 생성을 위한 원료로 사용해야 한다. 화성과 금성을 비슷하게 지구화하려는 계획들은 실제로 몇 가지 제안되어 있는데, 이 제안들을 조금 조정하면 실행 가능성이 매우 높다. (22장 참조) 그보다 낯선 가능성은, 훨씬 더 진보한 기술을 필요로 하는데, 아마도 인류는 다음 한두 세기 안에 그 능력을 갖추게 될 것이다. 여기에는 소행성과 단주기 혜성의 표면과 내부에 기지를 건설하는 것이 포함된다.

한 세기쯤 더 지나면, 태양계 내에서 사용할 수 있는 혁신적인 추진 장치들이 개발될 것이다. 이런 것 가운데 가장 매혹적인 것으로 솔라 세일(solar sail)을 꼽을 수 있는데, 태양광의 압력과 태양풍의 양성자와 전자를 이용한 일종의 우주 범선이다. 여기에는 거대한 돛이 필요할 테지만, 그런 돛들은 극도로 얇을 것이다. 태양풍을 받도록 섬세하고 아름답게 접힌, 수십 킬로미터 크기의 거미집처럼 얇은 금색 돛으로 둘러싸인 우주선을 상상해 보자. 원격 과학 정거장들이 태양의 불길에서 생겨난 돌풍을 감시하고 있을 것이다. 태양에서 바깥쪽으로 가는 것은 어렵지 않고, 안쪽으로 방향을 바꾸는 편이 더 어려울 것이다. 다음 세기에는 태양광과 핵융합을 이용하는 우주선이 개발될 가능성이 매우 높다.

2, 3세기쯤 지나면, 우리 기술 능력이 그냥 보통 정도로 성장했다고 가정했을 때, 나는 태양계 전체가 철저히 탐사되었으리라고 생각한다. 적어도 유럽의 범선들에 의해 시작된 최초의 대규모 탐험과 식민화 활동들 이후 2, 3세기가 지난 지금 지구가 탐사된 정도로까지 말이다. 그 이후 우리 태양계에 대한 대대적인 개조와 재배치가 시작되리라고 내다본다면, 전혀 말이 안 될 것도 없으리라. 처음에는 천천히, 그러다가 좀 더 빠른 속도로 이루어질 천문학적 규모의 공학 프로젝트들을 통해 인류와 그 후손들은 그들의 편의에 맞추어 행성들을 움직이고, 태양계의 질량을 재배치할 것이다.

그 무렵이면 — 어쩌면 그 한참 전에 — 우리는 우리 은하의 다른 진보된 문명들과 접촉을 했을지도 모른다. 아닐 수도 있지만. 어느 쪽이든, 몇 세기 후면 다음 단계로 나아갈 준비가 될 것이다. 태양계가 과밀 상태가 되면 — 이번에도 역시 물리적으로라기보다는 심리적으로 — 바로 그 시점에 우리는 성간 여행을 떠날 준비가 된 셈이다. 그것은 인류가 가진 탐험 본능을 영원히 채워 줄, 무한한 비전이다.

파이오니어 10호는 인류가 쏘아 올린 최초의 성간 우주선이다. 또한, 인류가 발사한 가장 빠른 우주선이기도 했다. 그렇지만 파이오니어 10호가 가장 가까운 별 부근에 도달하기까지는 8만 년이 걸릴 것이다. 우주는 빈 공간이 너무나 광대해 파이오니어 10호는 절대로 다른 태양계에는 들어가지 못할 것이다. 파이오니어 10호에 실린 그 조그만 금색 메시지가 읽히는 것은 오로지 파이오니어 10호를 추적하여 손에 넣을 능력이 있는 성간 여행자들이 존재할 경우에 한해서이다

나는 그런 일이 일어날 수도 있다고 믿는다. 그렇지만 우주 공간을 떠도는 이 고대 유물을 추월해서 멈춰 세울 존재는 지구에서 출발한 미래의 성간 여행자들일지도 모른다. 세계의 끝에 다다라서 뚝 떨어지면 어쩌나 하는 이야기를 카스티야 말로 주고받고 있던 승무원들을 태운 니나(Nina) 호가, 트리스탄 다 쿠나 근방 어딘가에서 항공 모함 존 F. 케네디 호에 따라잡히듯이 말이다.

3부

태양계 너머로

다이아몬드 하늘 아래에서 춤출 수 있기를
손을 자유로이 흔들며……
— 밥 딜런(Bob Dylan, 1941년~),
「미스터 탬버린 맨(Mr. Tambourine Man)」

로버트 매킨타이어, 「인간 형상과 별이 있는 풍경(Human Figure and Star Field)」.

24장

돌고래는 내 친구

필자와 대화하는 돌고래 세 마리. 필자 사진.

외계 지성체와의 소통을 주제로 한 최초의 과학 회의는 미국 과학원(National Academy of Sciences, NAS)이 지원한 조그만 행사로 웨스트버지니아 그린 뱅크에서 열렸다. 그것은 다른 별 행성들에 있는 문명들이 보냈을지 모를 전파 신호를 들으려는 최초의 (그러나 실패한) 시도였던 오즈마 프로젝트 1년 후인 1961년에 열렸다. 그 후, 소련 과학 아카데미(USSR Academy of Sciences)의 지원을 받아 (구)소련에서 비슷한 회합이 두 번 열렸다. 그러고 나서 1971년 9월에 외계 지성체와의 소통에 관한 미소 합작 회의가 소비에트 아르메니아의 뷰라칸(Byurakan) 근처에서 열렸다. (27장 참조) 이제 적어도 과학계의 절반 정도는 외계 지성체와의 소통 가능성을 과학적 시도로 인정할 만하다고 평가하지만, 1961년에는 그린 회합을 조직하는 데 엄청난 용기가 필요했다. 거기에는 그린 뱅크 회합을 조직하고 주관한 당시 미국 국립 전파 천문대(National Radio Astronomy Observatory, NRAO) 초대 대장 오토 류드비고비치 스트루브(Otto Lyudvigovich Struve, 1897~1963년) 박사의 공이 컸다.

그 회의에 초대받은 이들 중에는 당시 플로리다 주 코럴 게이블스의 커뮤니케이션 연구소(Communication Research Institute)에 있던 존 커닝엄 릴리(John Cunningham Lilly, 1915~2001년) 박사가 있었다. 릴리는 돌고래 지능에 대한 연구, 특히, 돌고래들과의 의사 소통을 위한 연구 때문에 거기 있었다. 돌고래들과 의사 소통하려는 이 연구 — 돌고래들은 아마도 우리 행성에서 인간에 버금가는 지성적 종일 것이다. — 가, 성간 전파 통신 시스템이 구축되어 다른 행성의 지적 생물과 소통하고자 할 때 우리가 마주할 과제에 다소간 견줄 만하다는 생각에서 그를 초빙한 것이었다. 우리가 그 신호를 포착하기만 한다면, 돌고래의 메시지 — 있다 치고 — 를 이해하는 것보다 성간 메시지를 이해하는 편이 훨씬 쉬울 것이라고 나는 생각한다. (29장 참조)

돌고래와 우주 사이의 유비적 관계가 내게 극적으로 와 닿게 된 것은 그 한참 후, 케네디 곶의 버티컬 어셈블리 건물 외곽의 석호에서 아폴로 11호의 이륙을 기다리고 있을 때였다. 돌고래 한 마리가 이따금 수면을 가르며 조용히 헤엄쳐 다녔다. 우주 여행을 위해 폼을 잡고 있는 빛나는 새턴 로켓을 조사하는 것 같았다. 어쩌면 우리 모두를 그냥 감시하고 있었을까?

그린 뱅크 회의의 참석자들 다수는 이미 서로 아는 사이였다. 그렇지만 대다수에게 릴리는 새로운 존재였다. 그의 돌고래들은 매혹적이었고, 돌고래들과의 잠재적 의사 소통 가능성은 매혹적이었다. (그 모임은 중간에 참석자 중 멜빈 엘리스 캘빈(Melvin Ellis Calvin, 1911~1997년)이 노벨 화학상을 받았다는 스톡홀름의 발표가 나는 바람에 더욱 기억에 남게 되었다.)

몇 가지 이유로, 우리는 그 회의를 기념하고 느슨하나마 약간의 소속감을 유지하고자 했다. 릴리의 돌고래 이야기에 매혹된 우리는 자칭 '돌고래 기사단(The Order of the Dolphins)'을 결성했다. 캘빈은 기사단원의 상징으로 넥타이핀을 만들어 꽂자고 제안했다. 그리고 보스턴 박물관에서 재현한, 한 소년이 돌고래에 올라탄 형상이 새겨진 옛 그리스 동전을 내놓았다. 나는 몇 차례 '돌고래' 관련 업무에 참여해 일종의 비공식적 연락책을 맡았는데, 모두 새 기사단원 선출이었다. 그다음 1, 2년간 우리는 새 기사단원 몇 사람을 더 받았다. 그중에는 I. S. 슈클롭스키, 프리먼 다이슨, 그리고 존 버든 샌더스 홀데인(John Burdon Sanderson Haldan, 1892~1964년)도 있었다. 홀데인은 내게 아무런 의무도 회합도 책임도 없는 조직에 가입하는 것이 마음에 든다고 했다. 그리고 기사단원의 의무를 가능한 한 다 하겠다고 약속했다.

돌고래 기사단은 이제 와해 직전이다. 그것을 대신해 전 세계적 규모의 다양한 활동들이 벌어지고 있다. 그렇지만 내게 돌고래 기사단은 특별한 의미가 있다. 덕분에 돌고래들을 만나고 이야기를 나누며, 어느 정도까지는, 친구가 될 기회를 얻었기 때문이다.

나는 매년 카리브 해에서 1, 2주를 보내는데, 대개는 스노클링과 스쿠버 다이빙을 한다. 카리브 해 바닷속 비포유류 거주민들을 탐사하는 것이다. 또한 존 릴리와 안면을 트고 나중에는 친분도 쌓은 덕분에 코럴게이블스와 미국령 버진 아일랜드 세인트 토머스 섬에 있는 그의 연구소에서 돌고래들과 며칠을 보낼 수 있었다.

비록 릴리의 연구소는 지금 없어졌지만, 그는 그곳에서 돌고래에 관해 의심할 바 없이 훌륭한 연구를 몇 가지 했는데, 돌고래 뇌에 대한 중요한 지도를 제작한 것도 그중 하나이다. 비록 릴리의 연구가 가진 몇 가지 과학적 양상에 관해 내가 여기서 비판적인 태도를 보이기는 할 테지만, 돌고래를 연구하려는 본격적인 시도에 대해, 그리고 특히 그 분야 개척자로서 릴리가 들인 노력에 대해서는 찬사를 보내고 싶다. 릴리는 그 후 인간 마음 내부에 관한 연구로 분야를 옮겼다. 약물학적이나 비약물학적으로 유도된 '의식 확장'을 연구한다.

나는 1963년에 엘바(Elvar)를 처음 만났다. 연구소에서 수행되는 돌고래 연구는 이런 포유류의 민감한 피부 때문에 한계가 있었는데, 연구소에서 돌고래가 장기적으로 거주할 수 있었던 것은 플라스틱 탱크 개발 덕분이었다. 나는 그 커뮤니케이션 연구소가 예전 은행 건물을 그대로 쓰고 있는 것을 알고 놀랐다. 각 금전 출납원이 앉아 있던 자리마다 폴리스타이렌 탱크가 하나씩 있고 돌고래들이 돈을 세는 광경이 저절로 떠올랐다. 릴리는 나를 엘바에게 소개하기 전에 플라스틱 우비를 입으라고 고집했다. 내가 전혀 필요 없다고 아무리 사양해도 아랑곳없었다. 우리는 방 한쪽에 커다란 폴리스타이렌 탱크가 있는 넓지도 좁지도 않은 방에 들어갔다. 나는 즉각 양 눈의 시야가 겹쳐져서 양안 시각을 얻을 수 있도록 머리를 물 밖으로 뒤로 젖힌 엘바를 보았다. 엘바는 탱크 가까운 쪽으로 천천히 헤엄쳐 왔다. 존 릴리가 완벽한 사회자처럼 말했다. "칼, 이쪽은 엘바고, 엘바, 이쪽은 칼이야." 엘바는 재빨리 머리를 위로 딱 젖히고 물속으로 들어가 바늘 같은 물총을 쏘아 내 이마를 직격했다. 우비는 정말로 필요했다. 릴리가 말했다. "자, 서로 친해지라고." 그러고는 곧 자리를 떴다.

나는 돌고래와 인간 사이에 필요한 사회적 상호 작용의 에티켓에 대해 아는 바 없었다. 할 수 있는 한 태연하게 탱크로 가까이 가서 이런 비슷한 말을 중얼거렸다. "안녕, 엘바." 엘바는 곧 몸을 뒤집더니 찰과상을 입은 청회색 배를 드러내 보였다. 개가 배를 긁어 달라고 할 때와 너무 비슷해서, 나는 다소 조심스럽게 엘바의 배 부근을 쓰다듬어 주었다. 엘바는 좋아했다. 적어도 내 생각에는 그랬다. 병코돌고래(bottlenose dolphin)들은 머리통에 일종의 영원히 새겨진 웃음을 가지고 있다.

잠시 후에 엘바가 탱크 반대편으로 헤엄쳐 갔다가 돌아오더니 다시금 몸을 뒤집어 누웠다. 그렇지만 이번에는 15센티미터쯤 수면 아래에 있었다. 배를 더 긁어 주기를 바라는 것이 분명했다. 나로서는 약간 곤란한 상황이었는데, 우비 아래에 와이셔츠와 넥타이와 재킷을 완벽하게 갖춰 입고 있던 탓이었다. 하지만 무례하게 굴고 싶지 않아서 우비를 벗고, 재킷을 벗고, 단추는 그대로 잠근 채로 소매를 손목까지 걷고, 다시 우비를 입었다. 그러는 내내 잠깐만 기다리라고 엘바를 달랬다. 나는 이윽고 약속대로 수면 아래 15센티미터에 있는 엘바의 배를 긁어 주었다. 이번에도 좋아하는 것 같았다. 그리고 다시 몇 분쯤 후에 엘바가 탱크 저편으로 갔다가 다시 돌아왔다. 이번에는 수면 30센티미터 아래였다.

내 다정한 기분은 급속히 식어 갔지만, 엘바와 내가 적어도 일종의 '의사 소통'을 하는 것 같기는 했다. 그래서 다시금 우비를 벗고, 소매를 걷어 올리고, 다시 우비를 입고 다시 엘바의 시중을 들었다. 다음번에 엘바는 수면 1미터쯤 아래에서 내 마사지를 기다리고 있었다. 내가 우비와 셔츠를 전부 벗어 버린다면 겨우 닿을락 말락 할 정도였다. 나는 이건 너무 심하다고 결론 내렸다. 그래서 우리는 잠시, 뭐랄까, 교착 상태에서 서로를 멀뚱멀뚱 응시했다. 사이에 1미터의 물을 두고, 인간과 돌고래가. 갑자기 엘바는 머리를 앞으로 해서 갈라진 꼬리가 수면에 닿을 정도까지 높이 물 밖으로 솟구쳐 나왔다. 내 머리 위로 높이 솟아서 느린 뒷걸음질 비슷한 것을 하다가, 소리를 질렀다. 그것은 '단음절' 가락의 높고 새된 소리였다. 뭐랄까, 도널드 덕 비슷한 음색이었다. 내게는 엘바가 "More!(더!)"라고 말한 것처럼 들렸다.

나는 방을 나와, 전자 장비 같은 것에 신경을 쏟고 있는 존 릴리를 발견하고, 흥분해서 엘바가 확실히 방금 "더!"라고 말했다고 알렸다.

릴리는 간결했다. "상황이 맞았나요?" 존이 물은 것은 그게 다였다.

"예, 상황이 맞았습니다."

"그래요, 엘바가 할 줄 아는 말 중 하나예요."

아무튼, 릴리는 엘바가 영어 단어 수십 개를 익혔다고 믿었다. 내가 아는 한에서는 그 어떤 인간도 돌고래의 언어를 단 한 단어도 배운 적이 없다. 어쩌면 이것은 두 종의 상대적 지능 차이를 보여 주는지도 모른다.

가이우스 플리니우스 세쿤두스(Gaius Plinius Secundus, 23~79년) 시대 이래, 인간의 역사는 인간과 돌고래 사이의 이상하게 가까운 관계에 관한 이야기로 가득하다. 돌고래들이 익사할 뻔하거나 바다의 다른 포식자들의 공격을 받은 사람을 구했다는 증언은 헤아릴 수도 없다. 1972년 9월 자《뉴욕 타임스》기사에 따르면, 배가 난파되어 물에 빠진 23세의 여성이 인도양에서 40킬로미터를 헤엄치는 동안 돌고래 두 마리가 포식자 상어들을 막아 주었다. 돌고래는 나바테아와 미노스를 포함해 가장 오래된 고대 지중해 문명의 그림들에서 흔히 찾아볼 수 있는 지배적인 모티프이다. 멜빈 캘빈이 우리를 위해 내놓은 그리스 동전은 이런 오랜 관계를 표상한다.

인간이 왜 돌고래를 좋아하는지는 명확하다. 돌고래는 우호적이고 믿음직하다. 가끔은 우리에게 식량을 제공하기도 한다. (일부 돌고래는 어부들에게 바다 동물들을 몰아다 준다.) 그리고 가끔은 우리의 생명을 구해 주기도 한다. 반대로 돌고래가 왜 인간에게 매력을 느끼는지, 우리가 그들에게 뭘 해 줬는지는 불분명하다. 나는 이 장 뒤에 가서 우리가 돌고래에게 제공한 것이 지적인 고양과 청각적 오락이라는 가설을 제시하겠다.

존 릴리는 직간접적인 돌고래 일화를 잔뜩 가지고 있었다. 그중 내 기억에 특히 남은 이야기가 세 가지 있다. 하나는 돌고래 한 마리가 대양에서 포획되어 소형 선박의 플라스틱 탱크에 실렸는데, 포획자들에게 놀라울 정도로 비슷한 일련의 성대 모사와 휘파람과 끽끽거리고 윙윙거리는 소리로 맞섰다는 것이다. 그 소리는 갈매기 울음, 뱃고동, 기차 기적 소리 같은 바닷가의 소음들을 연상시켰다. '바닷가에 사는 생물'에게 '납치'당한 돌고래는 가정 교육을 잘 받은 손님이 그러듯이 대화를 시도한 것이다.

돌고래들은 음향 대부분을 그들의 가까운 확대판 사촌이자 해부학적 복사판인 고래들이 물을 뿜는 분수공으로 만들어 낸다.

이런 이야기도 있다. 돌고래 한 마리가 얼마간 붙잡혀 있다가 대양으로 풀려났다. 사람들이 그를 미행했다. 그리고 자유를 찾은 죄수는 돌고래 무리와 만나자 극도로 기다란 일련의 음향을 쏟아냈다. 수감 생활의 설움이라도 토로한 것일까?

반향 위치를 측정하는 음향 — 무척 기능적인 물속 음파 감지 체계 — 과는 별도로, 돌고래들은 일종의 휘파람, 일종의 삐걱거리는 문소리, 그리고 인간 말을 흉내 낼 때 내는 소리가 있다, 엘바의 "더!"처럼. 그들은 무척 순수한 음색을 낼 수 있고, 한 쌍의 돌고래는 주파수는 같지만 위상이 다른 음색들을 내어 파동 물리학에서 말하는 '맥놀이(beat)' 현상을 일으킨다고 알려져 있다. 맥놀이 현상은 대단히 재미있다. 만약 인간들이 순수한 음색을 노래할 수 있다면, 맥놀이를 여러 시간 할 것이라고 나는 확신한다.

휘파람 소리가 돌고래의 의사 소통에 이용된다는 데는 의심할 여지가 거의 없다. 나는 세인트 토머스 섬에서 사춘기 암컷 돌고래 두 마리로부터 잠시 격리되어 있던 피터라는 이름의 사춘기 수컷 돌고래가 내는 소리를 들었는데 무척 애달픈 휘파람 소리 같았다. (어쩌면 내가 의인화하고 있는 것인지도 모른다.) 모두 서로를 향해 휘파람을 많이 불었다. 그 셋이 같은 풀장에서 다시 만났을 때 그들은 엄청난 성적 행동을 보였고, 휘파람은 그다지 불지 않았다.

내가 들은 돌고래들 간 소통은 대개 끽끽거리는 울음 소리의 변종이었다. 돌고래들은 비슷한 소음을 내는 인간들에게 이끌리는 듯하다. 예를 들어 1971년 3월에 하와이에 있는 한 돌고래 풀에서 나는 돌고래 몇 마리와 끽끽거리는 울음 소리로 활발한 '대화'를 45분간 나눴다. 적어도 그들 중 일부에게는 내가 하는 이야기가 '흥미로웠던 듯했다.' 돌고래 어로는 말도 안 되고 바보 같은 내용이었을지도 모르지만, 아무튼 그들의 관심을 끌기는 했다.

세 번째 이야기는 이렇다. 존 릴리가 성적 관심을 가지기 시작한 사춘기 돌고래 암수를 아무런 실험이 없는 주말에는 떼어놓는 게 보통이었다는 이야기를 해 주었다. 그렇지 않았다면, 둘은, 릴리가 다소 조심스럽게, "밀월 여행을 간다."라고 묘사하는 행위를 했을 테니까. 그러면 돌고래들이야 그때는 아무리 신나더라도 월요일 아침에는 실험할 상태가 아닐 터였다. 한번은, 돌고래들이 커다란 탱크의 이쪽 절반에서 저쪽으로 오로지 수직으로 미끄러지는 무거운 문을 통해서만 지나갈 수 있게 했다. 어느 월요일 아침에 릴리는 그 문은 제대로 닫혀 있는데 성별이 다른 두 돌고래, 엘바와 치치(Chi-Chi)가 장벽의 같은 쪽에 있는 것을 발견했다. 둘이 밀월 여행을 간 것이다. 실험 계획을 연기해야 했던 릴리는 화가 났다. 금요일 오후에 돌고래들을 갈라놓는 것을 잊어버린 게 누구였을까? 그렇지만 다들 돌고래를 떼어 놓았고 문을 제대로 닫아 놓았다고 기억했다.

시험 삼아 연구자들은 상황을 재연했다. 엘바와 치치를 떼어놓고 무거운 문을 제자리에 놓은 다음, 금요일 오후의 시끄러운 작별 인사를 하고 건물 문을 쾅 닫고, 나가는 척 발걸음 소리를 요란하게 냈다. 그렇지만 돌고래들은 몰래 관찰당하고 있었다. 사위가 조용해지자 둘은 장벽으로 모이더니 저주파의 울음 소리 몇 마디를 끽끽거리며 교환했다. 그러더니 엘바가 자기 쪽 구석에서 문이 들릴 때까지 위로 밀었고, 치치는 자기 쪽에서 반대편 구석을 밀었다. 천천히, 둘은 문을 위로 열었다. 엘바는 헤엄쳐 가서 짝의 포옹을 받았다. 그러자, 존 릴리의 이야기에 따르면, 기다리고 있던 사람들이 휘파람을 불고 큰소리로 외치며 우우 하는 소리를 내어 자신들의 존재를 알렸다. 그러자 엘바는 다소 민망한 기색을 풍기며 자기 쪽 풀의 절반으로 헤엄쳐서 갔고, 두 돌고래는 서로의 편에서 그 수직 문을 내려놓았다.

이 이야기는 너무나 매혹적인 일종의 인간성 같은 특성을, 심지어 빅토리아 시대식 성적 죄의식까지 조금이나마 보여 주고 있어서 내게는 그럴싸하게 들리지 않는다. 그렇지만 돌고래들에 관해서는 그럴싸하지 않은 이야기가 많다.

어쩌면 나는 돌고래에게 '구애'를 받은 얼마 안 되는 사람 중 하나일지도 모른다. 그 이야기를 하려면 배경 설명이 좀 필요하다. 어느 겨울, 나는 다이빙도 하고 릴리의 돌고래 연구소도 방문할 겸 세인트 토머스 섬을 찾았는데, 그때 그곳은 인류학, 심리학, 그리고 인간과 동물 행동에 각별하고 다양한 관심을 지닌 영국인인 그레고리 베이트슨(Gregory Bateson, 1904~1980년)이 소장을 맡고 있었다. 상당히 먼 산꼭대기의 식당에서 친구 몇 사람과 식사를 하던 중에 식당 주인과 간단한 대화를 나누게 되었는데, 마거릿이라는 이름의 아가씨였다. 마거릿은 자기의 하루하루가 얼마나 무미건조하고 지루한지를 들려주었다. (마거릿은 밤에만 식당 주인 일을 했다.) 같은 날 더 일찍, 베이트슨은 내게 돌고래 프로그램에 맞는 연구 조수를 찾기가 얼마나 힘든가 하는 이야기를 했더랬다. 마거릿과 그레고리를 서로에게 소개하는 것은 어렵지 않았다. 마거릿은 곧 돌고래 일을 하게 되었다.

베이트슨이 세인트 토머스를 떠나고 얼마간 마거릿은 그 연구소의 '사실상(*de facto*)' 소장이었다. 그때 마거릿은 놀라운 실험을 했는데, 그것은 릴리의 책 『돌고래의 마음(*The Mind of the Dolphin*)』에 상세히 수록되어 있다. 마거릿은 돌고래 피터(Peter)의 풀장 위에 매단 일종의 뗏목에서 살면서 하루에 24시간을 피터와 가까이 접촉하며 지냈다. 마거릿의 실험은 내가 지금 말하는 사건에서 그리 멀지 않은 과거에 일어났다. 그것은 어쩌면 나를 향한 피터의 태도와 무언가 관련이 있었는지도 모른다.

나는 피터와 함께 커다란 실내 수영장에서 수영하고 있었다. 나는 수영장의 고무공을 피터에게 던졌고(나로서는 그것이 자연스러운 일이었기 때문이다.), 피터는 공이 수면을 때리자 공 밑으로 잠수하더니 코로 공을 정확히 내 손 안으로 때려 넣었다. 던지고 정확하게 돌려받기를 몇 차례 한 후, 피터의 리시브는 갈수록 부정확해졌다. 나는 공을 가져오려고 처음에는 풀장의 한쪽 끝으로, 그다음에는 다른 쪽으로 가야 했다. 결국, 피터가 공을 내 3미터 안에 두지 않기로 마음먹었음이 명확해졌다. 경기의 규칙을 바꾼 것이다.

피터는 내게 심리 실험을 하고 있었다. 내가 이 의미 없는 캐치볼을 어느 정도까지 무리해서 계속하려 하는지를 알고 싶어했다. 엘바가 나와의 첫 만남에서 했던 것과 동일한 종류의 심리 실험이었다. 그런 실험은 돌고래를 인간과 잇는 연대의 실마리 가운데 하나이다. 우리는 심리학적 지식을 가지고 있는 얼마 안 되는 종의 하나이다. 따라서 우리는 아무리 우연적이라도, 돌고래들이 우리를 대상으로 심리 실험을 하도록 허락하는 얼마 안 되는 존재에 속한다.

엘바와의 첫 만남에서처럼, 나는 결국 상황이 어떻게 돌아가는지를 깨닫고, 앞으로는 돌고래에게 심리 실험을 당하지 않겠다고 단단히 마음먹었다. 그래서 공을 쥐고 물속을 걷기만 했다. 1분쯤 지나자 피터는 내 쪽으로 서둘러 헤엄쳐 오더니 가볍게 스치듯 부딪혔다. 피터는 빙빙 돌면서 이 이상한 동작을 반복했다. 그리고 이번에 지나갈 때, 나는 피터의 몸에서 튀어나온 부분이 내 옆구리를 슬쩍 쓸고 가는 것을 느꼈다. 피터가 세 번째 지나치며 원을 그렸을 때, 나는 이 튀어나온 부분이 무엇인지 느긋하게 궁리하기 시작했다. 갈라진 꼬리는 아니었고, 도대체 뭐지……. 갑자기 머릿속이 분명해졌다, 그리고 나는 방금 부적절한 제안을 받은 노처녀 같은 느낌을 받았다. 나는 협조할 기분이 아니었고, 온갖 종류의 달갑잖은 관습적 표현이 내 머릿속에 밀려들었다. 이런, "암컷 돌고래 중에 예쁜 애가 그렇게 없던?" 그렇지만 피터는 유쾌하게 굴었고, 내가 응해 주지 않는 데 기분 나빠 하지 않았다. (지금 와서 궁금한 거지만, 혹시 내가 너무 멍청해서 그 의미를 이해하지도 못한다고 생각한 것은 아닐까?)

피터는 암컷 돌고래로부터 얼마 동안 격리되어 있었고, 그리 멀지 않은 과거에, 며칠간 역시 인간인 마거릿과 성적 접촉을 포함해 친밀한 접촉을 했다. 나는 돌고래들이 인간에게 느끼는 그 친밀감을 설명해 주는 어떤 성적인 연대가 있다고는 생각지 않지만, 그 사건은 약간의 의미가 있었다. 심지어 우리가 조심스레 표현하는 '수간(獸姦)'의 경우에도, 내가 들은 바로는, 인간에 의해 이종 간 성적 행위를 당하는 종은 얼마 되지 않는다. 그들은 전적으로 인간이 길들인 가축 종류이다. 나는 일부 돌고래가 자기들이 우리를 가축으로 길들였다고 생각하는 것이 아닌가 궁금하다.

돌고래 이야기들은 가벼운 대화거리를 끝없이 제공하는, 칵테일 파티의 훌륭한 소재이다. 내가 돌고래 언어와 지능을 연구하는 데서 발견한 어려움의 하나는, 바로 이런 매혹적인 일화였다. 정말로 중요한 과학적 검증은 어째서인지 한번도 수행된 적이 없다.

예를 들어, 나는 이런 실험을 해야 한다고 거듭 주장했다. 돌고래 A를 수중 오디오 스피커 두 대가 장착된 탱크에 들여놓는다. 수중 청음기는 각자 맛있는 돌고래 밥을 제공하는 자동 생선 배식기에 하나씩 부착된다. 한 스피커는 바흐를 연주하고 다른 것은 비틀스를 연주한다. 어떤 주어진 순간에 한 스피커가 연주하는 게 바흐냐 비틀스냐(각각 다른 곡으로 바꿔도 된다.)는 임의로 결정된다. 돌고래 A가 맞는 스피커 — 말하자면 비틀스를 연주하는 스피커 — 로 갈 때마다 생선으로 보상을 받는다. 나는 어떤 돌고래든 바흐와 비틀스를 이내 구분할 수 있으리라는 데 의심할 여지가 없다고 생각한다. 음파 스펙트럼에 대한 돌고래의 지대한 관심과 능력 때문이다. 그렇지만 그 실험의 핵심은 그게 아니다. 핵심은 돌고래 A가 정확해지는 데 필요한 시도의 횟수이다. 즉 그가 생선을 원한다면 비틀스를 연주하는 스피커로 가야 한다는 것을 항상 알고 있느냐 하는 것이다.

이제 눈이 큰 플라스틱 망사로 된 가름막으로 돌고래 A와 스피커를 갈라놓는다. 돌고래는 장막 저편을 볼 수 있고 맛있는 것의 냄새를 맡을 수 있으며, 가장 중요하게는, 그 장막을 통해 '듣고 말할' 수 있다. 그렇지만 장막 건너편으로 헤엄쳐 갈 수는 없다. 이어 돌고래 B를 스피커가 있는 곳으로 들여놓는다. 돌고래 B는 아무것도 모른다. 즉 수중 생선 배급기나 바흐나 비틀스에 대한 기존 지식이 없다. 칸나비스 사티바(*Cannabis sativa*, 삼 또는 대마의 학명)에 대한 실험을 같이 수행할 '무지한' 동료 학생들을 찾아내기가 어렵다는 것은 익히 알려진 사실이지만, 그것과는 달리 바흐와 비틀스에 대한 폭넓은 지식이 없는 돌고래를 찾아내기란 어렵지 않을 것이다. 돌고래 B는 돌고래 A가 했던 것과 똑같은 학습 절차를 거쳐야 한다. 하지만 이번에는 돌고래 B가 성공하면(처음에는 우연히) 그때마다 그가 배식기에서 생선을 얻는 것만이 아니라 돌고래 B의 학습 과정을 목격할 수 있는 돌고래 A에게도 생선이 던져진다. 돌고래 A가 배가 고프다면*확실히 자기가 바흐와 비틀스에 대해 아는 것을 돌고래 B에게 알려주는 편이 이로울 것이다. 만약 돌고래 B가 배고프다면 돌고래 A가 가지고 있을지 모를 정보에 귀를 기울이는 편이 이로울 것이다. 따라서 물음은 다음과 같다. 돌고래 B는 돌고래 A보다 더 가파른 학습 곡선을 가지는가? 그는 더 적은 시도나 더 적은 시간 만에 학습 목표에 도달하는가?

그런 실험이 여러 번 반복되고 돌고래 B의 학습 곡선이 통계적 의미에서 늘 돌고래 A보다 가파르다는 것이 발견된다면, 두 돌고래 사이에 그런대로 흥미로운 정보 소통이 이루어졌다고 할 수 있을 것이다. 그것은 바흐와 비틀스의 차이에 관한 언어적 묘사일 수도 있고 ─ 내 생각에 어렵지만 불가능한 임무는 아니다. ─ 아니면 그저 단순히 매 시도에서 돌고래 B가 알아차릴 때까지 왼쪽과 오른쪽을 구분하는 것일 수도 있다. 이것은 돌고래 대 돌고래의 소통을 시험할 최고의 실험 계획은 아니지만, 해 볼 만한 커다란 범주의 실험 중 전형적이다. 내가 아는 한, 그리고 안타깝게도 오늘날까지 돌고래에 대한 그런 실험은 한 번도 이루어진 적이 없다.

돌고래 지능에 대한 의문들이 지난 몇 년간 내게 특별히 절절하게 와 닿은 것은 향유고래 사건이 드러나면서였다. 록펠러 대학교의 로저 설 페인(Roger Searle Payne, 1935년~)은 일련의 놀라운 실험을 통해 수중 청음기로 카리브 해 수십 미터 깊이까지 내려가 향유고래들의 노래들을 찾고 기록했다. 돌고래와 더불어 고래류의 또 다른 일원인 향유고래는 특출하게 복잡하고 아름다운 조음(調音) 능력을 갖추고 있는데, 그 소리는 대양 표면 아래로 상당한 거리까지 전달되며, 매우 사교적인 동물인 고래의 무리 안에서, 그리고 무리 사이에서 분명히 사회적 유용성을 지닌다.

고래들의 뇌 크기는 인간보다 훨씬 크다. 그들의 대뇌 피질은 대단히 복잡하다. 그들은 적어도 인간만큼은 사회적 동물이다. 인류학자들은 인간 지능의 발달이 다음 세 요인에 크게 좌우되었다고 믿는다. 뇌 크기, 뇌 이랑, 그리고 개인들 간의 사회적 상호 작용. 인간의 지능을 야기한 세 가지 요인이 인간의 수준을 넘어섰을지도 모를, 그리고 일부 경우에는 한참 넘어섰을 동물들이 속한 목(目)이 여기 있다.

그렇지만 고래와 돌고래는 손이나 촉수처럼 사물을 조작할 수 있는 기관을 가지고 있지 않기 때문에, 그들의 지능은 기술적인 작업에 쓰일 수 없다. 남은 것은? 페인은 향유고래가 부르는 무척 긴 노래들의 표본을 녹음해 왔다. 일부 노래는 30분 이상이었다. 그 노래 안에는 실제로 반복되는 음소들이 있었고, 노래 한 소절 전체가 실제로 똑같이 반복되는 경우도 있었다. 그 노래 중 일부는 상업적으로 녹음되었고 CRM 음반사를 통해서 판매되었다. 나는 30분 길이의 고래 노래에 담긴 정보(노래를 구분하는 데 필요한 개별적인 '예/아니오' 질문들)의 정확한 비트 수를 100만 비트와 10억 비트 사이로 추산한다. (34장 참조) 이 노래들은 주파수 변동이 매우 커서, 나는 노래의 내용에서 주파수가 중요하다고 가정하게 되었다. 달리 말하자면 고래 언어는 음색 위주라고 할 수 있을 것이다. 만약 내 추측과는 달리 음색 위주가 아니라면, 그런 노래 한 곡의 비트 수는 10분의 1로 떨어질 것이다. 이제 100만 비트는 대충 『오디세이아』나 아이슬란드의 『에다』에 담겨 있는 정보량과 같다. (오늘날까지 고래 음성을 수중 청음기로 녹음하려는 시도가 몇 차례 이루어지지 않았음을 고려할 때, 이런 노래 중 가장 긴 것이 녹음되었을 가능성도 매우 낮다.)

고래의 지능이 영웅 서사시, 역사, 그리고 사회적 상호 작용을 가능하게 하는 정교한 약호들과 대등하다고 추론할 수 있을까? 고래와 돌고래는 문자가 발명되기 전 인간 호메로스처럼 먼바다 깊은 곳에서 지나간 세월 위대한 고래들의 행적들을 노래하고 있는 것일까? 일종의 역(逆)-『모비 딕』 같은 것이 있을까? 인간을 싣고 바다를 날아다니는 나무와 금속으로 만들어진 기묘한 야수들에게 뜬금없이 공격당하는 비극을 고래의 관점에서 묘사한 노래는 없을까? 그 노래 속에서 인간은 얼마나 지독하고 잔인하고 부조리한 존재로 그려질까?

고래는 우리에게 중요한 교훈을 준다. 그 교훈은 고래와 돌고래 자신에 관한 것이 아니라 우리 인류에 관한 것이다. 지구에는 우리 말고도 다른 지적인 존재가 생물학적 분류군을 이루고 있다는 어느 정도 확실한 증거가 있다. 그들은 온순하게 행동해 왔고 많은 경우에 우리에게 우호적이었다. 우리는 조직적으로 그들을 학살해 왔다. 지금도 고래의 사체와 체액의 거래가 이루어지고 있다. 얼마나 야만적인가. 고래 기름은 기껏해야, 사소한 경제학적 의미밖에 없는 립스틱의 재료나 산업용 윤활유 등을 생산하기 위해 추출된다. 지금은 이미 효율적인 대체재가 존재한다. 그렇지만 왜, 최근까지, 이런 학살에 대한 반대의 외침이, 고래에 대한 공감이 그토록 적었을까?

포경 산업에 생명에 대한 존중이 거의 없음은 명확하다. 그러나 이것은 고래에게만 국한되지 않은 인간의 심오한 실패를 잘 보여 준다. 인간과 인간이 맞서는 전쟁에서 양편 다 상대방을 비인간화함으로써 인간이 서로를 학살한다는 자연적 불안감을 없애는 것이 보통이다. 나치는 국민 중 일부, 어떤 민족 전체를 비인간, 즉 인간 이하의 존재로 규정함으로써 이 목적을 종합적으로 달성했다. 그런 재분류를 하고 난 다음에는 그렇게 규정된 사람들에게서 시민권과 자유를 빼앗고 노예화하고 살해하는 것이 허용되었다. 나치는 가장 괴물 같은 예지만, 가장 최근의 예는 아니다. 수많은 다른 사례를 들 수 있다. 미국인에게, 다른 사람들을 비인간으로 노골적 재분류하는 것은 곧 군사적, 경제적 기계화에 기름을 치는 일이었다. 건국 초기 아메리카 원주민과의 전쟁에서 가장 최근의 군사 행동들까지, 군사 행동에서 군사적으로는 적이지만 고대 문화의 상속자인 다른 인간들을 국(gook, 동남아시아 사람에 대한 모욕적 표현. — 옮긴이), 납작머리(slopeheads, 아시아 인을 지칭하는 멸시어. 특히 미국에서는 중국인을 뜻한다. — 옮긴이), 째진 눈(slanteyes, 동양인, 특히 일본인을 지칭하는 멸시어. — 옮긴이) 등등으로 부르는 것은 흔한 일이었다. 비인간화의 주문들인 셈이다. 우리 병사들과 항공기 조종사들이 그들을 학살하는 데 편안함을 느끼게 하기 위해서였다.

자동화된 교전과 보이지 않는 과녁에 대한 공중 폭격은 그런 비인간화를 더욱 쉽게 만들어 준다. 그럼으로써 교전의 '효율'은 높아지는 반면, 동료 생명체에게 우리가 느끼는 공감이 약해지기 때문이다. 우리가 죽이는 대상이 우리 눈에 보이지 않는다면, 우리는 살인에 대해 그렇게까지 나쁘게 느끼지 않는다. 그리고 만약 우리가 그렇게 쉽게 같은 종의 타자에 대한 학살을 정당화할 수 있다면, 다른 종의 지성적 개체들을 존중하기가 얼마나 더 어렵겠는가?

외계 지성체 연구에서 돌고래가 가지는 궁극적으로 중요한 의미가 드러나는 지점이 바로 여기이다. 그것은 장기적으로 보았을 때, 우리가 감정적으로 별들에서 보내오는 메시지를 직면할 준비가 되었는가 하는 문제가 아니다. 우리와는 무척 다른 진화의 역사를 지닌 존재들, 우리와는 무척 다르게 생겼을 존재들, 심지어 '괴물'처럼 보일지 모르는 존재들을 우정과 경외, 우애와 신뢰로 대할 가치가 있다는 느낌을 키울 수 있느냐의 문제이다. 우리는 갈 길이 멀다. 인간 공동체가 이 방향으로 가고 있다는 신호들이 많기는 하지만, 과연 우리가 충분히 빨리 가고 있는가는 의문이다. 외계 지성체와 조우할 때 상대는 우리보다 훨씬 더 진보된 사회일 가능성이 높다. (31장 참조) 그렇지만 언제가 됐든 가까운 미래에 우리가 아메리카 원주민이나 베트남 인들의 처지에 놓일 일, 그러니까 기술적으로 좀 더 진보한 문명에 침략당해 괴롭힘을 당할 일은 없을 것이다. 별들 사이의 엄청난 공간도 그렇고, 내가 믿기로 우리와 조우할 정도로 오래 살아남은 문명이라면 틀림없이 중립적이고 온화할 터이기 때문이다. 반대로, 지구가 외계 문명을 착취할 일 역시 없을 것이다. 그들은 우리로부터 너무 멀리 있고 우리는 비교적 무력하다. 어떤 다른 변이 행성에 있는, 지성을 지닌 다른 종 — 돌고래나 고래보다도 생물학적으로 우리와 훨씬 더 다를 것이다. — 들과의 조우는 우리가 민족주의에서 인간 쇼비니즘까지, 우리가 그간 지고 있던 맹목적 '애국주의'의 짐을 내려놓는 데 도움을 줄지도 모르겠다. 비록 외계 지성체를 향한 탐사가 무척 오래 걸릴지도 모르지만, 지금 고래와 돌고래의 친구가 되는 것은 우리를 다시금 인간답게 만들어 주는 재인간화 프로그램이 될 것이다. 이것보다 더 좋은 방법이 어디 있을까?

25장

큐브릭의 「2001」 만들기

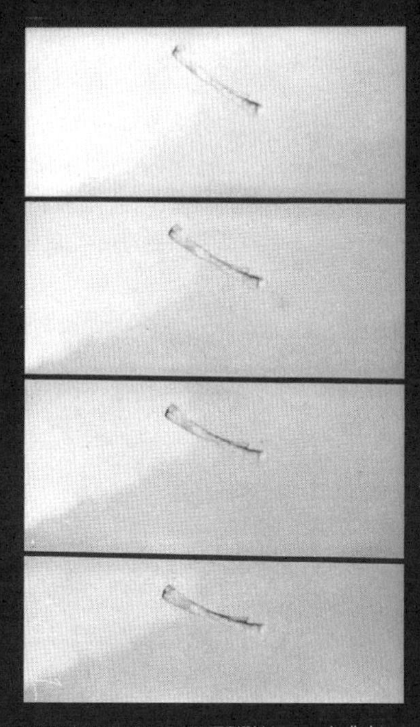

1968년에 개봉한 영화의 고전인 「2001: 스페이스 오디세이」의 한 장면. 스탠리 큐브릭의 아이디어가 빛나는 순간을 잘 보여 준다. 제롬 에이절의 『큐브릭의 「2001」 만들기』에서 이야기했듯이, 전문가들이 외계 생명체의 가능성을 이야기하는 프롤로그 시퀀스는 촬영은 되었으나 마지막 편집 과정에서 빠지고 말았다.

내 친구 아서 클라크는 골치가 아팠다. 그는 「닥터 스트레인지러브」로 유명한 스탠리 큐브릭(Stanley Kubrick, 1928~1999년)과 함께 메이저 영화 대본을 쓰던 중이었다. 가제는 「별들 너머로의 여행」으로 정해졌는데, 줄거리를 개발하던 중에 사소한 난관에 봉착했다. 클라크는 내게 큐브릭의 뉴욕 펜트하우스에서 같이 저녁을 먹으며 논쟁의 판관 노릇을 좀 해 줄 수 있느냐고 물어왔다. (그것은 그렇고, 내게 그 영화 제목은 좀 이상해 보였다. 내가 아는 한 별들 너머에는 아무것도 없으니까, 영화에서 그런 공간을 다루려면 2시간 동안 텅 빈 화면만 내보내야 할 것이다. 앤디 워홀에게나 가능한 플롯이랄까. 큐브릭과 클라크가 생각한 게 그런 게 아니라는 것은 분명했다.)

유쾌한 저녁 식사 후 다음과 같은 문제가 제시되었다. 대략 영화 중반

즈음에 유인 우주선이 목성의 가장 안쪽 위성인 목성 5(Jupiter V, 아말테아(Amalthea)를 말한다. — 옮긴이)나 아니면 토성의 중간 크기 위성 중 하나인 이아페투스(Iapetus)에 접근한다. 우주선이 접근하고 위성의 만곡이 화면에 보일 때, 우리는 위성이 자연적인 달이 아님을 깨닫는다. 그것은 어떤 고도로 진보한 문명의 인공물이었다. 갑자기 그 위성의 측면에 작은 구멍이 나타난다. 그 구멍을 통해 별들이 보인다. 그렇지만 그 별들은 위성 저편에 있는 별들이 아니다. 다른 공간에 존재하는 천체의 일부였다. 조그만 무인 로켓들이 그 구멍으로 진입하지만, 구멍 속으로 사라지면서 신호도 끊어진다. 그 구멍은 우주의 한쪽 끝에서 다른 쪽 끝으로 번거롭게 그 사이 거리를 가로지르지 않고도 갈 수 있는 우주의 문이다. 그 우주선은 그 문으로 뛰어들어 붉고 거대한 별이 한복판에 빛나고 있는 다른 성계의 공간에 등장한다. 행성 하나가 적색 거성 주위를 돌고 있는데, 확실히 어떤 진보한 기술 문명이 존재하는 곳임을 알 수 있다. 그 우주선은 그 행성에 다가가 착륙하는데, 그다음은, **뭐지?**

영국의 스튜디오에서 거의 제작 준비를 마쳐 가고 있었지만, 두 작가는 바로 이 무척이나 중요한 플롯 — 특히 결말! — 을 아직 결정짓지 못했다. 우주선 선원들이나 그중 일부는, 외계인과 조우할 터였다. 그렇다. 그렇지만 외계인을 어떻게 그리지? 큐브릭은 인간과 그리 다르지 않은 외계인을 선호했다. 거기에는 뚜렷한 이점이 한 가지 있었으니, 경제적인 것이었다. 할리우드에 엑스트라와 대역을 공급하는 센트럴 캐스팅(Central Casting) 사에 전화를 걸어서 외계인 20명을 보내 달라고 하면 그만이니까. 화장만 좀 하면 문제는 해결된다. 그렇지 않고 외계인을 다르게 그리려면, 어떻게 그리든, 반드시 돈이 든다.

나는 인류의 진화 역사상 예측 불가능한 사건들의 수가 너무 많아서, 우리와 같은 존재가 두 번 다시 우주의 다른 어느 곳에서 진화할 가능성은 절대적으로 낮다고 주장했다. 나는 어떤 형태로든 진보한 외계 존재를 명시적으로 표현하면 그릇된 요소가 반드시 적어도 하나는 포함될 수밖에 없다고 했다. 그리고 가장 좋은 해결책은, 외계인들을 노골적으로 보여 주기보다는 암시하는 것이라고 했다.

이후에 「2001: 스페이스 오디세이」로 개명된 영화는 그 3년 후에 개봉했다. 시사회에서 나는 내가 조금이나마 도움이 된 것을 알고 기뻤다. 제롬 에이절의 책 『큐브릭의 「2001」 만들기(*The Making of Kubrik's 2001*)』(1970년)에서 알 수 있듯이, 큐브릭은 제작 과정에서 외계 생명체에 대해 다양한 표현 방식을 가지고 실험을 했는데 그중에는 하얀 땡땡이가 박힌 검은 타이츠를 입고 한 발로 서서 빠르게 도는 댄서도 있었다. 검은 배경을 등지고 사진을 찍었을 때 이것은 시각적으로 무척 효과적이었을 것이다. 큐브릭은 마침내 외계 지성체를 초현실적으로 표현하기로 결정했다. 그 영화는 일반인들의 우주에 대한 시각과 인식을 확장하는 데 중요한 역할을 해 왔다. 수많은 (구)소련 과학자들이 「2001: 스페이스 오디세이」를 자기들이 본 미국 영화 중 최고로 꼽는다. 외계인들이 모호하게 그려진 것을 그들은 전혀 거슬려하지 않았다.

영화 「2001: 스페이스 오디세이」를 찍는 동안 분명히 사소한 것까지 전부 신경 쓰고 있던 스탠리 큐브릭은 1050만 달러짜리 영화가 개봉되기 전에 외계 지성체가 발견될까 봐, 그리하여 영화 플롯이 오류까지는 아니더라도 시대에 뒤처진 것이 될까 봐 우려했다. 그래서 외계 지성체가 발견되면 발생할지 모를 손실에 대비해 보험을 들려고 런던의 대형 보험 회사인 로이드 사에 연락을 취했다. 로이드 사는 전혀 개연성이 없어 보이는 우연한 사건에 대해서도 보험을 제공하는 회사인데도, 그런 보험을 들어주기를 거부했다. 1960년대에는 외계 지성체에 대한 연구가 이루어지지 않고 있었고, 몇 년 사이에 우연히 외계 생명체와 조우할 가능성은 극도로 낮았는데도 말이다. 로이드 사는 좋은 거래를 놓친 셈이다.

26장

코스믹 커넥션

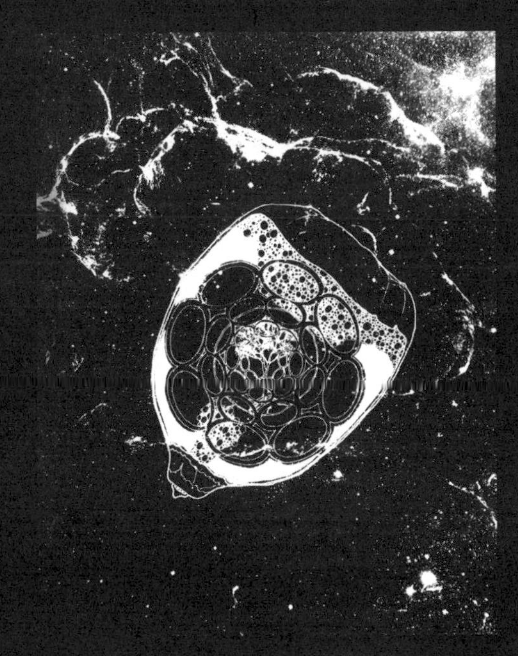

존 롬버그, 「도토리(Acorn)」. 뒤편에 있는 희미한 밝은 기체 가닥들은 초신성의 잔해로부터 나온 것이다.

인류는 원시 시대부터 줄곧 우주에서 자신의 자리를 숙고해 왔다. 지구가 자리 잡고 있는 경이롭고 광막한 우주와 자신이 연관되어 있는지 어떤지, 그리고 그 의미가 무엇인지를 궁금해했다.

수천 년 전, 점성술이라는 유사 과학이 발명되었다. 한 아이가 태어날 때 행성들이 어떤 위치에 있느냐가 아이의 미래를 결정하는 데 중요한 역할을 한다는 생각이었다. 행성들, 움직이는 빛의 점들은, 어떤 신비로운 의미에서, 신들로 여겨졌다. 인간은 허영심에서 자기를 위해 설계되고 자기가 이용할 수 있도록 짜여 있는 우주를 상상했다.

아마도 그 행성들은 움직임이 불규칙해 보여서 신으로 여겨졌는지도 모른다. '행성(planet)'이라는 단어의 그리스 어 어원은 방랑자라는 뜻이다. 수많은 전설에 나오듯 신들의 행동은 예측할 수 없다. 이것은 예측 불가능한 행성들의 움직임들과 분명히 조응했다. 아마 이런 생각이 아니었을까. 신들은 법칙을 따르지 않는다. 행성들은 법칙을 따르지 않는다. 따라서 행성들은 신들이다.

점성술을 사용하던 고대의 사제 계급 등은 행성들의 움직임이 불규칙하지 않고 예측 가능하다는 것을 발견했을 때 이 정보를 함구했다. 괜히 대중을 걱정시키고, 종교적 믿음을 뒤흔들고, 정치 권력의 토대를 불안하게 만들 필요가 뭐 있겠는가. 게다가 태양은 생명의 근원이었다. 달은 조수간만을 낳았고 농경을 지배했다. 특히 인더스 강, 나일 강, 양쯔 강, 그리고 티그리스 강과 유프라테스 강 유역에서. 이런 흐릿한 빛의 점인 행성들이 인간 삶에 미묘하지만 명확한 영향력을 미친다는 이야기는 얼마나 합리적인가!

연관성(connection)을 찾는 것, 인간과 우주 사이의 연결 고리를 찾으려는 노력은 점성술의 등장 이래 사그라지지 않았다. 과학이 아무리 진보했어도, 인간에게는 같은 요구가 있었으니까.

우리는 지금 행성들이 우리 세계와 다소 비슷한 세계임을 안다. 우리는 행성들의 빛과 중력이 새로 태어난 아기에게 미치는 영향이 미미함을 안다. 우리는 점성술을 발명한 고대 사색가들에게는 알려지지 않았던 다른 물체들 — 소행성, 혜성, 펄서, 퀘이사, 폭발 은하, 블랙홀 등등 — 이 막대한 수로 존재함을 안다. 우주는 그들이 상상했던 것보다 훨씬 더 광대하다.

점성술은 시대와 보폭을 맞추려 애쓰지 않았다. 심지어 점성술사 대다수가 계산한 행성의 움직임과 위치도 대체로 부정확했다.

미래나 새로 태어난 아이의 성격 특성을 예측하는 데서 별점이 통계적으로 의미 있다는 것을 보여 준 연구 결과는 전혀 없다. 최근에 새롭게 발견된, 활발하게 활동하는 천문학적 존재들을 염두에 둔 전파 점성술이나 엑스선 점성술이나 감마선 점성술 같은 것은 존재하지 않는다.

그럼에도 불구하고 점성술은 어느 곳에서나 엄청나게 인기가 있다. 점성술사가 천문학자보다 적어도 10배는 많다. 미국 신문의 다수, 아마도 대부분은 일일 점성술 칼럼을 싣고 있다.

영리하고 사회 운동에 관심이 많은 수많은 젊은이들이 점성술에 그저 지나가는 정도를 넘어서는 관심을 가진다. 점성술은 아득히 깊고 외경심을 일으킬 정도로 광막한 우주에서 인간 존재의 의미를 느끼고 싶다는 욕구, 아직 거의 누구도 말로 하지 않은 욕구를 만족시킨다. 우리가 우주와 어떤 식으로든 이어져 있다고 믿고 싶은 것이다. 수많은 마약과 종교적 경험, 그리고 일부 동양 종교에서 말하는 삼매경처럼 말이다.

현대 천문학의 위대한 통찰들은, 고대의 점성술사들이 상상한 것과는 무척 다른 의미에서, 우리가 실제로 우주와 이어져 있음을 보여 주고 있다.

최초의 과학자들과 철학자들, 예를 들어 아리스토텔레스는 하늘이 지구와는 다른 종류의 원료, 어떤 특별한 종류의 하늘 물질, 순수하고 더럽혀지지 않은 물질로 만들어졌다고 상상했다. 지금 우리는 그것이 사실이 아님을 안다. 운석이라는 소행성대의 조각들, 아폴로 우주 비행사와 (구)소련의 무인 우주선 들이 가져온 달의 암석 표본들, 태양에서 나와 우리 행성을 지나 바깥으로 번지는 태양풍, 그리고 아마도 폭발하는 별들과 그 잔해로부터 생성된 우주선(cosmic ray)들, 그 모두는 우리가 여기 지구에서 익히 아는 원자들과 같은 원자들이 저 밖에도 존재함을 보여 준다. 천체 분광학 덕분에 수십억 광년 거리에 있는 별 무리의 화학적 구성을 알아낼 수 있다. 우주 전체는 우리에게 익숙한 것들로 이루어져 있다. 지구로부터 어마어마하게 먼 곳에 존재하는 원자와 분자 들이,

여기 우리의 태양계 내에도 존재한다.

이런 연구들은 그간 놀라운 결론을 보여 주었다. 우주 구석구석이 동일한 원자로 만들어졌을뿐더러, 그 원자들은, 개략적으로, 어디에나 동일한 비율로 존재한다는 것이다.

별들을 이루는 거의 모든 물질과 별들 사이의 성간 물질은 가장 단순한 두 원자, 수소와 헬륨으로 이루어져 있다. 다른 모든 원소 원자들은 불순물이다. 이것은 목성 같은, 우리 태양계의 거대한 외행성들에도 해당한다. 그렇지만 우리 행성 지구처럼 태양계 안쪽에 있는 비교적 작은 바위와 금속 덩어리에는 해당하지 않는다. 그것은 조그만 지구형 행성이 수소와 헬륨을 원시 대기에 붙잡아 두기에는 중력이 너무 약해서, 그것들이 천천히 우주로 새어나갔기 때문이다.

우주에서 그다음으로 풍부한 원자는 산소, 탄소, 질소, 그리고 네온이다. 누구나 들어 본 적 있는 원자들이다. 왜 우주 전체에서 가장 풍부한 원소들은 지구에서도 상당히 흔한 것들일까? 예를 들어 이트륨이나 프라세오디뮴 같은 것이 아니라?

별의 진화 이론은 충분히 발전해 천문학자들은 이제 다양한 종류의 별들과 그들의 관계를 이해할 수 있다. 성간 기체와 티끌로부터 어떻게 한 별이 태어나는가, 그리고 뜨거운 내부에서 일어나는 열핵 반응을 통해 어떻게 빛을 내고 진화하는가, 그리고 어떻게 죽는가 하는 문제들이 이제 해명되었다. 이런 열핵 반응은 열핵 무기(수소 폭탄)에서 일어나는 반응과 종류가 같다. 수소 원자 넷을 헬륨 원자 하나로 변환하는 것이다.

그렇지만 별 진화의 후기 단계에서는 별들의 내부 온도가 더 올라가고, 헬륨보다 더 무거운 원소들이 열핵 반응을 통해 생성된다. 천체 물리학은 그런 뜨거운 적색 거성들에서 가장 많이 만들어지는 원자들이 지구와 우주 곳곳에서 가장 풍부한 바로 그 원자들임을 가르쳐 준다. 적색 거성 내부에서 생성되는 무거운 원자들은 우리의 태양풍처럼, 그 별의 대기에서 천천히 새어 나오거나, 개중에는 우리 태양보다 10억 배나 밝은 별을 만들 수 있는 강력한 폭발을 통해 성간 물질로 배출된다.

최근 적외선 분광기를 통해 뜨거운 별들이 우주로 규산염을 날려 보내고 있다는 사실이 발견되었다. 우주가 토해낸 바위 가루가 성간 물질이 된 것이다. 탄소가 많은 별들은 아마도 주변 우주 공간에 흑연 분자를 내뿜은 것이다. 다른 별들은 얼음을 흩뿌린다. 초기 역사에서 태양 같은 별들은 아마도 다량의 유기 복합물을 성간 우주로 방출했으리라. 사실 전파 천문학의 방법들을 사용하면 단순한 유기 분자들이 별들 사이의 공간을 채우는 것을 발견할 수 있다. 알려진 가장 밝은 행성상 성운(planetary nebula, 행성상 성운이란 보통 신성(nova)이라고 불리는 폭발하는 별을 둘러싸고 팽창하는 구름이다.)은 탄산마그네슘의 분자를 함유한 듯하다. 이탈리아 돌로미티 산맥을 이루는 것과 같은 이름, 같은 물질이 성간 공간에 퍼져 있는 셈이다. (돌로미티 산맥에서 많이 발견되는 백운암은 탄산마그네슘의 결정으로 영어로는 돌로마이트(Dolomite)라고 한다. — 옮긴이)

이런 중원소들 — 탄소, 질소, 산소, 규소, 그리고 나머지 — 은 어느 정도 시간이 흘러 국소적인 중력에 따라 응축되고 새로운 별과 새로운 행성들로 재형성될 때까지 성간 물질로 방랑한다. 따라서 2세대 항성계는 무거운 원소들로 넘쳐난다.

인간 개인의 운명은 지금 나머지 우주와 심오한 방식으로 연관되어 있지 않을지도 모르지만, 우리 각자를 구성하는 물질은 우주에서 우리와 막대한 시간과 방대한 거리를 두고 일어난 과정들에 밀접히 얽혀 있다. 우리 태양은 2세대, 혹은 3세대 별이다. 우리 발아래 있는 그 모든 암석과 금속, 우리 핏속의 철분, 우리 잇속의 칼슘, 우리 유전자의 탄소는 수십억 년 전에 한 적색 거성의 내부에서 만들어졌다. 우리는 별의 물질로 만들어졌다.

우주 나머지와 우리 원자가 분자로 연관되어 있다는 것은 현실이고, 우주와의 연관성은 상상이 아닌 실제이다. 우리가 망원경과 우주선을 가지고 주변을 탐험하다 보면 다른 관계들이 모습을 드러낼지도 모른다. 모르기는 몰라도 우리가 어쩌면 내일 당장이라도 연락을 취할 수 있는, 외계 문명의 상호 통신망이 있을지도 모른다. 이루어지지 않은 점성술의 약속, 즉 행성들이 우리 각자의 성격을 지배한다는 것은 현대 천문학으로 실현되지 않을 것이다. 그렇지만 우주와 우리의 연관성을 탐색하고 이해하고자 하는 인간의 깊은 욕구는 우리 손닿는 곳에 있는 목표를 실현해 줄 원동력이 될 것이다.

27장

외계 생명체, 이제 때가 되었다!

수천 년 전, 행성들에 지적 존재들이 살고 있다는 생각은 널리 퍼진 것이 아니었다. 그것보다는 행성들 자체가 지적 존재라는 것이 주된 생각이었다. 화성은 전쟁의 신, 금성은 아름다움의 신, 목성은 신들의 왕이었다.

로마 시대 초기에 몇몇 작가들, 예를 들어 사모사타의 루키아노스(Lucianus Samosatensis, 125?~180?년)가 적어도 달만큼은 지구처럼 사람이 사는 장소라는 생각을 떠올렸다. 달로의 여행을 그린 루키아노스의 과학소설은 "진짜 역사"라고 불렸다. 물론 가짜였다.

행성들을 신이 재미 삼아, 그리고 인간에게 유용하라고 만든 우아한 태엽 장치의 일부라고 보는 생각은 르네상스 시대에 태어났다. 1600년에, 조르다노 브루노(Giordano Bruno, 1548~1600년)는 말뚝에 묶여 화형을 당했는데, 그가 화형을 당한 이유 일부는 다른 세계가 존재하고 다른 존재들이 거기 살고 있다는 이단적인 사상을 입 밖에 내고 책으로 펴냈기 때문이었다.

뒤이은 몇 세기 동안 추는 멀찍이 다른 방향으로 흔들렸다. 베르나르 드 폰테넬, 에마누엘 스베덴보리, 그리고 심지어 임마누엘 칸트와 요하네스 케플러 같은 저술가들도 아마도 모든 행성에 주민이 있을 것이라고 상상했지만 무사했다. 사실 행성의 이름이 그 주민들의 성격을 조금이나마 엿보게 해 준다는 생각이 등장했다. 금성의 시민들은 육욕적이고, 화성은 호전적이거나 싸움을 좋아하고, 수성의 주민들은 변덕스럽거나 활기차고, 목성 주민들은 유쾌하거나 쾌활하다는 식이었다. 위대한 독일 출신 영국 천문학자 프레더릭 윌리엄 허셜(Frederick William Herschel, 1738~1822년)은 심지어 태양에도 사람이 살 것이라는 의견을 비치기도 했다.

그렇지만 태양계의 물리적 환경이 극단적이라는 사실이 명확해지고 지구의 생명체들이 환경에 탁월하게 적응했다는 사실이 한층 분명해지면서, 회의가 찾아들었다. 아마도 화성과 금성은 누가 살지도 모르지만, 확실히 수성은 아니고, 달도 아니고, 목성과 기타 등등도 아니라는.

19세기의 마지막 수십 년간, 조반니 스키아파렐리와 퍼시벌 로웰의 화성 관측은 우리 이웃 행성에 지능을 가진 존재가 살 가능성을 감지한 대중의 열정에 불을 붙였다. 화성에 지능을 가진 존재가 산다는 생각에 대한 로웰의 열정, 그의 발언들, 그리고 그의 저서가 널리 팔린 것은 대중이 이 생각에 관심을 두게 되는 데 많은 역할을 했다. 로웰의 시나리오를 따른 SF 소설 작가들도 마찬가지 역할을 했다.

그렇지만 지능을 가진 화성 생명체가 존재한다는 증거가 사그라지면서, 그리고 지구를 기준으로 보았을 때 갈수록 화성 환경이 좋지 못한

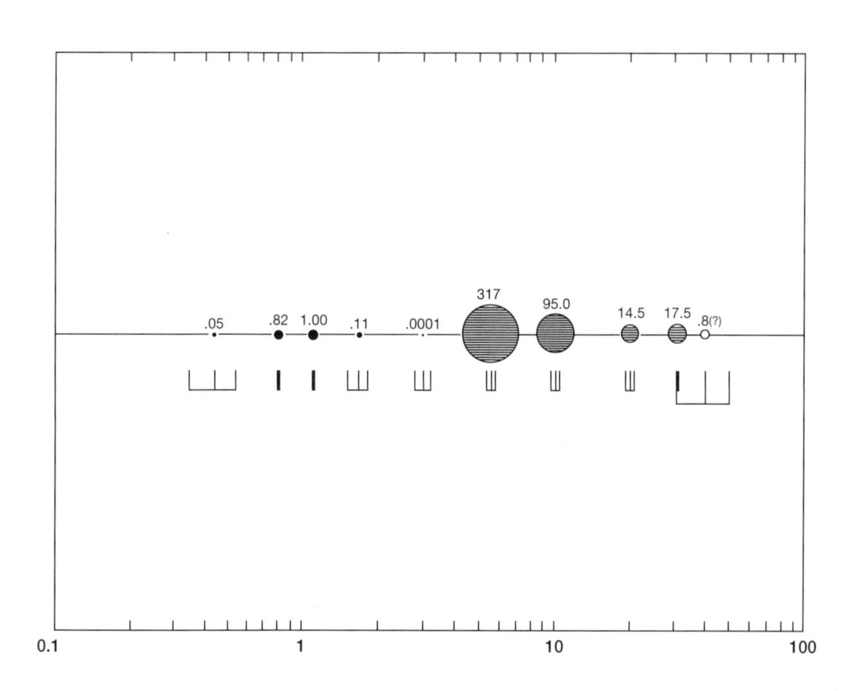

태양계. 태양과 지구 사이의 거리를 단위로 해서 태양에서 얼마나 떨어져 있는지가 표시되어 있다. 삼지창 표시는 행성 궤도의 이심률을 보여 주는데, 태양에서 그 행성까지 가장 가까운 거리와 가장 먼 거리와 평균 거리도 함께 나타내고 있다. 행성들의 질량은 지구 질량을 1로 해서 표시되어 있다. 목성형 행성들은 빗금으로 표시해 지구형 행성들과 구분했다.

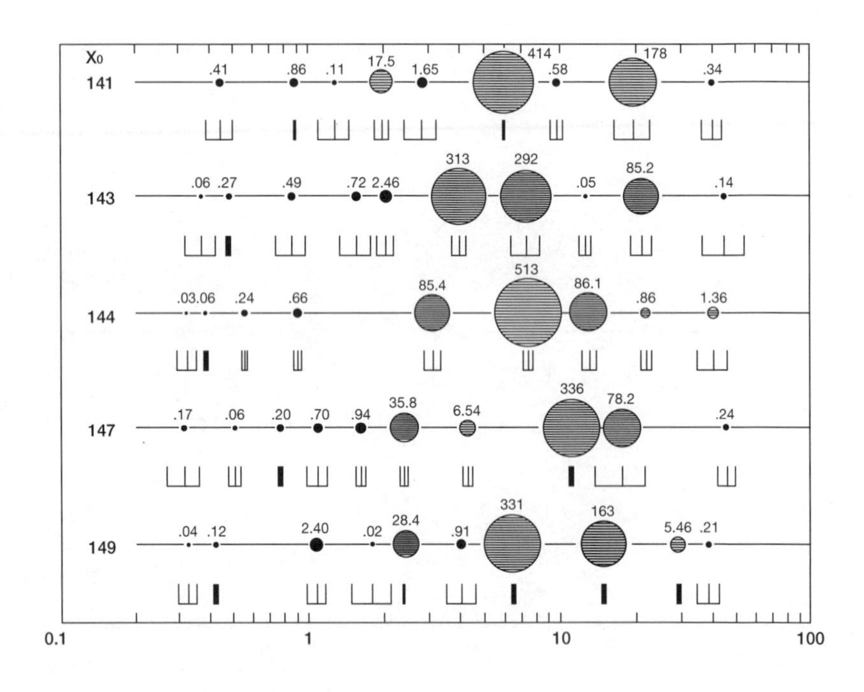

스티븐 돌(Stephen Dole)이 컴퓨터 실험으로 재현한 태양계 모형 5개를 나타낸 그림이다. 태양계 형성에 관여하는 물리학을 연구한 돌의 모형은 확실히 우리 태양계와 무척 비슷하다. 이것은 우리 은하 전역에 흩어져 있는 별들에 행성계가 흔히 딸려 있음을 보여 주는 몇 가지 증거 중 하나이다. ICARUS 허가를 받고 실었다.

것으로 인식되면서, 그 생각에 대한 대중의 열정은 식어 갔다.

그 무렵 외계 생명체에 대한 과학계의 관심은 바닥을 쳤다. 로웰이 화성에 지능을 가진 존재가 있다는 생각을 추구하는 데 들인 바로 그 열정, 그리고 일반인들이 이런 생각에 관심을 기울였다는 바로 그 사실이 수많은 과학자들의 등을 돌리게끔 했다. 게다가 새로운 천문학 분야인 천체 물리학, 즉 별의 표면과 내부에 대한 물리학의 응용이 놀라울 정도로 큰 성공을 거두면서, 가장 총명하고 가장 열정적인 젊은 천문학자들이 행성 연구보다는 항성 천문학에 투입되었다. 추는 너무 멀찌감치 가 버려서 제2차 세계 대전 직후에는 — 미국 전역에 — 행성에 관해 본격적인 물리학적 탐사를 하는 천문학자가 단 한 사람, 당시 시카고 대학교의 제러드 피터 카이퍼(Gerard Peter Kuiper, 1905~1973년)만 남게 되었다. 천문학자들은 외계 생명체에 등을 돌리는 것을 넘어 아예 전반적인 행성 연구에 등을 돌려 버렸다.

1950년 이후로 상황은 다시금 서서히 역전되기 시작했다. 추가 다시 흔들리고 있었다. 새로 개발된 관측 장비(제2차 세계 대전의 부산물이라고 할 수 있다.)들 덕분에 달과 태양계 내 다른 행성들의 물리적 환경에 대한 새로운 기초 지식이 막대하게 손에 들어왔다. 처음에 이 장비들은 지상 관측에서 활약했지만, 이후에는 우주선에 실려 태양계를 종횡무진하며 정보를 수집했다. 젊은 과학자들은 다시금 행성 연구에 이끌렸고, 천문학자만이 아니라 지질학자, 화학자, 물리학자, 그리고 생물학자 들도 마찬가지였다. 학문은 그들 모두를 필요로 했다.

우리는 지금 지구 생명의 기원을 이루는 벽돌이 물리학과 화학의 카드 패에 들어 있음을 안다. 표준적인 원시 대기는 흔한 에너지원에 노출되기만 해도, 며칠 혹은 몇 주 안에 생명의 벽돌을 하늘에서 땅으로 떨어뜨린다. 유기 화합물은 운석과 성간 공간에서도 발견된다. 심지어 달처럼 생명에 비우호적인 환경에서도 소량 발견된다. 그들은 토성의 가장 큰 위성인 타이탄뿐만 아니라 목성에서도, 나아가 태양계의 바깥쪽 다른 행성들에도 존재하리라고 짐작된다. 이론과 관측 모두, 이제는 별들이 행성들을 거느리는 것이 극도로 드문 우연이라기보다는 흔한, 어쩌면 예외 없는 현상임을 보여 주고 있다. 20세기 초 몇십 년간 널리 퍼진 믿음과는 달리 말이다.

우리는 지금 역사상 처음으로 다른 별들이 거느린 행성에 있는 문명과 접촉할 도구를 가지고 있다. 푸에르토 리코 아레시보에 있는, 코넬 대학교 운영 미국 국립 천문 및 전리층 연구소(National Astronomy and Ionosphere Center)가 보유 중인 지름 300미터의 거대한 전파 망원경이, 우리 은하 어디에 있는 것이든, 그것과 똑같은 복제본과 교신할 수 있으리라는 것은 놀라운 사실이다. 우리는 그저 수백 광년이나 수천 광년의 거리를 넘어 교신할 수 있는 도구를 마음대로 사용할 수 있는 것을 넘어, 수천억 별들이 존재하는 곳과 수십만 광년을 넘어 소통할 수 있다. 다른 별에 속한 행성에 진보한 기술 문명이 존재한다는 가정은 이제 실험을 통해 검증할 수 있다. 그것은 순수한 사색의 경기장에서 나와 이제는 실험의 경기장에 올라가 있다.

외계 사회에서 보낸 방송을 들으려는 우리의 첫 시도는 오즈마 프로젝트였다. 1960년에 미국 국립 전파 천문대(NRAO)에서 프랭크 드레이크가 조직한 그 프로젝트는 두 주 동안 한 주파수 대역에서 두 별을 관측했다. 결과는 부정적이었다. 이 글을 쓰는 시점에는 좀 더 과감한 프로젝트들이 (구)소련의 고리키 전파 물리학 연구소(Gorky Radiophysical Institute)과 미국의 NRAO에서 수행되고 있다. 어쩌면 우리 주변에 있는 별 몇백 개에 대해 몇몇 주파수 대역을 탐색할 수 있을지도 모른다. 그렇지만 가장 가까운 별이라고 해도 거기까지의 거리는 아무리 낙관적으로 계산해도 너무 멀기 때문에, 그 별 중 한 곳에서 방출된 어떤 인식할 만한 신호를 수신하려면 수천억 개의 별을 모두 다 탐사해야 한다. 이것은 상당한 시간과 거대한 노력을 필요로 한다. 하지만 그것은 우리 자원과 우리 능력과 우리 관심의 안전 범위 내에 있다.

외계 생명체에 관한 생각의 분위기 변화는 1971년에 소비에트 아르메니아의 뷰라칸에서 열린, (구)소련 과학 아카데미와 미국 과학원이 합동으로 주최한 과학 회의에도 반영되었다. 나는 이 회의에서 영예롭게도 미국 대표단의 대표를 맡았다. 참석자들은 천문학, 물리학, 수학, 생물학, 화학, 고고학, 인류학, 역사학, 전자 공학, 컴퓨터 과학, 그리고 암호해독 분야를 대표했다. 회의적인 노벨상 수상자 두 사람을 포함한 이 집단은 학문적 경계만이 아니라 국적을 가로질렀다는 점에서도 특기할 만했다. 회담은, 교신 또는 의사 소통이 가능한 외계 사회가 존재할 확률과 그들과의 접촉을 타진할 우리의 현재 기술 능력 모두 다 상당히 높아서 본격적 연구를 해도 될 때가 되었다는 것이었다. 도출된 구체적 결론 가운데 일부를 다음과 같이 소개해 본다.

1. 천문학, 생물학, 컴퓨터 과학, 그리고 전파 물리학 분야에서 최근 몇 년간 이루어진 놀라운 발견들 덕분에 외계 문명 관련 문제와 그것을 탐색하는 문제들 일부가 사색의 영역에서 실험과 관측이라는 새로운 영역으로 옮겨졌다. 인류 역사상 처음으로, 이 근본적이고 주요한 문제에 관해 본격적이고 상세한 실험을 하는 것이 가능해졌다.
2. 이 문제는 인류의 미래 발전에 심대한 중요성이 있음이 밝혀질지도 모른다. 만약 외계 문명이 만에 하나 발견된다면, 인류의 과학적이고 기술적인 능력에 미치는 영향은 막대할 것이고, 그 발견은 인류의 미래 전체에 긍정적 영향을 미칠 수도 있다. 외계 문명과 성공적으로 접촉한다는 사건의 실제적

의미나 철학적 의미는 너무나 커서, 실질적 노력을 기울일 가치가 있을 것이다. 그런 발견의 결과들은 인류 전체의 지식에 엄청난 보탬이 될 것이다.

3. 우리 행성의 기술적, 과학적 자원은 이미 지능을 가진 외계 존재를 탐색하기 위한 연구를 시작할 수 있을 만큼 크다. 심지어 지능을 가진 외계 존재에 대한 구체적 탐색이 성공하지 못한다고 해도, 그런 연구는 대체로 중요한 과학적 결과를 내놓을 것이다. 현재로서, 이런 연구들은 다양한 국가의 자체적인 과학 기관에서 효율적으로 수행될 수 있다. 그러나 이처럼 이른 단계에서도, 구체적인 탐색 프로그램을 함께 논의하고 과학적 정보를 교환하면 유용할 것이다. 장래에는 다양한 국가 출신 연구자들의 노력을 한데 결합해 실험 및 관측적 목표들을 성취함이 바람직하다. 우리가 보기에는 지능을 가진 외계 존재 탐사가, 인류 전체의 대표들에 의해 이루어지는 것이 적절해 보인다.
4. 지능을 갖춘 외계 존재를 탐사하는 다양한 방법들이 회의에서 상세히 논의되었다. 이런 제안 중 가장 정교한 것을 실현하려면 우주와 핵 연구에 바쳐진 자금에 비할 정도로 상당한 시간과 노력과 자금이 소요될 것이다. 그러나 유용한 연구는 매우 합리적인 수준에서 시작될 수도 있다.
5. 회의 참석자들은 우리 태양계의 다른 행성에 존재하는 생명을 탐사하기 위한 현재와 미래 우주선 실험들의 가치를 무척 높이 평가한다. 그리하여 생물 탄생 이전의 유기 화학, 태양계 밖 행성계 탐색, 그리고 그 문제와 밀접한 관련이 있는 진화 생물학 같은 영역들에서 연구를 지속적으로 강화할 것을 권장한다.
6. 본 회의는 신호 탐색을 지향하는 구체적이고 새로운 조사들을 개시할 것을 권고한다.●

● 회의록 전문은 『외계 지성체와의 교신(*Communication with Extraterrestrial Intelligence)*』(Carl

외계 지성체의 존재에 대한 탐사가 과학계의 승인을 받을 가능성이 높아진다는 또 다른 신호는 1970년대의 10년간 천문학의 필요성을 요약하라는 요청을 받은 미국 과학원의 천문학 연구 위원회의 권고문이었다. 이 위원회의 권고문은 미국의 정부 공식 보고서로는 처음으로 천문학의 미래를 다루면서 외계 지성체 탐사를 강조했다. 그 근거로서 상대적으로 가까운 미래에 천문학적 탐색의 부산물로서 외계 지성체 탐사가 성과를 거둘 수 있다는 점을 들었다. 그리고 바로 그 점을 가지고 대형 전파 망원경의 제작을 정당화했다.

또 각 대학과 연구소의 실험실에서 지구 생명의 기원에 관한 연구가 가속화되고 있다. 만약 지구 생명체의 기원이 극도로 '쉬운' 일이었음이 밝혀진다면, 다른 곳에서 생명이 탄생할 확률 역시 그만큼 높을 것이다.

또한, 미국의 결연한 노력도 있다. 토착 생명체를 찾기 위한 기계 장치를 화성 표면으로 운반하는 바이킹 프로젝트가 좋은 사례이다.

외계 생명체, 이제 때가 되었다!

Sagan, ed., Cambridge, Massachusetts, The M.I.T. Press, 1973)에 실려 있다.

28장

외계인이 지구를 방문한 적이 있을까?

비의 신, 멕시코 산후안 테오티우아칸 태양의 신전 벽 장식이다. 필자가 찍은 사진이다.

내가 어떤 진보한 외계 문명의 대표라면, 지구와 교신하는 가장 싼 방법은 단연코 전파를 쓰는 것이다. 전파 정보 1비트를 우주 시공간 너머 지구로 전송하는 데는 돈 1원도 안 들 것이다. 따라서 전파를 사용하는 것은 외계 지성체를 탐색할 때 무척 합리적인 시작점인 듯하다. 하지만 좀 더 친근한 가능성들을 검토해서는 안 될까? 만약 여기 지구에 그간 내내 외계 생명체의 증거가 있었다면, 전파 메시지를 들으려고 귀를 기울이거나 막대한 수고를 들여 가며 화성에서 생명을 찾는 것은 어리석은 짓이 아닌가?

대중 사이에서 지지자를 얻어 온 이런 가설에는 두 종류가 있다. 하나는, 오늘날 다른 세계에서 온 우주선들이 지구를 방문하고 있다는 것이다. 외계에서 온 비행 접시나 미확인 비행 물체(UFO)에 대한 가설들이 여기에 해당한다. 두 번째 가설 역시 그런 우주선이 지구를 방문한다고 상정하지만 다만 그때는 과거, 문자 역사 이전이다.

UFO에 바탕을 둔 외계 생명체 가설은 복잡한 주제로, 목격자들의 신뢰성에 강력하게 의존한다. 이 문제에 대한 종합적 논의를 다룬 것이 최근 출간된 『UFO: 과학적 토론(*UFO's: A Scientific Debate*)』•이다. 이 책은 이 주제와 관련된 모든 문제를 다루고 있다. 나는 어떻게 생각하냐고? 매우 신뢰성이 높은(다수의 목격자가 개별적으로 목격했다고 보고했다.) 동시에 매우 비상한(기상 관측용 항공기의 탐사등이나 군용기의 항공 연료 재충전 작업처럼 합리적으로 여겨지는 현상으로는 설명할 수 없는 신기한 빛을 보았다.) 조건을 동시에 만족시키는 사례가 전무(全無)하다고 생각한다. 예를 들어 이상한 기계가 착륙하고 이륙했다고 보고된 사례 중에는 믿을 만한 것이 하나도 없었다.

UFO의 외계 기원설에는 또 다른 접근법이 있다. 이것은 우리가 거의 알지 못하는, 그리고 일부는 우리가 말 그대로 전혀 모르는 다수의 요인에 의존한다. 나는 외계 존재들이 우리를 자주 방문할 가능성을 다소 개략적으로 추산해 보고자 한다.

이제, 그런 방식으로 검증할 수 있는 다양한 가설이 있다. 간단한 예를 하나 들어보겠다. 산타클로스 가설을 생각해 보자. 매년 12월 24일과 25일 사이에 대략 8시간 동안 덩치 큰 요정이 미국 전체의 1억 가정을 방문한다는 가설이다. 이것은 흥미롭고 널리 회자된다. 일각에서는 감정적으로 강력한 옹호를 받고 있고, 적어도 해될 것은 없지 않으냐고 주장하는 측도 있다.

• Carl Sagan and Thornton Page, editors, *UFO's: A Scientific Debate*, Ithaca, N. Y., Cornell University Press, 1972.

몇 가지 계산을 해 볼 수 있다. 문제의 요정이 한 집당 1초를 쓴다고 생각하자. 이것은 흔한 상황은 아니다. "호, 호, 호." 하며 웃고 어쩌고 하는 시간을 생각하면 더 그렇다. 하지만 산타클로스가 지독하게 유능하고 엄청나게 빠르다고 상상하자. 왜 산타클로스를 본 사람이 그다지 많지 않은 이유가 그것으로 설명이 되리라. 어차피 한 집당 1초니까. 집이 1억 군데라고 가정하면 산타클로스는 그냥 양말을 채우는 데만도 3년을 써야 한다. 나는 이 집에서 저 집으로 가는 데는 전혀 시간이 들지 않는다고 가정했다. 아무리 순록의 속도가 광속에 가깝다 해도, 1억 가구를 전부 도는 데 드는 시간은 3년이지 8시간이 아니다. 이것은 순록의 추진 메커니즘이나 요정의 기원에 관한 논쟁과는 독립적인 검증 표본이다. 이렇게 우리는 무척 직접적인 가설을 사용해서 가설 그 자체를 검토하고, 가설과는 크게 불합치하는 결과를 도출한다. 그러면 그 가설을 옹호하는 것이 불가능함을 보여 줄 수 있다.

행성 지구에서 목격된 다양한 범주의 UFO들이 다른 별의 행성에서 보낸 우주선이라는 외계 기원설에 대해서, 그것과 비슷하지만 훨씬 더 불확실한 검증을 할 수 있다. 그 보고율은, 적어도 최근 몇 년간은, 가장 적게 잡아도 하루에 몇 건이었다. 나는 그러한 가설을 취하지 않을 것이다. 연간 1건의 보고가 실제 외계인의 방문에 해당한다는, 훨씬 보수적인 가정을 취할 것이다. 그러면 어떤 뜻이 되는지 한번 보자.

우리는 우리 은하에 현재 존재하는 기술 문명의 수 *N*에 대해서 어느 정도 감을 잡아야 한다. 일단 그 기술 문명이 우리보다 한참 앞서 있으며, 어떤 방법으로든 성간 우주 비행을 할 수 있다고 해 보자. (그 방법은 모른다. 하지만 그 문제는 이 논의에 중요하지 않다. 순록 추진 메커니즘이 산타클로스 가설에 대한 우리 논쟁에 영향을 미치지 않는 것과 마찬가지이다.)

우리 은하에 존재하는 기술 문명의 수를 결정하는 방정식이 한 가지 제시되어 있다. 그것은 여러 가능성과 확률을 곱한 것이다. 그 구체적인 숫자를 열거하지는 않겠지만, 그 가능성과 확률이 더 깊이 들어가면 갈수록 우리가 제대로 추산해 내기 힘들어진다는 점만을 지적해 두겠다. 먼저 *N*은 우리 은하에서 별들이 생성되는 평균 비율에 달려 있는데, 그 수는 그런 대로 잘 알려져 있다. *N*은 그것보다 덜 알려진, 행성이 딸린 별의 수에 의존하지만, 거기에 대해서는 어느 정도 데이터가 있다. *N*은 별과의 거리가 적당해 생명이 출현하기에 적절한 환경을 지닌 행성들의 비율에 의존한다. *N*은 그런 환경에서 생명이 기원한 행성들의 비율에 의존한다. *N*은 생명이 기원한 다음 거기서 다시 지능을 갖춘 형태가 생겨날 행성들의 비율에 의존한다. *N*은 지능을 갖춘 형태들이 생겨나고, 그들이 실질적으로 우리보다 앞선 기술 문명을 발전시킬 행성들의 비율에 의존한다. 그리고 *N*은 그런 기술 문명의 평균 수명에 의존한다.

더 깊이 파고들면 들수록 표본의 수가 급속히 줄어드는 게 눈에 보인다. 별은 많지만 생명이 기원한 실제 표본은 하나뿐이고, 이 행성에서 진화한 지능을 갖춘 존재와 그들이 만들어 낸 기술 문명의 표본은 그 수가 무척 한정적이다. 일각에서는 하나뿐이라고 말할지도 모른다. 게다가 우리는 어떤 기술 문명의 평균 수명이 얼마라고 판단할 근거가 전혀 없다. 그런데도 일부 사람들은 이런 수에 관해 가장 좋은 추산치를 내며, *N*의 값을 구하는 문제에 오락거리 삼아 몰두해 왔다. 계산 결과는 *N*이 대략 어떤 기술 문명의 평균 수명의 10분의 1과 비슷하다는 것이다.

선진 기술 문명의 평균 수명을 1000만 년(10^7년)으로 한번 잡아 보면, 우리 은하에 있는 그런 기술 문명의 수는 대략 100만 개(10^6개)가 된다. 즉 오늘날 선진 문명이 존재하는 행성을 가진 별이 100만 개 있다는 뜻이다. 이것은 정확하게 해내기가 꽤 어려운 계산이다. 어떤 기술 문명의 평균 수명을 1000만 년으로 잡은 것도 다소 낙관적인 추산이다. 그래도 일단은 이렇게 낙관적으로 잡고 거기서 어떻게 되나 살펴보자.

이런 100만 개의 기술 문명 사회 각각이 매년 Q대의 성간 우주선을 발진시킨다고 치면, 매년 $10^6 \times Q$대의 성간 우주선이 발진하는 셈이다. 그리고 이변이 없다면 매년 어딘가에 10^6번의 착륙이 이루어질 것이다. 이제, 우리 은하에 탐사해 볼 만한 흥미로운 장소가 10^{10}곳 정도 있다고 해 보자. (우리 은하에 존재하는 별의 수는 10^{11}의 몇 배이다.) 그렇다면 선진 기술 문명이 발사한 우주선이 흥미로운 장소(행성이라고 하자.)에 도착할 확률은 연간 평균 $1/10^4 = 10^{-4}$가 된다. 그러니 매년 단 한 대의 UFO가 지구를 방문한다면, 100만 개의 행성들 각각에서 평균 몇 대의 우주선을 발사해야 하는지 계산할 수 있다. 그 수는 문명당 매년 1만 회로 나오고, 우리 은하 전체로 보면 연간 100억 회로 나온다. 너무 많아 보인다. 그 문명이 우리보다 훨씬 더 진보했다고 하더라도, 그저 우주선 한 대를 우리 지구에 착륙시키려고 그런 우주선 1만 대를 발사해 보낸다는 생각은 아무래도 우리만의 욕심 같다. 그리고 우리가 선진 문명의 수명을 좀 더 비관적으로 본다면, 그것에 비례해서 발사 횟수가 더 커지리라. 그렇지만 수명이 줄어들수록 문명이 성간 비행 기술을 발달시킬 가능성 역시 감소할 확률이 매우 높다.

중국 상하이 태생의 미국 물리학자 추훙이(丘宏義, 1932년~)가 이 문제와 관련해서 비슷한 주장을 했다. 그 역시 매년 지구에 한 대 이상의 UFO가 도착하는 것으로 잡았지만, 그의 주장은 내가 방금 제시한 것과 비슷한 논리를 따른다. 그는 우리 은하의 전체 역사를 기간으로 잡고 이 기간에 우주 곳곳을 날아다닐 이 모든 우주선을 만드는 데 필요한 금속의 전체 질량을 계산했다. 그 우주선은 어느 정도 크기는 되어야 할 테니, — 말하자면 아폴로 캡슐보다는 커야 할 테니 — 우리는 얼마나 많은 금속이 필요할지를 계산할 수 있다. 그 결과는 50만 개의 별이 각각 가진 핵 반응로를 모두 가동해야 하며 그 별들이 이 반응로에서 만든 금속을 모조리 채굴해야 하는 것으로 나왔다. 아니면 그 주장을 확장해서 선진 문명이 태양 같은 별들을 외부 수백만 킬로미터까지만 채굴할 수 있다고 치면(더 깊은 곳은 너무 뜨거우니까.), 결과는 그런 별 20억 개를, 혹은 우리 은하 별 가운데 1퍼센트를 채굴해야 한다고 나왔다. 이것 역시 그럴싸하게 들리지는 않는다.

그러면 여러분은 그럴지도 모른다. "글쎄, 그건 퍽 편협한 접근법인데요. 어쩌면 플라스틱 우주선이 있을지도 모르잖아요." 그렇다, 그것도 가능하다고 생각한다. 하지만 플라스틱도 어딘가 출처가 있어야 하고, 금속을 플라스틱으로 바꾼다고 해도 결론은 거의 바뀌지 않는다. 이 계산은 외계 방문객들이 우리 행성을 정기적으로 자주 찾는다고 믿으려면 필요한 작업의 강도가 어느 정도인지 조금이나마 감을 잡게 해 준다.

가능한 반론은? 예를 들어, 우리가 특별한 요주의 대상이라고 주장할 수도 있다. 우리는 막 온갖 종류의 문명과 높은 지성의 신호, 예를 들어 핵무기 같은 것을 발달시켰고, 따라서 성간 인류학자들의 특별한 관심 대상이 되었다는 것이다. 어쩌면 그럴지도 모른다. 하지만 우리가 기술 문명이 존재한다고 신호를 보낸 것은 겨우 지난 수십 년간의 이야기이다. 그 소식은 우리로부터 겨우 수십 광년밖에 가지 않았다. 또한, 안다만 제도에서 막 그물망이 발명되었다고 해서 전 세계의 모든 인류학자가 안다만 제도에 모여들지는 않는다. 그저 그물망 전문가 몇 명과 안다만 전문가 몇 명이 올 뿐이다. 그 사람들이라면 이렇게 말할 것이다. "있잖아, 안다만 제도에서 무언가 멋진 일이 일어나고 있어. 당장 거기로 가서 1년쯤 있다 와야겠어. 지금 가지 않으면 놓쳐 버릴지 모르니까." 그렇지만 도자기 전문가와 오스트레일리아 원주민 전문가들이라면 짐을 싸 인도양으로 떠나지 않을 것이다.

바로 이곳에 무언가 절대적으로 매혹적인 것이 일어나고 있다는 생각은, 주변에 수많은 문명이 존재한다는 생각과는 정면으로 어긋난다. 후자가 사실이라면, 우리 같은 부류의 문명 발전은 틀림없이 무척 흔한 일일 것이다. 그리고 만약 우리가 아주 흔하지 않다면, 방문객을 보낼 수 있을 정도로 충분히 진보된 문명이 그리 많지는 않을 것이다.

그렇다 하더라도, 둘째 UFO 가설이 진실일 가능성은 있지 않을까? 유사 시대에 또는 가까운 선사 시대에 외계 우주선이 지구에 불시착했다는? 그런 우연을 배제할 방법은 확실히 없다. 그것을 어떻게 입증할까?

그런 방문이 있었다고 주장하는 책들이 최근에 많이 나왔고 인기도 끌었다. 주장은 두 부류인데, 전설과 공예품이다. 나는 (구)소련 천체 물리학자 이오시프 사무일로비치 슈클롭스키와 같이 써서 1966년에 출간한 『우주의 지적 생명』에서 이 주제를 다뤘다. 우리 조상들과, 확실히 더 우월한 사회의 대표인 듯한 존재 사이의 접촉을 시사하는 전형적인 전설 하나를 살펴보았다. 그 전설은 가장 오래된 초창기 수메르 신화에서 가져온 것인데, 수메르 사람들은 바로 우리 문명의 직접적인 문화적 선조이기 때문에 중요하다. 수메르 사람들은 우월한 존재에게 수학, 천문학, 농경, 사회 조직과 정치 조직, 그리고 문자를 배웠다고 한다. 수렵 채집 사회를 최초의 문명으로 이행시키는 데 필요한 모든 기술이다.

그렇지만 이것이나 그 비슷한 전설들이 비록 흥미롭기는 해도, 나는 그런 전설들을 바탕으로 외계와의 접촉을 입증하는 것은 불가능하다고 결론을 내렸다. 다른 그럴싸한 설명들이 얼마든지 있기 때문이다. 왜 설교자들이 하늘에 초월적 존재들이 산다는 신화를 만들어 내고, 인간에게 살아갈 방식에 대해 지침을 주려 하는지를 우리는 이해할 수 있다. 다른 '이점'과 더불어, 그런 전설은 설교자들에게 인민에 대한 통제권을 준다.

설득력이 있을 만한 전설은 한 부류밖에 없다. 그 전설을 만들어 낸 문명으로서는 절대로 얻어 낼 수 없었을 정보가 그 전설에 담겨 있다면 어떨까. 예를 들어, 수천 년 전부터 전해져 내려온 성스러운 숫자가 알고 보니 원자핵의 미세 구조 상수(nuclear fine-structure constant)로 밝혀진다든가. 이러면 어느 정도 주의를 기울일 가치가 있는 사례이리라.

더불어 어떤 부류의 공예품도 설득력이 있을 것이다. 만약 자신이 유래한 문명의 기술적 한계를 한참 넘어서는 어떤 기술적 공예품이 고대 문명으로부터 전해 내려왔다면, 그것은 흥미롭고 확실한 외계 방문객의 증거가 될 것이다. 예를 들자면, 아일랜드 수도원에서 고감도 무선 수신 장치를 만들기 위한 전자 회로도가 든 발광(發光) 필사본이 발굴된다든가. 이런 공예품의 출처가 어딘지는 미술품 수집가들이 새로이 발견된 라파엘로 작품에 대해 쏟는 것 못지않게 엄청난 주의를 쏟아야 한다. 예컨대 어떤 현대 아일랜드의 장난꾼이 그 회로도를 만들어 내지는 않았는지 반드시 확인해야 할 일이다.

내가 아는 한도 내에서는 그런 전설도 그런 공예품도 존재하지 않는다. 예를 들어, 에리히 안톤 파울 폰 데니켄의 책 『신의 전차(*Chariots of the Gods*)』에서 고대의 수수께끼 공예품이라고 거론되는 것들은 모두 그럴싸한 대안적 설명을 얼마든지 댈 수 있다. 커다랗고 뾰족한 머리를 가진 존재들을 그린 그림을 보고, 혹자는 우주 헬멧을 닮았다고 주장하지만, 그것을 그린 이들의 예술적 표현이 세련되지 못한 탓이라거나, 의식에 쓰는 가면을 그린 것이라거나, 물뇌증이 만연했다고 해도 똑같이 설명된다. 사실, 외계 비행사들이 쓴 우주복까지 미국이나 (구)소련의 우주 비행사들과 정확히 똑같아 보일 것이라는 이야기는 아마도 외계인이 지구에 왔다는 이야기보다도 더 못 미더운 것이 아닐까. 마찬가지로, 폰 대니켄을 비롯한 사람들이 제시한, 고대 비행사들이 지구상에 이착륙장을 세우고 로켓을 사용하고 핵무기를 터뜨렸다는 발상 역시 지극히 못 미더운데, 그 이유는 바로 지금 막 우리 자신이 이런 기술을 발전시켰기 때문이다. 우주에서 온 방문객은 시간 면에서 우리와 그렇게 가깝지 않을 것이다. 그건 마치, 1870년대에 그런 이야기가 나왔다고 치면, 외계 생명체가 우주 탐사를 위해 뜨거운 공기를 이용하는 기구를 쓴다는 결론을 내리는 것과 마찬가지이다. 그런 발상은 너무 과감하기는커녕 상상력이 부족해서 지루하다. 외계 생명체와의 접촉을 주장하는 대중적인 설명은 대부분 충격적일 정도로 쇼비니즘적이다.

리처드 샤프 셰이버(Richard Sharpe Shaver, 1907~1975년)라는 이름의 한 미국인 작가는 어디에나 있는 바위를 잘게 잘라 보면 고대 문명이 남긴 스틸 사진 세트가 들어 있다면서, 그것을 상영하면 영화가 된다고 주장한다. 그냥 아무 돌이나 집어 들어 잘게 잘라 보라고, 그러고 있다.

페루의 나스카 고원에는 거대한 기하학적 도형들이 즐비하다. 그 한가운데 서 있으면 식별하기가 무척 어렵지만, 공중에서는 퍽 식별하기 쉽다. 초기 인간 문명이 그런 모양을 어떻게 만들었을지는 쉽게 알아볼 수 있다. 그렇지만 왜 그런 건축물을 만든 것이 반드시 외계 문명이라고만 생각해야 하는가? 사람들이 하늘에 있는 신의 존재를 믿는다면, 그런 신과 교신하기 위해 메시지를 만들었다고 상상해도 전혀 신뢰성에 문제는 없다. 그 표식들은 어쩌면 집단적인 회화적 기도의 일종일지도 모른다. 그렇지만 그런 기도가 있다고 해서 반드시 그 대상이 실존해야 하는 것은 아니다.

얼핏 들으면 무척 설득력 있는 다른 사례들도 있는데, 잘츠부르크 박물관에 있다고 하는, 수백만 년 된 지질학적 단층에서 찾은 완벽하게 기계식인 철 원통 같은 것이나 3년간 전파를 송출하지 않은 텔레비전 방송국의 호출 신호를 받았다든가 하는 것이다. 이런 사례들은 거의 확실히 사기이다.

한편 알고 보면 그에 못지않게 흥미로운 고고학적 증거들이 있는데, 어쩐 일인지 그런 선정적인 책들의 저자들은 알아차리지 못한 모양이다. 예를 들어, 멕시코시티 외곽 산후안 테오티우아칸에 있는 거대한 아즈텍 피라미드의 프리즈(frieze, 소벽)에는 어떤 형상이 반복 등장하는데, 비의 신이라고 하지만 아무리 보아도 전조등 4개가 달린 수륙 양용 궤도 차량처럼 보인다. (325쪽 참조) 나는 그런 수륙 양용차가 잠시라도 아즈텍 시대에 존재했다고 믿지는 않는다. 이유야 많지만 무엇보다도 그것이 우리가 오늘날 가지고 있는 것에서 너무 먼 게 아니라 너무 가깝기 때문이다.

이런 공예품들은, 사실, 심리학적 투사 시험이다. 사람들은 거기서 자기들이 소망하는 것을 본다. 사람들로 하여금 주변 모든 것에서 과거 외계인이 왔다 간 흔적을 보지 못하게 할 방법은 없다. 그렇지만 아주 조금이라도 회의적인 정신을 지닌 사람에게 그러한 증거는 설득력을 갖지 못한다. 그런 발견은 너무나 엄청나게 중요하기 때문에, 우리는 가장 비판적인 사고와 가장 회의적인 태도로 그런 자료에 접근해야 한다. 그 자료는 그런 검증을 통과하지 못할 것이다. 이런 목적으로 벽의 그림을 뜯어보는 것은, UFO를 찾는 것과 마찬가지로, 외계 지성체를 찾을 때 투자 대비 이득을 내지 못한다. 만약 우리가 그들을 찾는 데 진정 관심이 있다면 말이다.

29장

외계 지성체 탐사 전략

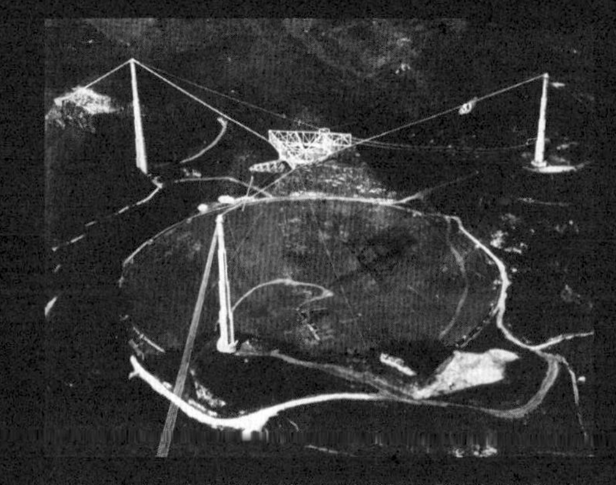

푸에르토 리코 아레시보에 있는 코넬 대학교 운영의 거대한 전파 망원경. 국립 천문학 및 전리층 연구소(National Astronomy and Ionosphere Center)의 허가를 받고 실었다.

우리가 뉴욕 시의 어떤 정해지지 않은 장소에서, 한번도 만나 본 적 없고 생판 모르는 타지 사람과 만나기로 약속했다고 치자. 다소 바보 같은 상황 설정이지만, 우리 목적에는 쓸모가 있다. 우리는 그를 찾고, 그는 우리를 찾는다. 우리의 탐색 전략은 무엇인가? 아마 78번가 매디슨 애비뉴 한 귀퉁이에 일주일 내내 서 있지는 않을 것이다. 그 대신, 아마도 뉴욕 시의 널리 알려진 랜드마크 몇 군데가 있음을 떠올릴 것이다. 우리 못지않게 그도 잘 알 만한. 그는 우리가 그런 곳들을 안다는 것을 알고, 우리는 우리가 그런 곳들을 안다는 것을 그가 안다는 것을 알고……. 그래서 우리는 이런 랜드마크 사이를 왕복한다. 자유의 여신상, 엠파이어 스테이트 빌딩, 그랜드 센트럴 역사, 라디오시티 음악당, 링컨

센터, 유엔 본부, 타임스 스퀘어 광장, 그리고 어쩌면 혹시 모르니까 시청까지. 어쩌면 개인 취향에 따라 가능성이 더 낮은 곳, 양키 구장이나 맨해튼에서 스테이튼 아일랜드로 가는 페리를 타는 선착장도 포함시킬지 모른다. 그렇지만 가능성의 수는 무한하지 않다. 수백만 가지도 아니다. 가능성은 그저 수십 가지뿐이고, 시간만 지나면 그 모든 곳을 들러 볼 수 있을 것이다.

성간 무선 교신을 위한 전자기파의 주파수를 탐색하는 경우에도 상황은 같다. 기존 접촉이 전혀 없는 상황이기 때문에 우리는 외계 생명체가 무선 교신에 어떤 주파수를 사용하는지 알 수 없다. 사실 알 도리가 없다. '채널'을 어디로 돌려야 할지 전혀 모른다. 무선 교신에 사용할 수 있는 주파수만 해도 적어도 수백만 가지가 있다. 그렇지만 우리와 교신하는 데 관심이 있는 문명이라면 전파 천문학과 우리 은하에 관한 지식을 우리와 똑같이 가지고 있으리라. 예를 들어 우주에서 가장 흔한 원자인 수소가 전형적으로 주파수 1,420메가헤르츠의 전자기파를 방출한다는 사실을 알 것이다. 우리가 그것을 안다는 것을 그쪽도 알고……. 성간 공간에는 물과 암모니아 같은 분자들이 풍부하게 존재하는데, 이들은 각자 방출하고 흡수하는 전자기파의 주파수가 정해져 있다. 이들 중 일부는 은하 전파 스펙트럼의 다른 곳에 비해 배경 소음이 적은 지점에 놓여 있다. 이것 역시 공통 정보이다. 이 문제를 연구하는 사람들은 확실히 검토해야 할, 가능성 있는 주파수 수십 가지로 꾸려진 선발 후보 명단을 내놓았다. 심지어 물에 기반을 둔 생명체가 물 주파수로, 암모니아 기반 생명체가 암모니아 주파수로 교신하는, 그런 교신 방식도 생각해 볼 수 있다. 선진 외계 문명이 우리 쪽으로 전파 신호를 보내고 있다는, 그리고 우리가 그런 신호를 수신할 기술이 있다는 이야기는 가능성이 꽤 높아 보인다. 이런 신호에 대한 탐색은 어떻게 조직되어야 할까? 기존 전파 망원경은, 아무리 작은 것이라고 해도, 초기 단계의 탐색에는 적합할 것이다. 사실 ㈀소련의 고리키 전파 물리학 연구소에서는 현대 기준으로 보아도 매우 현대적인 망원경과 기기를 사용해 연구하고 있다.

소련 과학 아카데미의 우호적이고 유능한 회장 므스티슬라프 브세볼로도비치 켈디시(Mstislav Vsevolodovich Keldysh, 1911~1978년)는 눈빛을 빛내며 내게 이렇게 말한 적이 있다. "외계 지성체가 발견되면 그것은 과학적으로 큰 문제가 될 것입니다." 한 선도적인 미국 물리학자는 내게 외계 지성체를 탐색하는 가장 좋은 방법은 그저 일반적인 천문학 연구를 하는 것이라고 강력하게 주장했다. 만약 발견이 이루어지면 그것은 우연히 이루어질 것이다. 그렇지만 나는 그런 연구의 성공 가능성을 더 높이기 위해 우리가 할 수 있는 일이 있을 것이라고 생각한다. 그리고 특정한 별, 주파수 대역 등을 집중적으로 추적하고 외계 지성체와 관계된 시간 상수를 탐색하는 것은 전파 천문학의 일상적 연구와 똑같지는 않을 것이다.

그렇지만 탐사해야 할 별의 수는 너무 많고, 가능한 주파수는 수없이 많다. 합리적인 탐사 프로그램은 거의 확실히 무척 많은 시간이 걸릴 것이다. 그런 탐사는, 커다란 망원경을 전용으로 썼을 때, 보수적으로 추산해도 적어도 수십 년은 걸릴 것이다. 그런 사업에서 전파 관측자들이 외계 지성체를 찾는 데 얼마나 열정적이든, 오랜 세월 성과도 없는 탐사를 하다 보면 무척 지루해질 가능성이 높다. 다른 과학자들과 마찬가지로 전파 천문학자 역시 좀 더 즉각적인 결과를 낼 가능성이 높은 문제를 다루는 데 더 관심이 있는 것은 인지상정이니까 말이다.

이상적인 전략은 커다란 망원경을 사용해 반은 외계 지성체의 전파 신호를 탐색하고 반은 전파 천체, 펄서, 성간 분자, 그리고 퀘이사 같은 한층 전통적인 전파 천문학 대상들을 연구하는 것이다. 기존 전파 천문대 몇 곳을 이용하는 데는 어려움이 있는데, 예를 들어, 각 천문대를 1퍼센트씩 이용한다고 할 때, 어느 정도의 성과를 거두려면, 이 일은 수 세기 동안 계속해야 한다는 것이다. 기존 전파 망원경의 시간은 대개 쓰임이 정해져 있어서, 더 많은 시간을 할애받을 가능성은 없어 보인다.

확실히 검토 대상은 폭넓고 다양해야 한다. 우리의 것과 같은 G형 별과 더 오래된 M형 별, 그리고 블랙홀이나 어쩌면 천체 공학적 활동의 산물일지 모를 낯선 물체들. 우리가 사는 우리 은하에 존재하는, 별을 비롯한 물체의 수는 대략 2000억 개쯤 되고, 그런 신호들을 찾아낼 가능성을 높이려면 우리가 검토해야 하는 천체의 수를 적어도 수백만까지는 끌어올려야 할 것 같다.

우리보다 그다지 많이 진보하지 않은 문명이 보낸 신호를 찾기 위해 수백만 별들 각각을 수고스럽게 탐사하는 것 대신 다른 전략이 있다. 우리 은하 전체를 대상으로 우리보다 훨씬 진보한 문명에서 나온 신호를 한꺼번에 찾는 것이다. (34장과 35장 참조) 조그만 전파 망원경을 우리 은하에 가장 가까운 나선 은하, 안드로메다자리에 있는 거대한 은하계 M31 쪽으로 향하면 동시에 대략 2000억 개의 별을 관찰할 수 있다. 이런 별 다수가 전파를 보내고 있다고 해도, 그 기술이 우리보다 조금밖에 더 진보하지 않았다면 우리로서는 포착할 도리가 없을 것이다. 그렇지만 소수라고는 해도 몇몇 문명이 훨씬 빨리 진화해 그 힘으로 전파를 보냈다면, 그것은 쉽게 추적할 수 있을 것이다. 따라서 우리보다 조금밖에 진보하지 않은 근방의 별들을 검토하는 것에 더해, 이웃 은하에 있는, 그중 일부만이 우리 기술보다 훨씬 진보한 문명을 가졌을지 모르는 수많은 별을 검토하는 것이 충분히 말이 된다.

우리는 지금까지 우리와 교신하는 데 관심이 있는 문명에서 우리 쪽으로 보낸 신호를 탐색하는 것을 이야기해 왔다. 한편 우리 자신은 어떤 특정한 다른 별을 향해 신호를 쏘고 있지 않다. 모든 문명이 듣기만 하고 아무도 송신을 하지 않는다면, 각자는 자신을 제외하고는 은하에 아무도 살지 않는다는 그릇된 결론에 도달할 것이다. 따라서 우리는 '엿듣기'도 해야 한다. 즉 한 문명이 내수용으로 쓰는, 예를 들어 국내 라디오와 텔레비전 송신, 레이더 감시 시스템 같은 것들의 신호에 주파수를 맞추자는 생각이 제시된 바 있다. 대안이자 훨씬 돈이 드는 모험이다. 외계 지성체가 우리 쪽으로 쏘아 보낸 신호를 철저히 탐색하는 데 절반을 바치는 커다란 전파 망원경을 건설하고 운용하려면 수천만 달러(또는 루블)가 들 것이다. 대략 수백 광년 거리에 있는 신호를 엿듣도록 커다란 전파 망원경 여러 대를 건설하려면 수십억 달러가 들 것이다.

게다가 엿듣기에 성공할 확률은 미미할지 모른다. 수백 년 전 우리에게는 우주로 새어나가는 라디오와 텔레비전 전국 방송의 신호가 없었다. 지금으로부터 100년 후에 위성들과 케이블 텔레비전들이 새로운 신호 전송 기술을 사용해 흩어지지 않는 좁은 빔만 사용하게 된다면 라디오나 텔레비전 신호는 다시금 우주로 전혀 새어나가지 않게 될지도 모른다. 한 행성의 수십억 년 역사에서 그런 신호를 추적 가능한 기간은 겨우 수백 년뿐일 수도 있다. 이런 식의 엿듣기는 비용이 비싼 것만 문제가 아니라 성공 가능성도 무척 낮다.

우리가 지금 처해 있는 상황은 다소 흥미롭다. 수많은 문명이 우리 쪽으로 신호를 쏘고 있을 가능성이 적어도 상당히 높다. 우리는 엄청난 거리까지 이런 신호를 추적할 기술이 있다. 심지어 은하수 너머까지 추적할 수 있다. 미국과 (구)소련의 몇 가지 유보된 계획을 제외하면 우리—즉 인류—는 외계 지성체 탐색을 수행하고 있지 않다. 이 작업은 충분히 짜릿하다. 이런 목적만을 위해 전파 천문대를 짓는다면, 헌신적이고 능력 있고 혁신적인 과학자들을 큰 어려움 없이 채용할 수 있을 정도로 충분히 의미가 있다. 유일한 장애물은 돈인 것 같다.

수천만 달러(또는 루블)는 푼돈은 아니지만 부유한 개인이나 재단이 충분히 내놓을 만한 액수이다. 사실, 개인이나 재단으로부터 사적으로 자금을 지원받은 역사가 깊고 자부심 있는 천문대들이 이미 오래전부터 있었다. 제임스 릭(James Lick, 1796~1876년)이 캘리포니아 주 해밀턴 산에 세운 릭 천문대(제임스 릭은 피라미드를 짓고 싶었지만 자기가 묻힌 곳을 부지로 하는 천문대로 타협했다.)와 찰스 타이슨 여키스(Charles Tyson Yerkes, 1837~1905년)가 위스콘신 주 윌리엄스 만에 세운 여키스 천문대, 퍼시벌 로웰이 애리조나 주 플래그스태프에 세운 로웰 천문대, 그리고 카네기 재단이 캘리포니아 남부에 세운 팔로마 산 천문대가 그 사례이다. 아마도 결국에 가면 그런 사업을 위해 정부 자금이 투입될 것이다. 그래 봤자 그 비용은 1972년 크리스마스 주에 베트남에서 격추당한 미국 항공기의 대체 비용과 맞먹는 정도이다. 그렇지만 어떤 개인을 추모하기 위해 외계 지성체와의 교신을 위한 전파 망원경을 만든다면 그것은 무엇보다도 훌륭한 기념비가 되리라.

30장

성공한다면

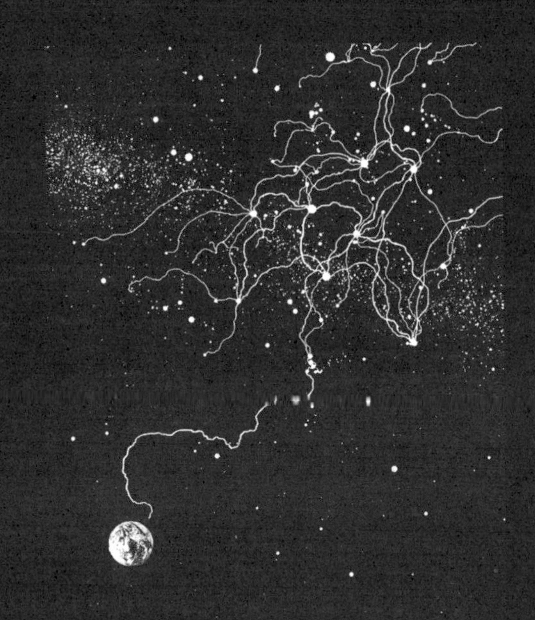

존 롬버그, 「상호 교신하는 은하계 문명들의 그물망(A Net of Intercommunicating Galactic Civilizations)」.

성간 교신이라는 문제를 생각해 볼 때, 이렇게 걱정하는 사람들이 있을 수 있다. 우리가 교신하게 된 문명이 우리보다 더 진보했다면 어쩌지?

그간 지구에서 이루어진 진보한 기술 문명과 퇴보한 기술 문명의 접촉의 역사는 유감스러운 것이었다. 기술적으로 덜 진보한 사회들은 밀려났다. 비록 수학이나 천문학이나 시나 도덕 관념에서는 우월했더라도 말이다. 그것이 지구 문명에 적용되는 사회적 자연 선택의 법칙이라면, 다른 곳에서도 그렇지 않으리라는 법이 있나? 그리고 그게 사실이라면 우리는 그냥 가만있는 게 낫지 않을까?

만약 우리가 우리 존재를 다른 별에 알린다면 지독한 재난이 일어나리라고 내다보는 사람들이 있다. 외계인들이 와서 — 우리를 잡아먹든가, 아니면 무언가 그것에 맞먹는 불쾌한 짓을 할 것이라고. (사실, 우리가 특별히 맛이 있다면, 표본으로 한 사람만 잡아가면 될 일이다. 우리를 그렇게 맛있게 만드는 아미노산 배열을 연구한 다음, 자기네 행성에서 관련 단백질을 다시 만들면 되니까. 높은 화물 운송비 때문에, 미식적으로는 몰라도 경제학적으로 우리는 그리 입맛 당기는 존재가 아닐 것이다.) 파이오니어 10호에 실린 메시지는 일각에서 비판을 받았는데, 그 이유는 우리 은하에서 우리가 어디 있는지 '발설'한다는 것이었다. 나는 과연 누가 그것 때문에 어떤 위험에 맞닥뜨리게 될지 무척 의심스럽다. 우리는 교신에 참여할 수 있는 문명 중 아마도 가장 뒤처졌을 테고, 별들 사이의 광막한 공간은 일종의 자연적 격리 기제 역할을 해서, 언제가 될지 모르겠지만 가까운 미래에 우리가 그곳에 가서 난장판을 만드는 일은 없을 것이다.

그렇지만 어떻든 너무 늦었다. 우리는 이미 우리 존재를 알렸다. 굴리엘모 조반니 마리아 마르코니(Guglielmo Giovanni Maria Marconi, 1874~1937년)의 발명과 함께 시작된 무선 통신 업계는 1920년대에 상당한 강도로 방송 신호를 내보내기 시작했고 이 신호는 전리층을 통과해 지구 밖으로 새어나갔다. 그리고 지구를 중심으로 한 구형 파면을 이루어 빛의 속도로 퍼지고 있다. 그리고 외계의 선진 기술 문명은 그 파면에서 이탈리아 테너 가수 엔리코 카루소(Enrico Caruso, 1873~1921년)의 아리아, 스코프스 재판 결과, 1928년의 선거 결과, 빅 밴드의 재즈 음악을 담은 미세한 전파를 포착할 수 있을 것이다. 이것들은 지구 문명의 옹알이이며, 별들의 세계로 보낸 우리 첫 사절들이다.

만약 50광년쯤 너머에 기술 문명들이 존재한다면 그들은 바로 지금 이 이상하고 원시적인 신호들을 추적하고 있을지 모른다. 심지어 가능한 가장 빠른 우주선으로 즉각 반응할 태세를 갖춘다고 해도, 그쪽에서 보낸 소식을 우리가 들으려면 적어도 50년은 더 걸릴 것이다. 파이오니어 10호는 같은 거리를 가는 데 100만 년이 걸릴 것이다.

수줍어하고 망설이기에는 너무 늦었다. 우리는 그동안 우주에서 이미 우리 존재를 알려 왔다. 뒤처지고 암중모색이라고 할 만큼 전형적이지 못한 방식이지만 확실히 말이다. 우리가 여기 있다고!

별들 사이의 어마어마한 거리 때문에 전파 전송을 통한 우주의 쌍방 대화는 불가능할지도 모른다. 우리가 300광년쯤 되는 거리에 있는 한 문명으로부터 신호를 받아 최초로 교신을 하게 되었다고 치자. 그리고 그 내용은 이렇다고 하자. "안녕하세요, 여러분. 잘 지내시나요?" 이 순간을 오래도록 기다렸던 우리는 즉각, 예컨대 이런 식으로 대답하리라. "잘 지냅니다. 그쪽은 어때요?" 왕복 교신에 걸리는 총 시간은 600년 정도일 것이다. 도저히 원활한 대화라고 부를 만한 것이 아니다.

600년 전이라면 흑사병이 유럽을 괴롭혔고, 중국에서는 명나라가 건국되었고, 프랑스에서는 현명왕 샤를 5세(Charles V le Sage, 1338~1380년)가 왕좌에 앉았고, 교황은 그레고리우스 6세(Gregorius VI, ?~1048년)였으며, 아즈텍 인들은 물과 공기를 오염시킨 이들의 목을 매달고 있었다. 600년은 지구에서 긴 시간이다. 성간 전파 교신은 대화가 아닐 것이다. 독백일 것이다. 현명왕 샤를 5세의 점성술사가 우리가 보낸 메시지를 듣기만 하듯, 멍청한 측이 영리한 측의 전언을 듣기만 할 것이다.

전파 신호가 300광년이라는 거리를 가는 데 300년이라는 시간이 걸린다고 해도, 전달될 수 있는 정보의 양은 막대하다. 사실 우리보다 그리 많이 진보하지 않은 기술과 설비를 갖고도, 우리 문명이 이룬 거의 모든 중요한 깨달음을 기본적으로 며칠이면 전송할 수 있다. 거기까지 가는 데는 300년이 걸릴 테지만, 전송하는 데는 며칠이면 충분하다. 그렇지만 다른 방향, 즉 영리한 이들(그들)로부터 멍청한 이들(우리)로 보내는 것이라면 좀 더 생생한 전송이 가능하다. (31장 참조) 이 순간에도 지구를 향해 여러 방향에서 발신되고 있는 정보 신호가 존재할지도 모른다. 또 그 안에는 우리 은하에 대한 지식의 놀라운 보고가 있을지 모른다. 그리고 송신 언어인 '은하어'를 이해할 수 있게 해 줄 초급 은하어 교본과 고급 교본이 뒤섞여 있을지도 모른다. 그렇지만 귀를 기울이지 않으면 우리는 듣지 못하리라.

하지만 그런 메시지를 어떻게 해독할 수 있을까? 유럽 학자들이 이집트 상형 문자를 해독한다고 한 세기도 넘는 세월을 엉뚱하게 헤맨 끝에 로제타석이 발견되었고, 토머스 영(Thomas Young, 1773~1829년)과 장프랑수아 샹폴리옹(Jean-François Champollion, 1794~1832년)이 그것을 명석하게 해석해 냈다. 이스터 섬의 상형 문자, 마야의 문자, 그리고 크레타 섬의 다양한 손글씨 같은 일부 고대 언어는 현대까지도 전혀 해독되지 않았다. 그렇지만 그것은 모두 우리와 같은 인간의 언어였다. 같은 생물학적 본능과 기호(嗜好)를 지니고, 우리와 시간상으로 겨우 수백 년에서 수천 년 밖에 떨어지지 않은 존재였다. 그렇다면 우리보다 엄청나게 앞서 있고 전적으로 다른 생물학적 원리에 기반한 문명이 우리가 이해할 수 있는 메시지를 보내리라고 어떻게 기대할 수 있겠는가?

두 사례의 차이점은 목적성과 지성이다. 이스터 섬 상형 문자의 목적은 20세기 과학자들과 교신하려는 것이 아니었다. 그것은 다른 이스터 섬 주민, 또는 어쩌면 신과 교신하려는 것이었다. 암호의 목적은, 적어도 일반적인 군사 정보용으로 썼을 때, 메시지를 읽기 어렵게 만들려는 것이다. 하지만 우리가 처한 상황은 반대이다. 우리가 생각하는 것은 암호가 아니라 역암호(anticryptography)이다. 즉 지성이 고도로 발전한 문명이 우리처럼 원시적인 문명도 이해할 수 있도록 너무도 단순하게 설계한 메시지이다.

그 메시지는 송신 문명과 수신 문명 사이의 공통성에 기반을 둘 것이다. 물론 그런 공통성이란 그 어떤 구어나 문어와도 다를 테고, 우리의 본능을 지배하는 유전 암호와 그 어떤 공통점도 없을 것이다. 그것보다는 우리가 진정 공통으로 가지고 있는 것, 그러니까 우리를 둘러싸고 있는 우주 삼라만상, 그리고 과학과 수학일 것이다. 수학 정리 같은 것을 송신할 수 있는 시스템이 있는데, 덧셈과 상등과 부정 같은 개념들을 먼저 전달하고 난 다음에 좀 더 세련된 개념들을 보내는 식이다. 구성 비트(constituent bits) 수를 바탕으로 전파 메시지로 그림을 보낼 수 있는 시스템도 있다. 그것을 다시 그림으로 재구성하면 명확하게 이해가 가능할 것이다. 파이오니어 10호 명판에 담긴 그림 메시지들은 우주선 같은 물체나 전파에 담겨 보내진다고 해도 선진 외계 문명이 확실히 이해할 만한 종류의 사례이다. 마찬가지로, 우리 쪽으로 보내져 오는 메시지도 사정은 비슷할 것이다. 우리가 현명하게 귀를 기울이기만 한다면 이해할 수 있을 것이다.

대화가 이루어지지 않고 있다는 사실에 괴로워하는 사람들도 있다. 마치 이 지상에서는 의미 있는 대화가 흔히 일어난다는 양. 매사추세츠 공과 대학의 필립 모리슨(Philip Morrison, 1915~2005년)은 그런 문화적 독백이 인류의 역사에 흔하게 널렸다는 사실을 지적한 바 있다. 즉 예컨대 우리 문명에 심오한 영향을 미쳐 온 고대 그리스의 문화 유산 전체는 시간을 따라 오로지 한 방향으로만 전달되었다. 우리는 우리의 깨달음을 그리스 인들에게 보내지 않았다. 그리스 인들이 자기들의 깨달음을 우리에게 보내 왔다. 무선 전파가 아니라 종이와 양피지로. 그렇지만 기본은 같다.

은하 간 교신에 참여한다는 것은 장기적으로 볼 때 우리 문명의 역사에서 가장 심오한 사건이다. 우리는 이것으로 과학적, 논리적, 문화적, 그리고 윤리적 지식을 새로 얻을 것이다. 그 안에는 '인간성(humanity)'이라는 개념 안에 국한할 수 없는 정보가 담겨 있을 것이다. 우리의 교신자들은 인간이 아닐 테니까. 우리가 우주와 자신을 보던 편견에 찬 시각은 깨어질 것이다. 우리가 다른 곳에 있는 존재들 — 그럼에도 우리와 지적 관심사에 본격적인 공통점을 가지고 있음을 알게 되겠지만 — 과 우리 사이의 막대한 차이점을 깨닫고 나면, 인류가 서로 간에 느끼던 차이점은 새롭게 보일 것이다.

그렇지만 단기적인 변화는 일어나지 않을 듯싶다. 그 정보는 아마도 어느 날 우리 전파 망원경에, 숨이 멎을 듯한 송신 속도로 날아들 것이다. 그 메시지를 해독하고 내용을 이해하고 우리가 배운 것을 극도로 조심스럽게 적용하는 데에는 수십 년이나 심지어 수 세기가 걸릴 것이다.

마찬가지로, 메시지 내용으로 인한 문화적 충격도 단기적으로 보면 약할 것이다. 주로 영향력을 발휘하는 것은 메시지의 수신 그 자체이리라. 적어도 미국에서, 인간이 달에 착륙한 것이 지금에 와서는 너무나 예사롭고 비교적 덜 중요한 사건으로 여겨지는 것을 보면, 외계 문명이 보낸 메시지, 해독하고 이해하는 데 오랜 시간이 걸릴 메시지를 수신한다고 해서 일반인에게 그것보다 훨씬 더 큰 혼란을 초래하지는 않을 것이라고 할 수 있지 않을까.

결국, 우리는 응답하고 싶어 할지도 모른다.

왜 그런 선진 사회가 우리 같은 뒤처지고 이제야 등장한 풋내기 문명에 굳이 애써 그런 정보를 전해주고 싶어 할까? 나는 그 동기가 박애주의가 아닐까 싶다. 자기들도 성장 단계에서 그런 메시지들로부터 도움을 받았을지 모른다. 그래서 이것이 이어 갈 가치가 있는 전통이라고 생각하지 않았을까? 그런 메시지의 내용이 악의적이어서, 우리에게 어떤 기계를 건설하라는 지령을 내리고, 충실하게 그 지침을 따라 만든 기계가 지구를 점령하게 된다는 내용의 SF 소설도 있었다. 그렇지만 시킨다고 무작정 그런 기계를 건설할 사람이 어디 있겠는가. 그런 지령의 전체적인 이론적 토대와 과학적 기반을 제대로 이해하기 전까지는, 아무도 외계 존재의 메시지에 담긴 지령을 수행하려 하지 않을 것이다. 내가 어떤 메시지의 단기적 문화적 충격이 미약하리라고 말하는 이유의 하나가 바로 이것이다. 나는 그런 메시지를 수신하는 것 자체에 어떤 심각한 위험이 있으리라고는 믿지 않는다. 가장 기본적인 주의 사항만 지킨다면 말이다.

최초로 수신된 메시지의 내용은 우리가 스스로 자신을 파괴하는 것을 막기 위한 지침을 담고 있을 것이라는 의견도 있었다. 그것은 어쩌면 방금 막 기술을 사용하는 단계에 도달한 사회의 공통 운명이 아닐까? 오늘날 우리 행성에는 남녀노소 할 것 없이 전 인류를 여러 번 멸절시키기에 충분한 핵무기가 있다. 이타주의나 혹은 자극적인 교신 상대를 유지하고 싶은 이기적인 관심을 동기 삼은 선진 외계 문명이, 사회를 안정시키기 위한 정보를 전달하리라는 의견도 있다. 그게 가능한 이야기인지 나는 모르겠다. 수십억 년의 독립적 진화를 거친 생명체들과 사회들 사이의 역사적 차이는 막대할 것이다. 그렇지만 성간 교신의 존재가 문명의 수를 늘리고, 어쩌면 우리 자신의 생존의 매개일지도 모른다는 이 되먹임 가설은 무시해도 될 만한 가능성은 아니다.

심지어 우리가 스스로 자신을 파괴하는 것을 어떻게 피하는가 하는 구체적인 지침이 없더라도, 그런 되먹임 과정은 다른 방식으로도 쓸모가 있다. 시간 규모의 문제이다. 지구의 정부는 5년 앞의 미래를 계획하는 일이 거의 없다. 개인들은 보통 그것보다 훨씬 짧은 시간에 대해서만 상세한 계획을 세운다. 외계 지성체 탐사에 성공하지 못한다 해도, 수십 년이나 수 세기가 걸린다 해도, 그것은 장기적 계획의 유용한 예이다. 그렇지만 수백 년 전에 송신된 메시지를 수신하면, 그리고 거기에 대답하는 데 다시 600년이 걸린다면, 그 결과가 어떨지를 생각해 보라. 우리 응답에 대한 대답을 기다리는 것은 인간 제도에서는 보기 드문 목적의 지속성을 필요로 한다. 현재의 생태학적 재난 대다수는 단기적 이득을 움켜쥐느라 장기적 재난에는 완전히 눈이 멀었기 때문이다. 성간 문명과 그들과의 대화에 드는 시간 규모는 우리 자신의 문명의 지속에 반드시 필요한 역사적 지속성에 대한 감각을 제공할 것이다.

31장

통신 케이블, 북, 그리고 소라 껍데기

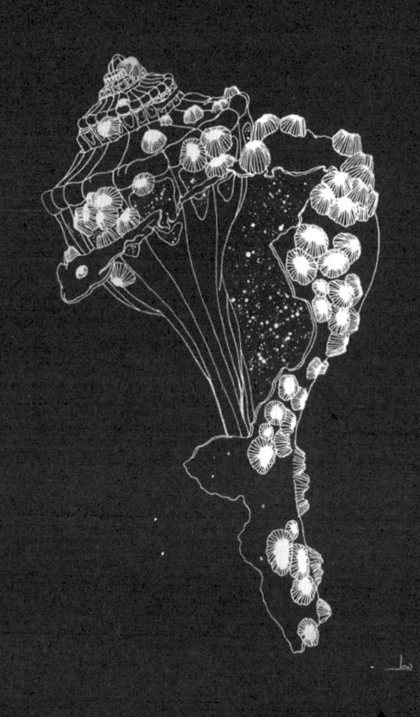

존 롬버그, 「별 소라 껍데기(A Starshell)」.

과학 측면에서 지구와 외계 문명에 대해 이야기할 때 거의 예외 없이 외계 문명이 더 앞선 것으로 묘사되고는 한다.

왜 더 앞섰을까? 왜 저 밖에는 원시 문명이 없을까? 왜 한참 뒤떨어진 친구들이 성간 쓰레기 틈새를 더듬더듬 헤매고 다니며 끊임없이 이것저것을 엉망으로 만들면서 헤집고 돌아다니지 않을까? 왜 우리는 선진 문명에만 집착할까?

답은 매우 단순하다. 원시적인 문명은 우리에게 말을 걸지 않기 때문이다. (정말 현명한 문명들도 우리에게 말을 걸지 않을지도 모르지만, 그 점은 조금 있다 이야기하겠다.)

전파 천문학을 사용한 접촉을 생각해 보자. 지구의 전파 천문학은 군사적으로 레이더 개발의 필요성이 강하게 제기된 제2차 세계 대전의 부산물이다. 본격적인 전파 천문학은 1950년대에 가서야, 그리고 대형 전파 망원경은 1960년대에나 가서야 등장했다. 선진 문명의 조건을 커다란 전파 망원경을 사용한 장거리 전파 통신이 가능한 문명으로 치면, 우리 행성에 선진 문명이 존재한 것은 겨우 10년 전부터이다. 따라서 어떻게 됐든 우리보다 10년 뒤처진 문명은 우리에게 전혀 말을 걸 수가 없다.

우리 은하에 선진 문명이 등장할 가능성은, 다소 낙관적으로 추산해도, 10년에 하나도 채 안 된다. (28장 참조) 만약 그게 옳다면, 우리 은하에서 전파로 교신할 수 있는 모든 문명 중 우리만큼 멍청한 문명은 하나도 없다는 뜻이 된다. 우리보다 훨씬 덜 진보한 문명이라면 수백만 군데 있을지도 모르지만, 우리로서는 그 문명과 접촉할 방법이 전혀 없다. 그 문명은 수신 기술이나 송신 기술이 없으니까. 파이오니어 10호 메시지가 수신자들이 해독하기에 너무 어려울지 모른다는 반박은 수신자들이 성간 우주에서 이 조그만 우주 티끌을 손에 넣을 능력이 있다는 사실을 무시하고 있다. 그것은 우리의 현재 능력을 한참 넘어서는 일이다. 만약 그들이 성간 어둠 속에서 파이오니어 10호를 습득할 정도로 진보해 있다면, 내 생각에 그들은 그 메시지를 해독할 수 있을 만큼은 영리할 것이다. 지구처럼 뒤처진 행성에 있는 수많은 물리학자가 별 실마리 없이도 해독할 수 있는 메시지니까 말이다. (비록 그 물리학자들은 확실히 그 메시지를 쓴 이들과 같은 유전적이고 문화적인 편견과 쇼비니즘을 어느 정도 공유하기는 하지만 말이다.)

그렇지만 우리보다 훨씬 앞선 문명이라면 어떨까? 우리가 과거 수백 년간 이룩한 기술 진보의 수준은 경이롭다. 완전히 새로운 기술이 개발되었을뿐더러 완전히 새로운 물리 법칙과 완전히 새로운 우주 탐사 방식이 진화했다. 이러한 지적이고 기술적인 발전은 지속되고 있다. 지구 문명이 살아남는다면 과학과 기술의 진보 역시 지속될 것이다.

우리보다 수백 년이나 수천 년, 또는 수백만 년 앞선 문명의 과학과 기술은 우리의 현재 능력을 너무나 앞서는 것이어서 마법과 구분하기 어려울 것이다. 그들이 하는 것은 물리 법칙에 어긋나는 것이 아니다. 그저 그들이 어떻게 그런 식으로 물리 법칙을 이용하는지를 우리가 이해하지 못하는 것뿐이다.

그런 문명이 보기에는, 우리가 너무나 뒤떨어지고 너무나 흥미롭지 않기 때문에 접촉할 가치가 아예 없거나, 적어도 많이 접촉할 가치는 없으리라고 생각해 볼 수도 있다. 지구를 연구하거나 우리의 조야한 라디오와 텔레비전 통신에 귀를 기울여 석사나 박사 학위를 받는, 원시 행성 사회 전문 연구자가 적으나마 있을지도 모른다. 지구의 발전상에 관심이 있을지 모르는 아마추어들 — 보이스카우트나 아마추어 무선사 비슷한 이들 — 이 있을지도 모른다. 그렇지만 나로서는 우리보다 수백만 년 앞선 문명이 우리에게 그다지 관심이 있으리라고 믿기 어렵다. 그들이 대화를 나눌 수 있는, 우리보다 수백만 년 앞선 문명이 얼마든지 있을 테니까 말이다.

매우 진보한 두 문명 사이의 교신은 우리로서는 접근 불가능한 과학과 기술을 이용할 가능성이 높다. 따라서 우리가 우연히든 의도적으로든 그런 교신 트래픽에 끼어들 전망은 보이지 않는다.

우리는 발 빠른 전령과 북을 통해 근처 계곡의 다른 사회들(덧붙이자면 무척 다른 사회)과 교신한 뉴기니의 외딴 계곡 주민들과 같다. 그들에게 매우 앞선 사회가 어떻게 교신할 것 같냐고 물으면, 극도로 빠른 달리기 선수 또는 존재할 수 없을 정도로 커다란 북을 사용하리라고 추측할 것이다. 자기들이 아는 바를 넘어서는 기술은 추측하지 못할지도 모른다. 그러는 동안에도 방대한 케이블과 전파 통신으로 이루어진 국제 통신망이 그들 위를, 주변을, 사이를 지나고 있는데 말이다.

바로 이 순간, 다른 문명이 보낸 메시지들이 우주로 퍼져 나가고 있을지도 모른다. 우리가 찾아내기를 기다리며 말이다. 물론 방법만 안다면 그러고 싶다. 그러나 상상할 수 없을 만큼 진보한 도구들이 필요할지도 모른다. 어쩌면 그 메시지는 커다란 전파 망원경으로 추적할 수 있는 무선 전파를 타고 올지도 모른다. 혹은 어쩌면 더 불가사의한 도구들, 엑스선 천체들, 중력파, 중성미자, 타키온(tachyon, 빛보다 빠른 가상의 입자. — 옮긴이) 또는 지상의 누구도 수 세기 동안 꿈도 꾸지 못할 송신 채널을 통해 올지도 모른다. 어쩌면 그 메시지들은 이미 여기 와 있고, 어떤 일상 경험들 속에 스며들어 있는데, 우리가 그것을 포착하기 위한 올바른 정신적 노력을 하지 않았을 뿐일지도 모른다. 그런 선진 문명의 힘은 무척 강하다. 그들의 메시지는 무척 친숙한 상황들에 숨어 있을지도 모른다.

일례로 소라 껍데기를 생각해 보자. 누구나 소라 껍데기를 귀에 가져다 댔을 때 들리는 '바다의 소리'를 안다. 사실 그 소리는 자기 몸속에서 피가 흐르는 소리가 증폭된 것이라고들 한다. 하지만 그게 정말 사실일까? 연구가 이루어진 적이 있나? 소라 껍데기에서 들리는 메시지를 해독하려고 시도해 본다면 어떨까? 나는 말 그대로 정색하고 이 이야기를 하는 것이 아니라 우화적으로 예를 든 것이다. 지상 어딘가에 조개껍데기 교신 채널에 맞먹는 무언가가 있을지 모른다. 별들에서 온 메시지는 어쩌면 이미 이곳에 와 있을지도 모른다. 하지만 어디에?

우리는 성간 북소리만 찾다가 정작 중요한 성간 케이블은 놓칠지도 모른다. 이웃 은하 계곡의 고수(鼓手)들이 보낸 최초의 메시지 — 우리보다 조금밖에 앞서지 않은 문명이 보낸 메시지 — 라면 받을 가능성이 있다. 하지만 우리보다 한참 앞선 문명은, 거리로나 접근 가능성으로나 꽤 오랫동안 멀리 있을 것이다. 성간 전파 통신이 활발하게 이루어질 미래에도, 어쩌면 우리보다 한참 앞선 문명은 여전히 실체가 없는 전설로만 남아 있을지도 모른다.

32장

별들로 가는 야간 열차

존 롬버그, 「별들로 가는 야간 열차(The Night Freight to the Stars)」.

밤을 가르는 웬 소리가 하나 들린다. 그 소리는 그 소리 나는 곳으로 오라고 우리를 유혹한다. 인류 역사에서 불과 3세대 전부터 들려오기 시작한 그 소리는 부지불식간에 우리 일상의 일부로 녹아들었다. 한때 그 소리는 노스다코타 주의 트윈 포크스나 플로리다의 애팔래치 콜라나 또는 뉴욕의 브루클린을 벗어나는 방법이, 그것도 그리 어렵지 않은 방법이 있다는 소식을 실어 날랐다. 아비새의 울음만큼이나 귓전을 맴돌고 추억을 불러일으키는 그 소리는 야간 화물 열차의 기적 소리이다. 그 소리는 올라타기만 하면 우리의 조그만 세계를 벗어나 숲, 사막, 해안과 도시로 이루어진 더 방대한 우주를 향해 질주하게 해 줄 탈것, 도구가 있다는 사실을 끊임없이 상기시켰다.

오늘날, 미국은 더 말할 것도 없고 아마 나머지 세계에서도 기차로 여행하는 사람은 그리 많지 않다. 그 기적 소리의 부름을 한번도 듣지 않고 자란 세대가 많다. 지금은 전 지구적 문명이 등장하면서 사회들의 다양성이 침식되고 세계가 균질화되는 순간이다. 지구 상에 미지의 땅은 더 이상 없다.

그리고 우리를 어딘가 다른 곳으로 데려다줄 탈것, 도구를 향한 좀 더 크고 좀 더 절절한 요구가 오늘날까지 남아 있는 이유가 바로 이것이다. 우리 모두를 데려다줄 수는 없으리라. 달의 사막으로, 화성의 고대 해안으로, 천공의 숲들로 갈 수 있는 이들은 실은 얼마 되지 않을 것이다. 언젠가 우리의 조그만 지구 마을의 대표 몇 명이 거대한 은하 도시들로 모험을 떠날지도 모른다는 생각은 어딘가 위안을 준다.

아직 성간 열차는 없고, 우리를 별들로 데려다줄 기계는 없다. 그렇지만 언젠가 생길지도 모른다. 우리가 그것들을 만들었거나 아니면 그것들이 우리를 찾아왔을 것이다.

그리고 그때가 되면 다시 한번 야간 화물 열차의 기적 소리를 들을 수 있으리라. 그 기적 소리는 옛날과 같지 않을 것이, 행성 간 공간이나 별들 사이의 공백에서는 소리가 전달되지 않기 때문이다. 그렇지만 무언가 있기는 있으리라. 어쩌면 우주 여객선이 빛의 속도로 접근할 때 일어나는 자기 제동 복사(magnetobremsstrahlung)의 반짝임일지도.

대륙만 한 도시나 방대한 사냥 금지 구역에서 맑은 밤하늘을 올려다보면서, 우리의 후손일지 모를 어린이들은 나중에 어른이 되면, 그리고 운이 아주 좋다면, 별들로 가는 야간 화물 열차를 잡아타는 꿈을 꿀 것이다.

33장

천체 공학

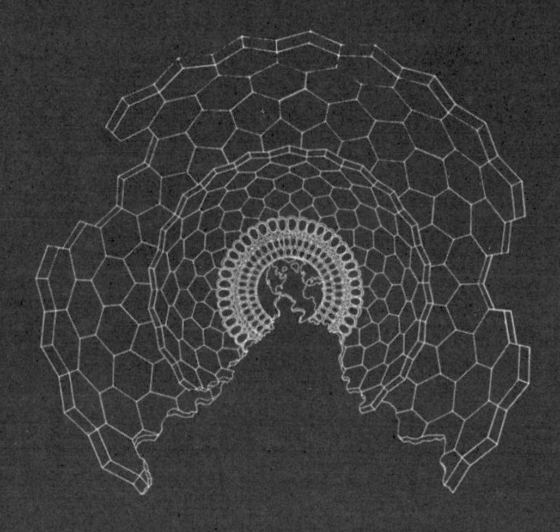

존 롬버그, 「천체 공학(Astroengineering)」.

이 이야기는 많이 인용되지만 어쩌면 사실이 아닐 수도 있는데, 핵물리학자 엔리코 페르미(Enrico Fermi, 1901~1954년)가 1940년대 중반 로스앨러모스에 정찬을 갖고 대화하던 중에 이렇게 물었다고 한다. "그들은 어디 있지?" 만약 우리보다 더 진보한 존재들이 다수 존재한다면, 왜 우리는 그들의 신호를 한번도 본 적이 없는 것일까? 예를 들어 지구를 방문한다든가 말이다. 그는 이 문제에 골몰했다.

우리는 27장과 28장에서 그 문제를 이미 다뤘다. 그렇지만 페르미의 질문에는 또 다른 측면이 있다. 우리보다 100년 앞선 문명(현재의 기술 성장 속도를 가정할 때)이라면 은하 어디서든, 그리고 아마도 다른 은하들에서도 확실히 전파나 어쩌면 다른 기술을 통해 교신할 수 있을 것이다. 우리보다 기술적으로 수천 년 앞선 문명이라면, 비록 상당한 시간과 자원이 들기는 하겠지만, 별들 사이를 물리적으로 여행할 수 있을 가능성이 높다.

그렇지만 우리보다 수만 년이나 수십만 년, 또는 그것보다도 훨씬 더 앞선 문명이라면 어떨까? 어쨌든, 태양보다 수십억 년 더 나이든 별들이 있으니까 말이다. 그런 아주아주 오래된 별들은 중금속이 부족하다. 아마도 그 별들의 행성들 역시 마찬가지일 것이다. 그런 무척 오래된 별은 기술 문명이 발달할 만한 환경이 아니다. 그렇지만 태양보다 10억 년이나 20억 년 더 나이든 일부 별들은 그런 어려움이 없다. 우리보다 기술적으로 수억 년 혹은 수십억 년 앞선 문명이 적어도 몇 군데는 존재할 가능성이 분명히 있다.

어마어마한 에너지원만 있으면, 그런 문명은 틀림없이 우주를 가공할 수도 있을 것이다. 우리는 22장에서 지구상의 생명이 이미 어떻게 우리 행성을 크게 바꾸어 왔는지, 그리고 우리가 비교적 가까운 미래에 근처 행성의 환경에서 중요한 변화를 만들어 낼 전망이 있는지를 논했다.

다소 더 먼 미래라면 좀 더 큰 변화도 가능하다. 고등 연구소 소속 수학자인 프리먼 다이슨은 목성을 조각조각 분해해 태양과 지구 사이의 거리로 이송해 구 모양의 껍데기(껍데기라고는 해도 태양 주위를 공전하는 독립적 조각들의 무리로 이루어져 있다.)로 재조립하는 계획을 제시했다. 그 제안의 이점은, 그러면 지금은 사람이 사는 행성에 떨어지지 않음으로써 낭비되는 태양광을 전부 유용하게 쓸 수 있다는 것이다. 그리고 지금 지구에 살고 있는 것을 훨씬 넘어서는 인구가 유지될 수 있다. 그런 방대한 인구가 과연 바람직한가 하는 것은 중요하고 아직 알 수 없는 문제이다. 하지만 명확한 것은, 현재의 기술 진보 속도로 볼 때 아마도 수천 년이면 그런 다이슨 구(Dyson sphere)를 건설하는 일이 가능하리라는 것이다. 그렇다고 하면 우리보다 오래된 다른 문명은 어쩌면 이미 그런 구를 집단으로 건설했을지도 모른다.

다이슨 구는 태양에서 나온 가시광선을 흡수한다. 그렇지만 빛을 방출하지 않고 무한히 계속 흡수만 하는 것은 아니다. 그렇지 않으면 온도가 말도 안 되게 높아질 테니까. 다이슨 구의 외부는 적외선을 우주로 방출한다. 구 면적이 워낙 크기 때문에, 구에서 나오는 적외선 선속(flux)은 거리가 상당히 떨어진 곳에서도 추적이 가능할 것이다. 현재의 적외선 기술이라면 수십만 광년 거리까지 가능하다. 놀랍게도, 대략 태양계에 맞먹는 크기에 온도가 섭씨 540도를 넘는 커다란 적외선 물체들이 최근 몇 년 사이 추적된 바 있다. 물론 이것들이 반드시 '다이슨 문명'이라는 것은 아니다. 아마 형성 과정 중에 별들을 둘러싸고 있는 방대한 티끌 구름일 가능성이 높다. 그렇지만 우리는 선진 문명의 건조물과 비슷할 수도 있는 물체들을 추적하기 시작하고 있다.

현대 천문학에는 이해되지 않는 현상들이 많다. 예를 들어 퀘이사도 거기 속한다. 우리 은하 중심에서 나오는 무척 강도 높은 중력파도 또 다른 사례이다. 이 목록은 상당히 넓을 수 있다. 우리가 이런 현상들을 이해하지 못하는 한, 그들이 외계 지성체의 현현일 가능성을 배제할 수 없다. 우리가 화성의 기후 변화를 이해하지 못한다는 것이 화성에 식생이 존재한다는 강력한 증거가 되지 않듯이, 우리의 무지가 외계 지성체의 존재 가능성을 보여 주는 것은 아니다. (구)소련 천체 물리학자 슈클롭스키의 말마따나, "법에서 그렇듯이, 우리는 그렇지 않음이 입증될 때까지 모든 천문학적 현상을 자연스러운 것으로 가정해야 한다."

일부 과학자는 페르미의 질문을 바꾸어, 왜 선진 문명이 훨씬 더 자주 보이지 않는지를 묻기도 한다. 왜 별들은 하늘에 완전히 인공적인 패턴들로 재배열된 적이 없는가? 은하수 너머에서도 볼 수 있는, 어쩌면 어떤 우주 음료수를 선전하는 번쩍이는 광고판이 있을 법도 하지 않은가?

물론 이 특정한 예는 쉽게 변론할 수 있다. 한 사회의 음료수는 다른 사회의 독일 수 있다고 해도 되고, 좀 더 진지하게, 무척 진보한 문명들의 표식들은 어쩌면 우리처럼 뒤떨어진 문명에는 그처럼 잘 보이지 않을 수도 있다고 해도 된다. 교외의 수영장 근처에서 개미다운 노동을 하는 개미들이 자신을 온통 둘러싸고 있는 우월한 기술 문명의 존재를 깊이 인식하지 못하는 것과 마찬가지로 말이다.

34장

우주 문명을 찾기 위한 스무고개 게임

존 롬버그, 「제1.9M 유형 문명(Type 1.9 M Civilization)」.

고도로 발전한 외계 문명의 존재 가능성을 다루기 위해 (구)소련 천체물리학자인 니콜라이 세묘노비치 카르다쇼프(Nikolai Semenovich Kardashev, 1932년~)는 교신이라는 목적을 위해 한 문명이 이용할 수 있는 에너지라는 측면에 주목해 한 가지 문명 분류 방법을 제안했다.

제1유형의 문명은 교신이라는 목적을 위해 행성 지구 전체에서 현재 동원 가능한 전력 전체 — 지금 난방, 전자 제품 가동, 물자 수송 등등 외계 문명들과의 교신이 아닌 엄청나게 다양한 목적에 이용되는 에너지와 동력 모두 — 에 맞먹는 에너지를 사용하는 문명이다. 이 정의에 따르면 지구는 아직 제1유형 문명이 아니다.

우리 문명의 전력 사용량은 급속히 증가하고 있다. 지구 전체에서 현재 동원 가능한 전력은 대략 10^{15}와트 또는 10^{16}와트 정도이다. 즉 1000조 와트 또는 1경 와트이다. 제곱 표기는 단순히 1 뒤에 나오는 0의 개수를 나타낸다. 예를 들어, 10^{15}은 1 다음에 0이 15개 나온다는 뜻이다. 물리학에서 전력이라는 개념은 단위 시간당 소비되는 에너지를 말한다. 1와트는 1초당 1000만 에르그가 소비되는 것이다. 따라서 지구에서 동원 가능한 전력이라는 것은 말하자면 1경 와트의 전구를 켜는 데에 맞먹는다. 특히 이 에너지가 전파 대역의 전자기파로 방출된다면 상당히 먼 거리에서도 추적할 수 있을 것 같다.

제2유형 문명은 교신이라는 목적을 위해 전형적인 별 하나에서 나오는 에너지를 모두 전력으로 바꿨을 때 나오는 대략 10^{26}와트의 전력을 사용하는 문명이다. 우리는 이미 근처 은하에 있는, 가시광선 대역으로 봐도 밝은 별들을 볼 수 있다. 이 은하들에 제2유형 문명이 있어 자신들의 메시지를 무척 좁은 주파수 대역 전파에 담아 우리를 향해 방출한다면 그들과 우리 사이에 광막한 공간이 있음에도 우리는 그것을 추적할 수 있다. 우리가 올바른 탐색 절차를 택하기만 하면, 우리 은하와 가장 가까운 나선 은하인 M31, 즉 안드로메다자리에서 가장 큰 은하에 그런 문명이 하나만 있어도, 외계 문명 추적은 어렵지 않을 것이다. 예를 들어 타원 은하인 M87 — 처녀자리 A(Virgo A)라고도 하는데 — 에는 별이 대략 10조 개 있다.

끝으로, 카르다쇼프는 교신 목적으로 은하 전체의 에너지, 대략 10^{36}와트를 사용하는 제3유형 문명을 생각했다. 제3유형 문명이 우리에게 보낸 빛은, 그 문명이 우주 어디에 있어도 추적할 수 있다. 제4유형 문명에 대한 규정은 없는데, 그 문명은 정의상 자신에게만 말을 걸기 때문이다. 일단 외계 문명을 찾기 위한 성의 있는 탐사가 조직되면, 제2유형이나 제3유형 문명은, 많지는 않더라도 그 존재를 감지하는 것이 가능하다. 다수의 제1유형 문명보다는 소수의 제2유형 문명이나 제3유형 문명이 훨씬 더 빨리 발견될 것이다. 그 전에 그들이 우리에게 신호를 보내겠다는 마음을 먹어야 하겠지만 말이다. (31장 참조)

제1유형과 제2유형 사이, 또는 제2유형과 제3유형 사이의 에너지 격차는 막대하다. 각 예에서 대략 100억 배이다. 이 문제를 진지하게 생각해 보려면 문명 발전 단계를 좀 더 세분하는 편이 유용할 듯싶다. 제1.0유형은 성간 교신을 위해 10^{16}와트를 이용하고, 제1.1유형은 10^{17}와트, 제1.2형은 10^{18}와트를 쓰는 식으로 말이다. 우리 현재 문명은 대략 제0.7유형 정도로 분류될 것이다.

그렇지만 그들이 교신용으로 쓰는 에너지 말고도 문명을 분류하는 한층 중요한 방식이 있을지도 모른다. 문명 분류의 중요한 기준은 그것이 축적한 전체 정보의 양이다. 이 정보는 비트, 그 문명에 관련된 '예/아니오' 명제의 수, 그리고 그런 문명이 알고 있는 우주의 양상 등으로 설명할 수 있다.

이런 개념의 예로 지구에서 하는, '스무고개'라는 널리 알려진 게임을 들 수 있다. 한 사람이 어떤 물체나 개념을 염두에 두고, 맨 처음에 그것이 동물인지 식물인지 광물인지 또는 셋 다 아닌지를 분류한다. 그 물체나 개념을 알아내기 위해 상대방은 이제 총 20개의 질문을 던지고, 대답은 "예." 또는 "아니오."로만 할 수 있다. 이런 식으로 얼마나 많은 정보가 식별될 수 있을까?

처음 분류할 때 던져야 하는 '예/아니오' 질문은 이 세 가지일 것이다. 개념인가 물체인가? 생물인가 무생물인가? 식물인가 동물인가? 이후 본격적인 '스무고개' 게임이 생물을 대상으로 하는 것이라는 데 동의한다면, 처음 세 질문은 자동으로 해결된다. 첫 질문은 우주를 두 (대등하지 않은) 조각으로 나눴다. 둘째 질문은 그중 한 조각을 다시 둘로 나눴고, 셋째는 그중 한 조각을 다시 둘로 더 나눴다. 이 단계에서 우리는 우주를 대략 $2\times2\times2=2^3=8$조각으로 나눴다. 스무고개 질문을 다 끝내면 우주는 2^{20}개로 쪼개져 있을 것이다. 물론 각 조각이 동등한 것은 아니다. 이제, 2^{10}은 1024이다. 2^{10}을 대략 $1000=10^3$으로 친다면 그런 계산을 매우 빨리 할 수 있다. 따라서 2^{20}은 $(2^{10})^2$이므로 약 $(10^3)^2=10^6$이 된다. 효율적인 질문의 총 수는 23개로, 우주를 대략 2^{23}조각으로, 또는 대략 10^7조각이나 비트로 나눈다. 따라서 이 게임에 노련한 이들이라면 '스무고개'에서 이길 가능성이 있다. 그러려면 대략 10^7비트의 정보 콘텐츠를 가지고 있는 문명에 살고 있어야 하겠지만.

그렇지만 아래에서 논하겠지만 우리 문명의 특징은 아마도 10^{14}비트일 것이다. 따라서 노련한 이가 '스무고개'에서 이길 확률은 10^{14}분의 10^7 또는, 10^7의 1, 또는 1000만분의 1이다. 그 게임이 현실에서 좀 더 이기기 쉬운 것은 부가적인 법칙이 있기 때문이다. 대체로 말로 하지는 않지만 다들 이해하는데, 말하자면, 그 문제의 물체나 개념이 참여한 모든 이들의 전반적 문화적 유산에 속해 있다는 것이다. 그렇지만 이것은 그 10^7비트가 한 문명에 관해 엄청난 양의 정보를 전달할 수 있다는 뜻이어야 하고, 실제로도 그렇다. 필립 모리슨은 고대 그리스 문명의 저술 전체가 우리 현재 문명에 기여한 바가 겨우 10^9비트라고 추정했다. 따라서 현대 전파 천문학의 기준에 따르면 무척 적은 비트로 이루어진 일방 통행 메시지라도 상당량의 새로운 정보를 담을 수 있고, 장기적으로 한 사회에 강력한 영향력을 미칠 수 있다.

영어 한 단어의 총 비트 수는 얼마일까? 전 세계 모든 책을 합치면? 전반적으로 영어에서 쓰이는 글자는 26글자고, 드문드문 구두점도 있다. 그런 실질적인 '글자'가 32개 있다고 치자. 그렇지만 $32=2^5$이므로, 글자당 대략 5비트다. 한 전형적인 단어가 네 글자에서 여섯 글자로 되어 있다면(평균 여섯 글자로 이루어진 한 단어당 복잡한 단어들이 수도 없이 있을 것이다.), 그러면 대략 단어당 20비트에서 30비트가 된다. 전형적인 책 한 권 — 대략 300쪽에 쪽당 300단어로 되어 있을 것이다. — 은 대략 10만 단어, 또는 300만 비트를 담고 있다. 영국 박물관, 옥스퍼드의 보들리언 도서관, 뉴욕 공립 도서관, 하버드의 와이드너 도서관, 그리고 모스크바의 레닌 도서관(1992년 이후 러시아 국립 도서관으로 개명되었다. — 옮긴이) 같은 세계 최대 도서관의 소장 도서 권수도 많아야 1000만 권을 넘지 않는다. 이것은 대략 3×10^{13}비트이다.

해상도가 낮은 저화질 사진은 대략 100만 비트를 담고 있다. 캐리커처나 만화는 아주 복잡하다고 해도 아마 기껏해야 1,000비트일 것이다. 다른 한편, 커다란 고품질 컬러 사진이나 회화는 10억 비트쯤 될 수도 있다. 우리 문명의 기록된 구술 전통과 더불어 회화, 사진, 그리고 예술에 담긴 기본 정보의 양을 생각해 보자. 또한 우리가 이 세상에서 살아남는 방법에 관해 타고나는 정보를 추정해 보자. 이것은 아주 대충만 가능하다. (인간은 다른 동물에 비하면 그런 정보를 매우 적게 갖고 태어난다. 우리는 물려받거나 본능적인 정보보다는 학습된 정보를 훨씬 더 많이 다룬다.) 따라서 나는 우리와 우리 문명이 대략 10^{14}나 10^{15}비트면 매우 잘 규정될 수 있다고 추정한다.

여담이지만 백문불여일견(百聞不如一見)이라는 고대 중국의 고사성어는 얼추 맞는다. 그림이 너무 복잡하지만 않다면.

우리는 우리 사회를 규정하는 것보다 훨씬 많은 비트 수로 규정되는 사회의 문명을 상상해 볼 수 있다. 전반적으로, 에너지 규모가 큰 문명이 정보 규모도 크리라고 기대할 수 있다. 하지만 그게 꼭 사실일 필요는 없다. 나는 확실히 무척 복잡하고 우리 사회에 비해 훨씬 많은 비트로 규정되되 성간 교신에는 관심이 없는 사회를 상상할 수 있다. 성간 문명을 규정하려면 그들의 정보 콘텐츠도 규정해야 한다.

우리가 어떤 문명의 에너지 규모를 기술하는 데 수를 사용해 왔다면, 어쩌면 정보 규모를 기술하는 데는 글자를 사용해야 할지도 모른다. 로마자 알파벳에는 26개의 글자가 있다. 각 글자가 비트 수로 10단위에 대응한다면, 로마자 알파벳을 가지고 10의 26제곱 규모의 정보 콘텐츠를 규정하는 것도 가능할 법하다. 이것은 무척 큰 규모를 다룰 수 있게 해 준다. 따라서 우리 목적에는 적절해 보인다. 10^6비트로 규정되는 문명을 A 유형 문명이라고 하고 이것을 '스무고개'의 첫 질문에 대응하는 것으로 치자. 현실에서, 이것은 극도로 원시적인 — 우리가 잘 아는 그 어떤 인간 사회보다 원시적인 — 사회이고, 그럴싸한 출발 지점이 된다. 우리가 그리스 문명에서 얻은 정보의 양을 감안하면, 비록 페리클레스의 아테네를 규정하는 실제 정보의 양은 아마도 E 유형 문명에 맞먹겠지만, 그리스 문명은 C 유형이 된다. 이런 기준에 따라 우리 현대 문명의 정보 규모를 10^{14}비트로 규정한다면, 지구의 현대 문명은 H 유형 문명에 해당한다.

현재 전 지구에 존재하는 사회들이 사용하고 만들어 내는 에너지와 정보를 결합해 지구 문명을 유형화하면 제0.7H 유형에 해당한다. 외계 문명과의 첫 조우는, 내가 추측하기에, 1.5J나 1.8K 같은 유형일 것이다. 만약 세계가 100만 개 속해 있는 은하 문명 하나가 있다면, 그리고 각각이 우리 지구 문명이 가진 정보 콘텐츠의 1,000배로 규정된다면, 은하 문명은 Q 유형일 것이다. 그런 은하 문명 10억 개가 모인 은하 엽합은 Z 유형 문명으로 규정될 것이다.

그렇지만 다음 장에서 논하겠지만, 그런 은하 간 사회가 발전하기에는 우주의 역사를 다 합쳐도 시간이 모자란다. A에서 Z까지의 글자들은 그 어떤 인간 사회보다 더 원시적인 것부터, 그 어떤 사회보다도 더 진보한 사회까지 우주에 존재하는 모든 문명을 아우를 수 있을 것 같다.

35장

은하 문화 교류

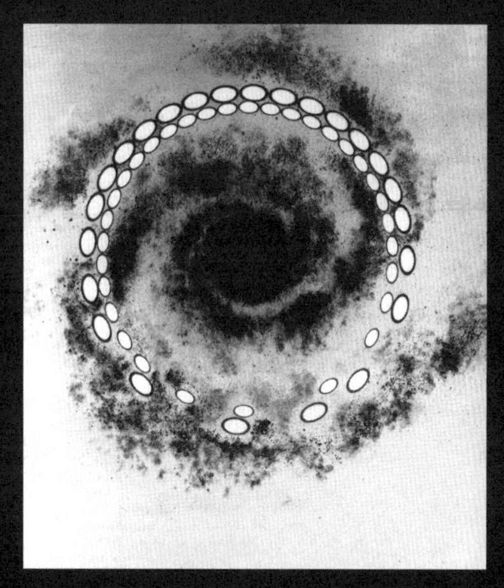

존 롬버그, 「통합 은하의 상징(Symbol of A Unified Galaxy)」. 물고기자리에 있는 은하 M74를 가지고 그린 그림이다.

우리는 고도로 발전한 선진 문명의 아주 먼 미래를 생각해 볼 수 있다. 그런 사회들은 자기들 환경과 생물학, 그리고 변덕스러운 정치학과 탁월한 조화를 이루고 그 결과 예외적으로 긴 수명을 누릴 수 있을지도 모른다. 그런 문명들 사이에는 이미 오래전부터 교신 체계가 구축되어 있으리라. 지식과 기술과 시각의 전파는 빛의 속도로 이루어질 것이다. 다수의 매우 다르게 생긴 수많은 생명체가 관련된, 다양한 생화학과 다양한 초기 문화들에 기반을 둔 다양한 은하 문화들은 시간이 지나면서 동질화될 것이다. 오늘날 지구의 다양한 문화들이 동질화되어 가고 있듯이.

그렇지만 은하에서 일어나는 문화적 동질화는 오랜 시간이 걸릴 것이다. 지구와 우리 은하 중심부 사이에 일방 통행으로라도 전파 교신이 이루어지려면 6,000년이 걸릴 것이다. 은하의 문화적 동질화가 진행되기 위해서는, 아무리 교신이 이루어질 때마다 엄청난 양의 정보가 상당히 효율적으로 전송된다고 하더라도, 엄청난 횟수의 교신이 필요할 것이다. 내가 믿기로, 은하에서 가장 멀리 떨어진 지역 사이에 문화적 동질화가 이루어지려면 적어도 100회 이상의 상호 교신이 필요할 것이다.

은하 동질화에 걸리는 시간은 최소 수백만 년이 될 것이다. 물론 그 구성 사회들은 상당 기간 안정을 유지해야 한다. 그런 동질화가 반드시 바람직한 것은 아니지만, 지구에서도 그랬듯이 그렇게 될 수밖에 없는 강력하고 명확한 압박 요인이 있을 것이다. 만약 은하수의 대부분을 아우르는 은하 문명 간 교신이 진정 존재한다면, 그리고 어떤 정보도 빛보다 더 빠른 속도로 전송될 수 없다는 우리 생각이 맞는다면, 그런 공동체의 구성원 대다수 — 그리고 창립 멤버들 전부 — 는 우리보다 적어도 수백만 년 앞서 있을 것이다. 이런 이유로, 나는 현재의 지구가 전파 교신 체계를 구축하고 은하 연합의 일원이 되겠다고 생각하는 것을 일종의 자만이라고 본다. 파랑어치나 아르마딜로 한 마리가 유엔에 회원국 자격으로 가입 신청을 하는 셈이랄까.

교신 속도가 이처럼 광속의 제한을 받는다는 사실은, 어떤 은하에 존재하는 성간 문명들이 수백만 년에 걸쳐 공통의 문화를 이룩하고 나서, 이번에는 다른 은하들에 있는 문화들과 동질화를 이루려고 할 때에도 적용될 수 있다. 다른 은하에 있는 은하 연합들과 접촉하려고 시도하는 우리의 미래를 상상해 볼 수 있다.

가장 가까운 나선 은하들은 수백만 광년 떨어져 있다. 그렇다는 것은, 대화의 한 단위 — 수신과 회신 — 에 드는 시간이 수백만 년 이상, 심지어 1000만 년 정도 걸릴 것이라는 이야기이다. 만약 그런 교신 수백회가 필요하다면, 이웃 은하들의 문화 동질화에 걸리는 시간 규모는 수십억 년이 될 것이다. 그런 시간을 견뎌내려면 은하 문명을 이루고 있는 사회들은 안정적인 동시에 지속 가능해야 할 것이다. 이것은, 우리 은하에 있는 엄청나게 오래된 문명 하나가 어쩌면, 천문학자들이 '국부 은하군(局部銀河群, local group)'이라고 부르는 은하 무리에 속한 은하들의 은하 연합들과 강력한 후천적 공통성을 지녔을지도 모른다는 뜻이다.

이런 동질화의 시간 규모는 이런 동질화가 가능할 것이라는 믿음의 신빙성을 압박하는 지점에 다다르기 시작하고 있다. 우주에는 자연적 재난과 통계적 요동이 너무나 많고 심해서 그렇게 오랫동안 안정 상태를 유지할 수 있는 문명 사회가 과연 존재할 수 있을지 의심스럽다. 또한, 이렇게 어마어마한 시간을 두고 두 은하 사회가 교신하기 위해서는 각 사회가 자신의 동일성/정체성을 어느 정도는 유지해야 하지만, 그것 역시 쉬운 일이 아닐 것이다. 그동안 각각의 은하 사회가 나름대로 진화할 것이기 때문이다. 각각의 은하가 서로 교신하며 각자의 문화적 정체성을 일정하게 유지하기에는 은하 사이의 거리가 너무 멀다.

어찌 되었든, 국부 은하군을 넘어서면 모든 가능성은 사라진다. 우리 은하가 속한 은하 무리와 비슷한 다른 은하군 사이에 문화적 동질화가 이루어지려면, 그리고 수백 쌍의 수신과 송신이 가능하려면, 우주의 나이보다 긴 시간이 필요하다. 그렇다고 한 은하에서 다른 은하로 기다란 전언을 개별적으로 보낼 수 없다는 것은 아니다. 예를 들어 어떤 은하 연합의 역사 같은 막대한 양의 정보가 그 전언에 담겨 있을 수 있다. 다른 은하에서 이 메시지를 수신한 이들은 이 역사에 대해서 잘 알게 된다. 그렇지만 대화를 위한 시간은 충분치 않을 것이다. 우주에서 가장 먼 은하들 사이에는 기껏해야 한 번 정도 교류가 가능할 것이다. 광속으로 정보를 주고받는다고 해도, 현대 우주론에 따르면, 단 두 번 교신하는 데에도 삼라만상이 지금까지 존재해 온 시간보다 더 많은 시간이 필요할 것이다.

우리는 다음과 같은 두 가지 가정을 바탕으로, 우주 전체 규모로 서로 교신하고 문화적 동질화를 꾀하는 지적 생명체들의 강력한 네트워크는 존재할 수 없다고 결론지을 수 있다. ① 그런 은하 문명은 개별 행성 사회들로부터 상향 진화한다. 그리고 ② 광속은 실제로 특수 상대성 이론이 요구하는 대로 정보 전송 속도를 제한한다. (예를 들어, 블랙홀을 이용한 초광속 통신 같은 것은 불가능하다고 생각해 보자. 39장 참조) 그런 신과 같은 우주적 지성체는 존재할 수 없다.

어떤 면에서, 성 아우렐리우스 아우구스티누스 히포넨시스(Sanctus Aurelius Augustinus Hipponensis, 354~430년)를 비롯한 생각 깊은 신학자들 다수도 얼마간 같은 결론에 도달했다. 신은 순간순간을 살지 않고, 모든 시간에 동시에 존재한다. 이것은 어떻게 보면 특수 상대성 이론이 신에게는 적용되지 않는다고 말하는 것이나 다름없다. 그렇지만 초문명의 신들, 아마도 이런 과학적 사고가 허락하는 유일한 부류의 신들은 근본적으로 한계가 있다. 어쩌면 은하의 신들이라면 있을지 몰라도, 전체 우주의 신은 없다.

36장

다른 시간으로 가는 경로

H. G. 웰스의『타임머신』삽화.

SF 장르에서 가장 흔하면서 솔깃한 발상은 시간 여행이다. 허버트 조지 웰스의 고전 소설인 『타임머신』과 그 뒤에 나온 비슷한 소설 대부분에는 보통 외딴 실험실에 있는 고독한 과학자가 만든 조그만 기계가 등장한다. 관심 있는 연도로 다이얼을 돌리고 기계에 들어가 버튼을 누르면, '휘리릭' 하고 과거나 미래가 나온다. 시간 여행 이야기를 다루는 소설가들의 공통 도구 중 하나는, 수년 전의 나 자신을 만나거나, 직계 조상을 죽이거나, 과거 수천 년 전에 일어난 중요한 역사적 사건에 직접 개입하거나, 아니면 우연히도 선캄브리아기의 나비를 밟아 죽이거나 하는 식 — 이런 행동은 모두 이후 전체 생명의 역사를 바꿔놓게 된다. — 의 논리 역설이다.

그런 논리적 역설은 미래로의 여행을 다루는 이야기에서는 일어나지 않는다. 향수(鄕愁)라는 요소 — 우리 모두 과거에 가지고 있던 어떤 것을 되찾고 싶다거나 우리가 왔던 곳으로 되돌아가고 싶다는 바람을 얼마간은 가지고 있다. — 를 제외하면, 시간적 미래 여행은 확실히 과거 여행 못지않게 짜릿하다. 우리는 과거에 관해 다소 많은 것을 알고 있지만, 미래에 대해서는 아무것도 모른다. 시간적으로 앞으로 여행하는 것은 그 반대로 가는 것보다 지적으로 훨씬 더 짜릿할 것이다.

미래로의 시간 여행이 가능하다는 데는 의문의 여지가 없다. 우리 모두는 그저 정상적인 속도로 나이를 먹어 감으로써 그 여행을 하고 있다. 그렇지만 다른, 좀 더 흥미로운 가능성도 있다. 누구나 들어보았고, 이제는 이해하는 사람들도 상당히 있는, 아인슈타인의 특수 상대성 이론이 제공하는 가능성 말이다. 시간, 공간, 그리고 동시성에 대한 우리의 일상적인 관점을, 일관된 논리적 분석에 복속시킨 것은 아인슈타인의 천재성이었다. 그 분석은 2세기 전에 수행될 수도 있었으리라. 그렇지만 특수 상대성 이론이 발견되기 위해서는 인습적인 편견과 만연한 믿음을 고집하는 맹신을 벗어던진 정신이 필요했다. 어느 시대에든 보기 드문 바로 그 정신이.

특수 상대성 이론의 결과 몇 가지는 직관에 반하는데, 그것은 그 이론의 결과가 누구나 주변을 둘러보면 알 수 있는 바와 맞아떨어지지 않는다는 뜻이다. 예를 들어, 특수 상대성 이론은 막대의 길이가 막대가 움직이는 방향으로 줄어든다고 말한다. 여러분이 조깅을 한다고 치자. 여러분은 여러분이 뛰는 방향으로 더 날씬하다. 물론 체중 감소 때문은 아니다. 여러분이 멈추는 순간 여러분은 즉각 배에서 등까지 일상적 너비를 회복한다. 비슷하게, 우리는 가만히 서 있을 때보다 뛸 때 더 무거워진다. 이런 명제들이 말이 안 되게 들리는 것은 오로지 그 변화 정도가 어떤 일상적인 단위로 재기에도 너무 작기 때문이다. 그렇지만 우리가 광속(초속 30만 킬로미터)에 가까운 속도로 달릴 수 있다면, 이런 변화를 알아차릴 수 있을 것이다. 사실 값비싼 입자 가속기 — 하전 입자를 광속에 가깝게 가속하는 기계 — 에서는 이런 변화가 일어나는데, 그것이 제대로 작동할 수 있는 것은 오로지 특수 상대성 이론이 옳기 때문이다. 특수 상대성 이론의 이런 결과가 직관과 어긋나 보이는 이유는 우리가 평소 광속에 가까운 속도로 이동할 일이 없기 때문이다. 상식에 무언가 잘못이 있는 게 아니다. 상식은 제자리에서는 맞는다.

특수 상대성 이론의 세 번째 결과가 있는데, 그것은 광속에 가까이 갔을 때에만 중요해지는 기이한 효과이다. 그 현상은 시간 팽창(time dilation)이다. 우리가 광속에 가깝게 움직인다면, 우리 손목 시계나 우리 심장 박동을 기준으로 측정한 시간은 움직이지 않는 시계로 잰 시간보다 느리게 갈 것이다. 이것 역시 우리가 일상에서 경험할 수 있는 일이 아니다. 반감기라는 시계를 내장하고 있는 아원자 입자가 광속에 가깝게 이동할 때 겪는 일이다. 시간 팽창은 우리가 사는 우주에서 관측되고 입증된 현실이다.

시간 팽창은 미래로의 시간 여행이 가능할 수 있음을 뜻한다. 마음대로 광속에 가깝게 여행할 수 있는 우주선을 조종하는 우주인은 우주선 안에서 관측되는 시간을 바라는 대로 느리게, 또는 빠르게 가게 할 수 있다. 예를 들어, 우리 은하는 지름이 대략 10만 광년이다. 은하 한쪽 끝에서 다른 쪽까지 광속으로 건너가는 데는 10만 년이 걸린다. 그렇지만 이 시간은 멈춰 있는 관측자가 측정한 시간이다. 광속에 가깝게 움직일 수 있는 우주선은 인간의 수명보다 더 짧은 시간 안에 은하 한쪽 끝에서 다른 쪽 끝까지 이동할 수 있다. 적절한 탈것만 있으면 우리는 은하 전역을 일주하고, 지구에서 측정한 시간으로 거의 20만 년 후에는 돌아

올 수 있다. 자연히, 우리 친구와 친척은 그 시간 동안 변했을 것이다. 우리 사회와 심지어 어쩌면 우리 행성도.

특수 상대성 이론에 따르면, 우주 전체를 인간의 수명 안에 일주하고 수십억 년 후 미래에 우리 행성으로 돌아오는 것도 가능하다. 특수 상대성 이론에 따르면 '빛의 속도'로 여행하는 것은 불가능하다. 그저 그 속도에 매우 가까이 갈 수만 있을 따름이다. 그리고 이런 식으로 한다고 해서 시간을 거슬러 여행할 수 있는 것도 아니다. 우리는 그저 시간을 느리게 만들 뿐이지, 멈추거나 되돌릴 수는 없다.

그런 속도를 낼 수 있는 우주선을 설계하기 위해서는 무지막지하게 어려운 공학적 문제들을 해결해야 한다. 우리 태양계를 떠난 가장 빠른 인공 물체인 파이오니어 10호는 광속보다 1만 배 느린 속도로 움직인다. 따라서 미래로의 시간 여행은 지구인에게는 당장 가능한 게 아니겠지만, 다른 행성계에 있을지도 모르는 선진 기술 문명이라면 실현 가능성을 상상해 볼 만하리라.

짚고 넘어가야 할 가능성이 하나 더 있다. 그것은 훨씬 더 사변적인 전망이다. 우리 태양의 2.5배의 질량을 지닌 별들은 그 중력이 너무나 강력해서 생애 마지막 순간에 어떤 알려진 힘으로도 막을 수 없는 붕괴를 겪는다. 그 별들은 우주라는 천에 주름 — 블랙홀(black hole) — 을 만들고 그리로 사라진다. 블랙홀의 물리학은 아인슈타인의 특수 상대성 이론과 관련이 없다. 훨씬 더 어려운 일반 상대성 이론과 관련이 있다. 블랙홀의 물리학 — 특히 회전하는 블랙홀에 대한 과학 — 은 현대에는 그다지 제대로 이해되지 않고 있다. 그렇지만 한 가지 추측이 제시되어 있는데 아직 반박되지 않았고 일별(一瞥)할 가치가 있다. 블랙홀이 다른 시공간으로 가는 구멍이라는 것이다. 우리가 블랙홀로 다이빙하면 우주의 다른 부분, 그리고 다른 시대에서 다시 나타난다는 것이다. 블랙홀로 들어가면 일상적인 경로로 가는 것보다 우주의 다른 곳으로 더 빨리 갈 수 있는지 어떤지는 알 수 없다. 블랙홀에 뛰어들어 과거로 여행하는 게 가능한지 어떤지도 모른다. 이 후자의 가능성에 담긴 역설은 그 주장을 반박하는 데에 이용될 수도 있겠지만, 우리로서는 정말인지 모를 일이다.

어쩌면 은하를 주름잡는 선진 기술 문명은 블랙홀을 자신들의 파이프로 이용할지도 모른다. 공간만이 아니라 시간까지도 연결하는 파이프로. 질량이 태양의 2.5배인 별은 많다. 우리가 아는 바대로라면, 그 별들은 비교적 급속한 진화를 거치며 모두 블랙홀이 되어야 한다.

블랙홀은 어쩌면 이상한 나라로 가는 입구일지도 모른다. 거기에 앨리스나 흰 토끼가 있을까?

37장

별의 민족 1: 신화

트리피드 성운(Triffid nebula). 성간 티끌과 기체가 밀집해 있는 구름이다. 여기서 밝은 별들이 탄생한다. 애리조나 대학교 스튜어드 천문대가 제공한 사진이다.

옛날 옛적, 한 100억 년이나 150억 년쯤 전에 우주는 형체가 없었다. 은하도 없었다. 별도 없었다. 행성도 없었다. 그리고 생명도 없었다. 어둠이 심연 위에 드리웠다. 우주는 수소와 헬륨뿐이었다. 대폭발이 지나갔고, 우주가 창조되거나 전생(前生)의 재에서 부활하는 것 같은 거대한 사건들이 일으킨 불길이 우주의 회랑(回廊)에서 희미하게 우르릉대고 있었다.

그렇지만 수소와 헬륨 기체는 고르게 퍼지지 않았다. 광막한 어둠 속 여기저기에서 우연히도 정상적인 양을 다소 넘어서는 기체가 모였다. 그 기체들은 중력으로 이웃 기체들을 끌어들였고 주변의 희생을 대가로 아주 조금씩 성장했다. 그 기체 뭉치의 질량은 커졌고, 기체들이 더 밀집해 있는 부분들은 예외 없는 중력과 각운동량 보존 법칙에 따라 거듭 응축되었고 점점 더 빨리 회전하기 시작했다. 이렇게 회전하는 거대한 기체 구름과 바람개비들 안에서 밀도는 더 높고 크기는 작은 조각들이 응축되었다. 이것들은 더 작게 줄어드는 기체 구 수십억 개로 흩어졌다.

응축에 이어 기체 구들 핵심부에서 난폭한 원자 충돌이 일어났다. 온도가 너무 높아지자 수소 원자에서 전자가 떨어져 나와 양성자가 노출되었다. 양성자들은 같은 양전하를 띠고 있어서 보통은 서로를 전기적으로 밀쳐낸다. 그렇지만 기체 구의 중심부 온도가 너무 높아지면서 양성자들은 극단적으로 높은 에너지로 충돌하게 된다. 양성자의 전기적 반발력의 벽을 뚫을 정도로 높은 에너지로 말이다. 일단 전기적 반발력의 장벽이 뚫리고 나면 원자핵을 이루는 핵자들을 한데 붙잡아 두는 힘인 핵력이 작용하게 된다. 이렇게 되면 가장 단순한 원소인 수소의 원자핵이 뭉쳐 그다음으로 단순한 원소인 헬륨의 원자핵이 형성된다. 수소 원자핵 4개가 합쳐져 헬륨 원자핵 1개가 합성될 때 소량의 에너지가 남겨진다. 이 에너지는 기체 구 안에서 넘쳐흘러 표면을 통해 우주로 방출된다. 기체 구에 불이 켜졌다. 첫 별이 탄생한 것이다. 천상에 빛이 들어왔다.

별들은 수십억 년간 진화하면서 내부 깊숙이 있는 반응로에서 수소가 헬륨으로 바뀌는 속도를 떨어뜨려 갔고, 조그만 질량 차를 에너지로 바꾸어 가며, 하늘을 빛으로 흘러넘치게 했다. 이 시대에는 빛을 받을 행성들도 없었고, 천상의 빛에 감탄할 생명 형태도 없었다.

수소에서 헬륨으로의 변화는 무한정 계속될 수 없었다. 마침내, 전기적 반발력을 극복할 만큼 온도가 충분히 높은 별들의 뜨거운 내부에서 수소가 몽땅 소진되었다. 별의 불길은 잦아들었다. 내부 압력은 더 이상 별의 겹겹이 쌓인 층들의 막대한 무게를 지탱할 수 없었다. 이윽고 별들은 수십억 년 전의 핵 화재로 방해를 받았던 붕괴 과정을 다시 시작했다.

별이 응축될수록 온도는 더 높아졌는데, 너무나 높아서 헬륨 원자핵—이전 시대 핵반응에서 만들어진 재—을 별을 새롭게 밝힐 연료로 쓸 수 있게 되었다. 별들 내부에서는 좀 더 복잡한 핵반응이 일어났다. 다시금 부풀어 오른 적색 거성들 내부에서 헬륨은 탄소로, 탄소는 산소와 마그네슘으로 그리고 산소는 네온으로, 마그네슘은 규소로, 규소는 황으로 바뀌어 가면서, 원소 주기율표의 위쪽 칸들을 채워 갔다. 거대한 별 규모 화학 공정인 셈이다. 핵반응의 방대하고 교묘한 미궁에서 생겨난 원자핵들은 다른 것들과 합쳐져서 좀 더 복잡한 원자핵이 되었다. 또 다른 것들은 다시 흩어져 더 단순한 원자핵이 되거나 홀로 있는 양성자들과 결합해 아주 약간만 더 복잡한 원자핵을 만들었다.

그렇지만 적색 거성의 표면 중력은 약한데, 그것은 표면이 내부에서 외부로 팽창하기 때문이다. 적색 거성의 바깥층은 성간 우주로 천천히 소멸되어, 성간 공간을 탄소와 산소와 마그네슘과 철 등 수소와 헬륨보다 무거운 원소들로 넘쳐나게 한다. 일부 경우에, 그 별의 바깥층은 겹겹이 싸인 양파 껍질처럼 서서히 벗겨졌다. 다른 경우에는, 엄청난 폭발이 그 별을 뒤흔들고, 그 별의 외각(外殼) 대부분을 막대한 속도로 성간 우주로 방출했다. 새어나가든 아니면 폭발하든, 천천히 소진하든 아니면 빨리 소진하든, 별의 물질은 그 별들이 유래한 어둡고 엷은 기체로 되돌아간다.

그렇지만 여기서 새로운 세대의 별들이 태어난다. 다시금 기체들이 응축하면서 느릿느릿한 중력 피루엣(pirouette, 발레에서 한쪽 발로 서서 빠르게 도는 것.—옮긴이)을 돌고, 기체 구름을 천천히 별로 변신시킨다. 그렇지만 이런 새로운 2세대 또는 3세대 별들은 조상 별들로부터 물려받은 중원소가 풍부하다. 이제, 별들이 형성될 때 그 주변에서 더 작은 응축이 일어난다. 그 응축의 결과물들은 핵반응의 불길을 일으키고 별이 되기에는 너무 작다. 회전하는 구름에서 천천히 형성되는 그들은 별보다 밀도가 높고 작고 차가운 덩어리로, 스스로는 빛을 내지 못하고 나중에 별이 핵반응의 불길에서 방출하는 빛을 받는 존재가 된다. 우리의 행성들이 이 대수롭지 않은 응축에서 시작되었다. 거대한 일부 행성은 수소와 헬륨 기체를 주성분으로 하며, 차갑고 부모 별로부터 멀리 있다. 더 작고 더 따뜻한 행성은 우주 공간으로 날아가는 수소와 헬륨 기체를 붙잡지 못해 대부분 잃고 암석이나 금속만 가지게 된다.

이렇게 작은 우주적 암설(巖屑, debris)들은 응결되고 데워지면서, 형성 과정에 내부에 갇혔던 수소가 풍부한 소량의 기체를 방출한다. 일부 기체는 표면에서 응고되어 최초의 대양을 형성하고, 다른 기체는 표면에 남아 최초의 대기를 형성했다. 현재 지구와는 다른, 메테인, 암모니아, 황화수소, 물, 그리고 수소로 이루어진 대기였다. 인간이 쾌적하게 숨 쉴 수 있는 대기는 아니다. 그렇지만 이 이야기의 주인공은 아직 인간이 아니다.

이 대기에 별빛이 떨어졌다. 태양광이 야기한 폭풍이 천둥과 번개를 낳았다. 화산이 분출하고 뜨거운 용암이 표면 근처 대기를 데웠다. 이 과정에서 원시 대기의 분자는 깨어졌다. 그렇지만 파편들은 갈수록 더 복잡해지는 분자들로 재조립되어 초기 대양 위에 떨어졌고, 거기서 상호 작용하며, 우연히 점토 위에 떨어지기도 하고, 깨어지고 재합성되고 변신하는 어지러운 과정을 겪으며, 물리학 법칙과 화학 법칙에 따라 점점 더 크고 복잡한 분자들로 변해 갔다. 시간이 지나자 대양은 따뜻한 묽은 죽처럼 되었다.

이 죽 속에서 용해된, 이 헤아릴 수 없이 많고 복잡한 유기 분자들 가운데 어느 날 조잡하게나마 자신을 복제할 수 있는 분자 하나가 나타났다. 자기 근처에 자신과 같은 분자들을 생성하기 위한 화학적 과정을 미약하게나마 주도할 수 있는 분자, 형판 분자(template molecule), 청사진 분자(blueprint molecule), 자기 복제 분자(self-replicating molecule)라고 할 만한 분자가 생겨난 것이다. 이 분자는 복제 능률이 그다지 높지 않았다. 그 복제품들은 정확하지 않았다. 그렇지만 그것은 곧 원시 바다의 물속에서 다른 분자들보다 상당히 유리해졌다. 자신들을 복제할 수 없는 분자들은 그렇지 않았다. 그럴 수 있는 것들은 그렇게 했다. 복제 가능한 분자들의 수는 엄청나게 늘었다.

시간이 지나면서 복제 과정은 한층 정확해졌다. 물속의 다른 분자들은 재가공되어 복제 분자들에 딱 들어맞는 직소 퍼즐 조각들을 형성했다. 자신을 복제할 수 있는 분자들이 얻은 사소하고 알아차리기 힘든 통계학적 이득은 곧 기하급수적 증식을 통해 대양에서 지배적 지위를 차지하게 했다.

점점 더 정교한 재생산 체계가 생겨났다. 더 잘 복제할 수 있는 이런 체계들은 더 많은 복제품을 내놓았다. 곧 분자들 대다수가 분자 집합체로, 자기 복제 체계로 조직되었다. 어떤 분자들이 어떤 생각이나, 필요나 바람이나 염원 같은 것을 잠깐이라도 어렴풋하게나마 품었던 것은 전혀 아니었다. 복제한 그 분자들은 그냥 그렇게 했을 뿐이다. 이내 행성 표면은 복제자들에 의해 변화했다. 시간이 가면서 바다는 이런 분자 집합체로 가득 찼고, 그들은 형성되고 물질 대사를 하고 복제하고……, 형성되고 물질 대사를 하고 복제하고……, 형성되고 물질 대사를 하고 복제하고, **돌연변이**를 일으키고, 복제하고…… 하면서 정교한 체계를 구축했다. 분자 집합체들은 행동을 보이기 시작했고, 복제 벽돌을 만들 재료가 더욱 풍부한 곳으로 이동하기도 하고, 이웃을 합병하는 분자 집합체를 피했다. 자연 선택은 분자의 체 노릇을 하면서 복제를 더 잘할 수 있는 분자들의 결합을 선택했다. 이 모든 일은 우연을 통해 일어났다.

그러는 내내 벽돌, 식량, 다음번 복제를 위한 부품들이, 주로 태양과 번개와 천둥 때문에 생산되었다. 이 원동력이 되는 에너지는 모두 근처 별들에서 왔다. 별들 내부에서 일어나는 핵반응은 행성 형성 과정을 인도했고, 생명을 탄생시켰고, 그들을 수호했다.

외부에서 공급되던 재료와 식량, 그리고 에너지가 점차 소진되면서 행성이 받는 태양광과 행성이 가진 공기와 물만 가지고 분자 벽돌을 생산할 수 있는 새로운 분자 집합이 생겨났다. 최초의 동물에 최초의 식물이 합류했다. 하늘에서 떨어지는 별의 만나에 기생하던 동물은 이제 식물에 기생하게 되었다. 식물이 대기 구성을 서서히 바꾸어, 수소는 우주로 사라졌고 암모니아는 질소로 바뀌었으며 메테인은 이산화탄소가 되었다. 처음으로 상당량의 산소가 대기에서 생산되었다. 산소는 모든 자기 복제 유기 분자를 다시 이산화탄소 같은 단순한 기체와 물로 돌려놓을 수 있는 치명적인 독가스였다.

그렇지만 생명은 이 궁극적인 시련에 맞섰다. 일부는 산소가 없는 환경을 찾아 땅속으로 파고 들어가기도 했지만, 산소를 견디는 것을 넘어 식량 물질 대사의 효율을 한층 높이는 데 산소를 이용하도록 진화하기도 했다. 그렇게 한 것은 가장 성공적인 변종들이었다.

성(性)과 죽음이 진화했다. 이 과정은 자연 선택의 속도를 엄청나게 증대시켰다. 일부 생명체는 단단한 부분을 진화시켰고, 육지로 기어 올라가 그곳에서 살아남았다. 한층 복잡한 형태들의 생산 속도가 가속화되었다. 날개가 진화했다. 사지 달린 거대한 짐승들이 김을 뿜는 정글을 쿵쿵 가로질렀다. 조그만 짐승들이 나타났는데, 원시 바다의 복제물로 가득한 딱딱한 껍데기에 들어 있지 않고 맨몸으로 태어났다. 그들은 재빠르고 교활해서 살아남았다. 그리고 갈수록 더 오래 살았고, 그러면서 자기 복제 분자에 내장된 프로그램보다 부모와 경험으로부터 얻은 지식을 더 많이 사용했다.

그러는 내내 기후는 다양하게 변화했다. 태양이 방출하는 에너지의 미세한 변화, 행성 궤도의 변화, 구름, 대양, 그리고 북극 만년설의 변화가 기후 변동을 낳았다. 번성하던 생명체들이 통째로 멸절하고, 대신 이전에는 소수파였던 생물들이 번성했다.

그러고 나서 …… 지구는 약간 식었다. 숲들은 후퇴했다. 나무 위에 사는 조그만 동물들이 나무에서 내려와 사바나에서 살길을 찾았다 이들은 두 발로 서고 도구를 사용하기 시작했다. 먹고 숨 쉬는 기관을 이용해 공기 중에 압축파를 만들어 다른 존재와 교신을 시도했다. 유기 물질이, 온도가 충분히 높으면, 대기의 산소와 결합해 불이라고 하는 안정적이고 뜨거운 플라스마를 만든다는 사실을 발견했다. 출생 이후의 학습은 사회적 상호 작용을 통해 엄청나게 가속되었다. 공동 수렵이 발달했고, 글자가 발명되었고, 정치 구조가 진화했고, 미신과 과학, 종교와 기술 역시 마찬가지로 생겨났다.

이윽고 어느 날, 지구라고 불리는 그 행성에, 그 어떤 다른 생명체의 자기 복제 분자 집합체와도 크게 다르지 않은 유전 물질을 지녔지만, 자기 기원의 수수께끼를, 별의 물질로부터 자신의 등장까지 이어진, 낯설고 우여곡절 많은 경로를 생각할 수 있는 생물이 존재하게 되었다. 그는 자신을 숙고하는 우주적 물질이었다. 그는 자신의 미래라는 문제적이고 수수께끼 같은 질문을 생각하는 존재였다. 그는 자신을 인간이라고 불렀다. 그는 **별의 민족**(starfolk)의 일원이었다. 그리고 별들로 돌아가기를 염원하고 있다.

38장

별의 민족 2: 미래

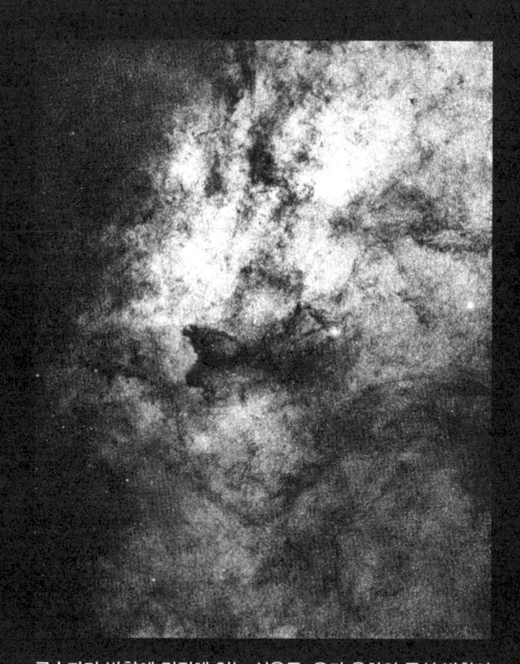

궁수자리 방향에 밀집해 있는 성운들. 우리 은하의 중심 방향이다. 어두운 선은 복잡한 유기 분자들이 형성되고 있는 티끌 구름이다. 이 별들 가운데 어떤 것들은 태어나고 있고, 어떤 것들은 죽어가고 있다. 거주자가 있을지도 모르는 셀 수 없이 많은 행성들이 아마도 이 사진의 별들 주변을 돌고 있을 것이다. 헤일 천문대(Hale Observatories)의 허락을 받고 실었다.

앞의 장은 일종의 과학적 신화였다. 어쨌거나, 수많은 현대 과학자들이 얻을 수 있는 정보를 기반으로 이 신화를 믿고 있다. 인류가 등장하기까지 수십억 년에 걸쳐 서서히 진행된 과정을 개괄하는 이 이야기는 중력 이론과 핵물리학, 유기 화학과 자연 선택에 바탕을 두고 있다. 이 이야기는 우리를 구성하는 물질이 50억 년 전, 또는 그보다 더 옛날이라는 다른 시간과 한 죽어 가는 별 내부라는 다른 장소에서 어떻게 생성되었나를 말해 준다.

이 신화에는 내가 특별히 흥미롭다고 생각하는 양상이 세 가지 있다. 우선 첫째, 우주가 생명의 기원과 복잡한 생물의 발달을, 보장까지는 아니더라도 허용하는 방식으로 만들어졌다는 것이다. 적절한 핵반응을 허용하지 않는 물리학 법칙이나, 조립하기에 적절한 분자 배치를 허용하지 않는 화학 법칙을 상상하기란 어렵지 않다. 그렇지만 우리는 그런 우주에서 살지 않는다. 우리는 놀라울 정도로 생명에 친절한 우주에서 산다.

둘째 양상은 이 신화에는 우리 태양계나 우리 행성에만 고유한 단계가 하나도 없다는 것이다. 우리 은하에만 2500억 개의 태양이 있고, 천구에는 다른 은하 수십억 개가 있다. 아마도 이런 별 중 절반은 그 지역에서 태양으로 군림하며 생물학적으로 적절히 떨어져 있는 행성들을 거느리고 있으리라. 생명이 탄생했을 때 그 생명체를 구성한 최초의 화학적 구성 성분들은 우주에서 가장 풍부한 분자들이었다. 지구에서 인간을 등장시킨 과정들과 같은 무언가가 틀림없이 우리 은하의 역사상 다른 시기에도 일어났으리라. 틀림없이 다른 별의 민족이 있어야 한다.

물론 진화의 세부 사항은 동일하지 않으리라. 지구가 처음부터 다시 시작되어 오로지 임의적인 힘들만이 다시금 작용한다면, 현생 인류와는 전혀 다른 것이 만들어질지도 모른다. 인류는 잘못된 출발점과 막다른 골목과 통계적 사고로 가득한, 놀랍도록 복잡한 진화 경로를 거친 최종 산물이니까. 그렇지만 비록 인간이 아니라 해도 기능적으로 우리와 아주 다르지 않은 생명체를 기대해 봄직도 하다. 우리 태양보다 훨씬 오래된 2세대와 3세대 별들이 있으니, 내 생각에, 은하계의 많은 곳에는 과학과 기술, 정치학, 윤리학, 시학, 그리고 음악에서 우리보다 훨씬 더 진화한 존재들이 있어야만 한다.

셋째 양상은 좀 더 매혹적이다. 별과 생명 사이의 밀접한 관련성이다. 우리 행성은 별 물질의 잔해로부터 형성되었다. 생명 기원에 필요한 원자들은 적색 거성들 내부에서 구워졌다. 이 원자들은 외부 작용을 받으며 뭉쳐 복잡한 유기 분자를 형성했는데, 모두 우리 이웃인 태양의 복사에서 생성된 자외선과 천둥과 번개에 의해서였다. 식량이라 할 만한 유기 분자의 원료 공급이 부족해지자 녹색 식물의 광합성이 발달했는데, 이것 역시 태양광에서 유도되었다. 지구의 거의 모든 생명체와 확실히 우리가 아는 모든 이의 삶의 바탕이 되는 온기 역시 태양광에서 온다.

그렇지만 이것은 신화의 결말이 될 수 없다. 우리 태양은 그저 정력적인 중년에 가까이 가고 있을 뿐이다. 수명에 따라 다르겠지만 50억 년이나 100억 년 정도 더 존재할 것이다.

그리고 지상의 생명체들과 인간은 어떨까? 그들 역시 우리가 아는 한, 아마도 미래가 있을 것이다. 만약 없다고 해도, 우리 은하에는 다른 별들 수십억 개와 아마도 누군가 사는 게 분명한 다른 행성 수십억 개가 있다. 먼 훗날 별과 생명 사이에서는 어떤 상호 작용이 일어날까?

별의 죽음은 천문학자들조차 예상하기 힘든, 거의 초현실적인 장관을 보여 준다. 이런 것 중에 초신성 폭발(supernova)이 있다. 우리 태양보다 약간 더 큰 별의 단말마(斷末魔)인 셈이다. 몇 주에서 몇 달이라는 짧은 기간 동안, 초신성으로 폭발하는 별은 아마도 그것이 속해 있는 은하의 나머지보다 더 밝아진다. 초신성에서는 금과 우라늄 같은 원소들이 철로부터 생성된다. 초신성은 연금술사들이 오랫동안 찾아 헤맨, 보통 금속을 귀금속으로 만드는 현자의 돌(*lapis philosophorum*)인 셈이다.

그 별 물질이 대부분이 날아가 버리고 나면 — 그 일부는 이후 세대 별과 행성과 생명의 형성에 투입될 운명이다. — 별은 노년기에 들어가게 된다. 그 불길이 소진되면 백색 왜성(white dwarf)이 된다. 백색 왜성은 물리학자들이 축퇴(縮退, degenerate)라고 부르는 상태에 있는 물질로 이루어져 있는데, 이 말에 무언가 뒤떨어진다는 뜻은 전혀 없다. 원자의 핵자들은 전자를 벗는다. 음전하의 장벽이 철거되는 것이다. 핵자들은 훨씬 더 가까이 있게 되고, 그 결과 밀도가 유별나게 높은 상태가 초래된다. 전형적인 축퇴 물질은 극소량이 1톤 정도의 무게가 나간다. 백색 왜성은 일종의 거대한 별의 결정이라고 할 수 있다. 그 단단한 별의 결정은 별을 둘러싼 껍질들의 무게를 견뎌 낼 정도로 단단하다. 백색 왜성은 대체로 탄소로 되어 있다. 탄소를 핵융합 연료로 사용하기에는 좀 가벼운 별들이 식어 만들어진 것이 백색 왜성이기 때문이다. 따라서 다이아몬드로 만들어진 별도 있을 수 있다.

그렇지만 좀 더 무거운 별들의 경우, 그 최종 형태는 백색 왜성이 아니다. 그 별들의 잉걸불이 천천히 사그라지면 흑색 왜성(dark dwarf)이 된다. 이것보다 더 무거운 별들의 경우 축퇴 물질조차 별의 질량을 지탱할 수 없게 된다. 이 경우에는 별이 수축하고 붕괴하는 또 다른 순환이 일어난다. 물질은 점점 더 믿을 수 없는 밀도로 으깨지다, 마침내 새로운 물리 법칙이 등장하고, 새로운 힘이 전면에 나서 작용할 때까지 붕괴한다. 이 무지막지한 붕괴를 막을 힘은 하나밖에 없다. 핵자들을 한데 붙잡아 주는 핵력이다. 이 핵력은 원자의 안정성을 담당하는데, 화학과 생물학에서도 결정적으로 중요한 역할을 한다. 별빛을 만드는 별 내부의 열핵 반응들도 관장하는데, 이런 의미에서 행성의 생물학을 지배하는 힘이라고도 할 수 있다.

우리의 태양과 다소간 비슷하지만 좀 더 크고, 단순한 원자핵을 좀 더 복잡한 원자핵으로 바꾸는 나날이 막바지에 이른 별 하나를 상상해 보자. 그것은 자신이 일으킬 수 있는 마지막 연쇄 핵반응을 끝내자마자 붕괴한다. 크기가 작아지면서 그것은 점점 더 빨리, 마치 팔을 접고 도는 피겨 스케이트 선수처럼 회전한다. 붕괴는 그 내부 밀도가 원자핵 내부 밀도에 비견할 정도가 되어서야 멈춘다. 그 붕괴가 어느 단계에서 멈출지를 계산하는 것은 단순한 기초 물리학 문제이다. 그것은 별이 지름 1.6킬로미터의 크기가 되고 대략 1초에 10번 회전할 때 멈춘다.

급속 회전하는 중성자별이 바로 그런 물체이다. 실상은 지름이 1.6킬로미터인 거대한 원자핵이다. 중성자별 물질은 너무나 밀도가 높아서 눈에 간신히 보일 정도로 작은 입자라고 해도 무게는 100만 톤이나 나갈 것이다. 지구는 그것을 지탱할 수 없으리라. 중성자별 물질 한 조각은, 만약 쪼개지지 않고 그대로 지구로 이송된다면, 녹은 버터를 가르는 면도날처럼 우리 행성의 지각과 맨틀과 핵 속으로 힘들이지 않고 가라앉을 것이다.

중성자별은 펄서가 발견되기 전까지만 해도 이론 물리학자들의 상상과 추론 속에만 존재했다. 펄서는 전파를 방출한다. 일부 펄서는 늙은 별의 초신성 폭발과 관련이 있다. 펄서는 마치 1초에 10번 쓸고 가는 우주의 등대인 양, 우리에게 윙크한다. 펄서가 방출하는 전파의 특성은 펄서가 전설 속의 중성자별이라면 가장 잘 이해할 수 있었다. 우리가 관찰할 수 있는 우주로의 에너지 유출 때문에, 한 외딴 중성자별의 회전 속도는, 그것이 유달리 정확한 별 시간의 기록원이기는 하지만, 천천히 떨어져야만 한다. 실제로 관측된 펄서의 감속 데이터는 중성자별 물리학에서 예측했던 바로 그대로였다.

펄서의 최초 발견자들은 자신들이 발견한 천체를, 조금 장난스럽게, 'LGM-1'이라고 불렀다. LGM은 '초록색 난쟁이(little green men)'의 약자였다. 그들은 처음 펄서를 발견했을 때 그것이 어떤 진보한 외계 문명이 만든 신호등은 아닌지 검토했던 것이다. 펄서에 관해 처음 들었을 때, 나 역시 펄서가 완벽한 성간 항해 신호등, 다시 말해 성간 항해를 하는 사회가 항해 목적으로 시간과 공간을 규정하기 위해 은하 전역에 설치하고 싶어 할 만한 표지 같다고 여겼다. 이제 펄서가 중성자별이라는 데는 의심할 여지가 거의 없다. 그렇지만 나는 성간 항해 사회들이 자연적으로 형성된 펄서를 성간 항해의 신호등과 교신용 장비 등으로 사용하고 있을 가능성을 배제하지 않겠다.

중성자별 내부의 물질 상태는 아직 밝혀지지 않았다. 중성자의 결정 격자로 이루어진 표면 껍질이 중성자 액체로 이루어진 중심을 덮고 있는지 어떤지 모른다. 중성자별의 중심이 고체라면, 별의 막대한 내부 압력으로 물질이 변화하는 성진(星震, starquake)도 기대할 수 있으리라. 그런 성진은 중성자별의 자전 주기에 불연속적 변화를 초래할 것이다. '글리치(glitch)'라고 하는 그런 변화들은 실제로 관측된 바 있다.

펄서가 성간 전파 교신용 신호등이 아니라 중성자별임을 알고 일각에서는 실망하기도 했다. 그렇지만 펄서에 대한 과학자들의 흥미는 거의 줄어들지 않았다. 사실, 1초에 10회 회전하고 지름이 1.6킬로미터밖에 안 되지만 태양보다 무거운 별이 있다는 것은 우리보다 약간 더 진보한 문명인이 다른 별의 행성에 산다는 것보다 어떻게 보면 더 신기한 이야기이다.

그렇지만 중성자별과 초신성 폭발은 한층 더 심오한 방식으로 생명과 관련되어 있다. 우리가 앞서 언급했듯이, 초신성이 폭발할 때 별 표면에 있는 막대한 양의 원자가 무척 높은 속도로 성간 공간으로 방출된다. 중성자별의 경우에는, 회전 속도가 빠르다 보니 표면에서 멀지 않은 곳에 거의 빛의 속도로 회전하는 지점이 있다. 그 지점의 입자들은 상대성 이론을 염두에 두어야 할 정도로 엄청나게 빠른 속도로 방출된다. 초신성 폭발과 고속 회전하는 중성자별 모두 우주선(cosmic ray)을 내놓는다. 성간 공간을 질주하는 하전 입자들이 바로 여기서 왔다. (대체로는 양성자지만 다른 원소들도 포함되어 있다.)

우주선은 지구 대기권에도 날아든다. 덜 정력적인 입자는 대기에 흡수되거나 지구 자기장의 영향으로 방향이 바뀐다. 그렇지만 한층 정력적인 입자, 초신성이나 중성자별에서 방출된 입자는 지구 표면으로 침투한다. 그리고 여기서 생명과 충돌한다. 일부 우주선은 우리 행성 표면에 사는 생명체의 유전 물질을 꿰뚫는다. 이런 우주선은 유전 물질에 예측불허의 변화, 즉 돌연변이를 일으킨다. 돌연변이란 우리의 자기 복제 분자에 담긴 청사진에 변화가 생긴 것이다. 망치로 여러 번 두들겨 맞은 정밀 시계를 생각해 보자. 그런 식의 무례한 대접을 받고 생명의 기능이 향상될 것 같지는 않다. 하지만 시계나 덩치 큰 텔레비전이 어쩌다 그렇듯이, 마구잡이로 때렸더니 기능이 향상되는 경우도 가끔은 있다. 이렇게 우주선으로 인해 일어나는 돌연변이 중 일부는 원래 생명체가 가진 적응도를 높이는 변화를 일으킨다. 진화가 일어나는 것이다. 생명은 돌연변이 없이는 막다른 골목에 부닥치고 만다. 이런 방식으로도 지구의 생명은 별의 사건들과 밀접하게 연관되어 있다. 우리의 생존은 수천 광년 밖에서 죽어 간 별들의 단말마 덕분인 것이다.

별은 탄생하면서 행성 생명의 요람을 만들고, 살아가면서 생명이 의존하는 에너지를 제공한다. 그리고 죽어 가면서도 은하 다른 곳에서 또 다른 생명이 지속적으로 발달하기 위한 재료와 도구를 만들어 낸다. 죽어 가는 별의 행성에 자기들 운명을 벗어날 수 없는 지적인 존재들이 있다면, 비록 자기들 별의 죽음이 자신들에게는 멸종을 불러올지언정 수백만 다른 세계들에 사는 별의 민족의 지속적인 생물학적 진보에는 밑거름이 되리라는 생각에서 조금이나마 위안을 받을 수 있을지도 모르겠다.

39장

별의 민족 3: 우주 체셔 고양이

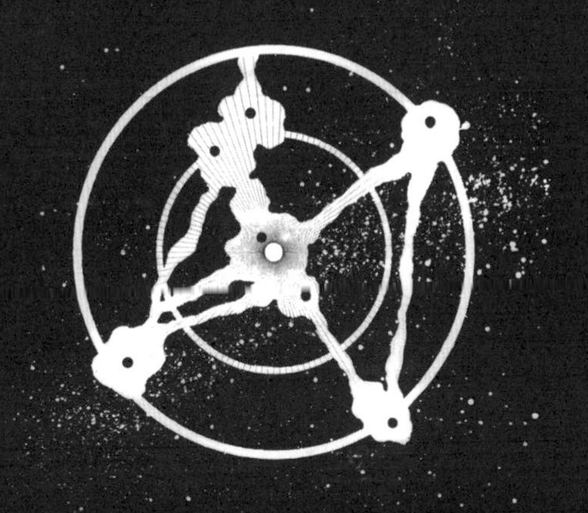

존 롬버그, 「코스모스의 통일: 블랙홀 고속 운송 체계(The Unification of the Cosmos: A Conjectural Black Hole Rapid Transit System)」.

중성자별은 별들의 이야기에서 가장 신기한 존재가 아니다. 질량이 우리 태양의 3배 이상인 무거운 별들의 붕괴를 막기에는 핵력조차 역부족이다. 일단 붕괴가 시작되면 멈출 방법은 존재하지 않는다. 별은 지름 1.6킬로미터 이하로 응축되고 계속 줄어든다. 그 밀도는 원자핵의 밀도를 넘어서고, 물질은 더 작게 뭉친다. 이렇게 죽어 가는 무거운 별 근처의 중력장은 계속 늘어난다. 결국은 중력이 너무나 강력해져서, 물질만 그 별을 떠나지 못하는 게 아니라 빛도 갇히고 만다. 빛의 속도로 별을 벗어나 여행하는 광자는 휜 경로를 따라 억지로 다시 별로 떨어진다. 우리가 돌을 던져 지구에서 벗어나게 하기에는 지구 중력이 너무 강력한 것과 마찬가지이다. 그런 별들은 심지어 광자들이 탈출하기에도 너무

무겁다. 그 결과, 그 별들은 어둡다. 그 천체들은 직접 관측할 수 없는데, 아무런 빛도 내뿜지 않기 때문이다. 중력적으로는 존재하지만, 광학적으로는 존재하지 않는 것이다. 그들은 '블랙홀'이라고 불린다. 『이상한 나라의 앨리스』에 나온 체셔 고양이(Cheshire cat)의 웃음과 비슷한 우주적 존재인 것이다. 깜빡하고 사라졌지만, 그 무거운 천체는 아직 거기 있다.

블랙홀은 기본적으로 이론적 개념이다. 존 로널드 루엘 톨킨(John Ronald Reuel Tolkien, 1892~1973년)이 창조한 가운데땅(Middle-Earth)의 요정들보다 더 그럴싸하지도 않고, 그렇다고 그만큼 매력적이지도 않다. 하지만 아마도 존재하기는 할 것이다. 사실, 은하 질량의 많은 부분은 우리가 볼 수 있는 별도, 혹은 별들 사이의 기체와 티끌도 아니고, 에멘탈 치즈의 구멍들처럼 은하 곳곳에 흩어져 있는 블랙홀이 차지할지도 모른다.

블랙홀은 이미 발견되었을 수도 있다. 백조자리 X-1(Cygnus X-1)은 엑스선, 가시광선, 그리고 전파를 급속히 바꿔 가며 내놓는다. 케냐 해안의 이탈리아 발사 시설에서 발사된 NASA의 우후루(UHURU) 위성이 그 엑스선 방출을 감시했다. 모든 실마리는 백조자리 X-1이 쌍성(雙星, binary star), 즉 규칙적이고 복잡한 왈츠를 추며 서로를 도는 두 별임을 가리킨다. 보이는 별의 움직임을 바탕으로, 우리는 보이지 않는 별의 질량을 추론할 수 있었다. 그것은 우리 태양 질량의 10배는 되는 무거운 별인 것으로 밝혀졌다. 그렇게 무거운 별은 보통 무척 밝을 것이다. 하지만 그 존재에 대한 광학적 실마리는 전혀 존재하지 않는다. 백조자리 X-1의 밝은 별은 중력적으로는 존재하지만 광학적으로는 존재하지 않는 무거운 물체 주위를 돌고 있다. 그것은 지구에서 수천 광년 떨어진 블랙홀일 가능성이 매우 높다.

블랙홀은 나름대로 쓰임새가 있을지도 모른다. 우리가 지금까지 블랙홀에 대해 아는 바는 엄정한 관측을 통해 검증되지 않았고, 전적으로 이론적이다. 블랙홀을 두고 몇 가지 희한한 가능성이 제시되었는데 그중 하나는, 블랙홀 자체가 어떤 의미에서는 사실상 독립된 우주라는 것이다. 그곳에서는 어떠한 것도 빠져나올 수 없기 때문이다.

사실, 우리 우주 그 자체가 방대한 블랙홀일 가능성이 매우 높다. 우리는 우리 우주 밖에 무엇이 있는지 전혀 모른다. 이것은 우주의 정의상 참이다. 그러나 동시에 블랙홀의 성질이기도 하다. 블랙홀 안에 사는 물체는 보통 블랙홀을 나갈 수 없다. 이상하게 들리지만, 우리 우주는 어쩌면 여기에 존재하지 않는 물체로 가득 차 있을지도 모른다. 그것들은 우리 우주로부터 분리되어 있지는 않다. 그것들은 우리 우주의 질량을 가지고 있지 않다. 하지만 독립성과 고립성을 지녔다는 측면에서 자치적인 우주이다.

한층 더 기묘한 관점이 있다. 사변적인 관점인데(36장 참조), 회전하는 블랙홀 속으로 뛰어든 물체가 다른 장소와 시간에서 재등장하리라는 것이다. 다른 장소와 다른 시간에. 블랙홀은 어쩌면 멀리 떨어져 있는 은하와 시대로 가는 입구일지도 모른다. 어쩌면 시공간을 가로지르는 지름길일지도 모른다. 시공간 연속체라는 옷감에 만약 그런 구멍이 존재한다고 해도, 우주선 같은 어느 정도 규모가 있는 물체가 초(超) 시공간 여행하는 데 블랙홀을 이용할 수 있을지는 절대로 확실하지 않다. 가장 심각한 장애물은 블랙홀에 접근할 때 경험하게 될 블랙홀의 조석력일 것이다. 어느 정도 규모가 있는 물체라면 무엇이든 조각내어 당겨 버릴 법한 힘이 그 근처에서 작용하고 있다. 그렇지만 제아무리 블랙홀의 조석력이라도 고도로 진보한 기술 문명이라면 그것을 견뎌 낼 기술을 고안할 법하지 않은가.

하늘에는 얼마나 많은 블랙홀이 존재할까? 현재로서는 아무도 모른다. 그렇지만 별 100개당 블랙홀 1개라는 추정이, 적어도 일부 이론적 추정을 따르면 그럴싸해 보인다. 나는, 비록 어디까지나 순전히 사변적이기는 하지만, 은하 규모로 블랙홀을 이용한 고속 운송 체계를 구축한 거대한 연합 문명을 상상해 본다. 각종 수송 장비가 종횡으로 연결된 블랙홀 네트워크를 이용해 그 목적지에 가장 가까운 블랙홀로 급행한다.

전형적인 은하의 임의의 지역에서 반지름이 20광년 정도 되는 부피 공간을 잘라낸다고 하자. 그러면 그 안에는 대략 100개의 별이 들어 있다. 단거리용 상대론적 우주선 — 지역 열차나 셔틀 버스에 해당한다. — 이 있다고 치면, 그것이 블랙홀을 통해 그 100개의 별 중 가장 먼 별로 가는 데는 겨우 몇 년밖에 걸리지 않을 것이다. 그 상대론적 우주선은 처음 1년간, 그러니까 목적지까지의 경로에서 중간쯤 갈 때까지 계속 1지(g, 중력 가속도)의 가속을 받을 것이다. 이것은 우리에게 익숙한 지구의 중력 가속도이기도 하다. 중력 가속도 1지 조건에서 1년을 보내고 나면 우리는 빛의 속도에 접근할 것이다. 이제부터는 1년 동안 1지로 감속을 한다. 그러면 목적지에 도착해 있을 것이다. (중력 가속도 1지는 9.8×10^{-3}km/sec^{2}이고, 1년은 3.65×10^7sec이다. 이 둘을 곱하면 357,700km/sec가 나온다. 광속이 초속 30만 킬로미터이니 1년간 중력 가속도로 가속을 받으면 광속만큼 빠르게 달릴 수 있는 것이다. — 옮긴이) 그런 운송 체계가 있는 은하에는 서로 독립적으로 생겨나고 발전한 수백 개의 문명들, 그리고 그 식민지들, 수많은 탐험 팀과 연구 집단을 가진 세계들이 수없이 있을 것이다. 구성 문화의 개별성은 보존되지만 공통적인 은하 유산이 구축되고 유지되는 은하 문명, 긴 여행 시간 때문에 사소한 접촉은 어렵고, 블랙홀 네트워크를 통한 중요한 접촉은 가능한 은하. 이것이야말로 비상하게 관심이 가는 은하일 것이다.

그런 은하에서는 블랙홀 근방에서 위대한 문명이 성장하는 것을 상상할 수 있다. 블랙홀에서 먼 행성들은 농장, 생태학적 보존 지역, 휴가지와 리조트, 특수한 제조업의 거점, 시인과 음악가들의 전초 기지, 그리고 대도시 삶을 즐기지 않는 사람들을 위한 휴식지로 지정될 것이다. 그런 은하 문명은 어느 순간이고 발견될 수 있다. 예를 들어, 다른 별의 행성에 존재하는 문명들이 지구를 향해 보낸 전파 신호가 어느 날 탐지될지도 모른다. 아니면 몇 세기 동안 발견되지 않을지도 모른다. 지구에서 쏘아 보낸 어떤 외톨이 우주선이 블랙홀 근처까지 갔다가, 거기서 부적절한 장비를 갖춘 우주선들을 경고해서 쫓아내기 위한 흔한 일련의 부표들에 접근해 블랙홀 주변의 출입구 담당관들의 눈에 띌 때까지 말이다. 그 담당관의 임무는 신흥 문명 출신 촌뜨기들에게 은하 교통 협약을 설명하는 것이리라.

무거운 별은 죽음으로써 시공간의 현재 경계를 넘어서는 이동 수단을 제공해, 별의 먼지와 티끌에서 시작된 생명이 우주의 모든 부분을 접할 수 있게 해 줄지도 모른다. 그리고 가장 깊은 의미에서 우주를 하나로 만들지도 모른다.

후기

이 책에 대하여

들어가며

우주 탐험을 다룬 칼 세이건의 첫 대중 교양서 『코스믹 커넥션』이 출간되고 사반세기도 더 지났다. 그동안 엄청나게 많은 일이 있었는데, 특히 로봇 우주선이 행성계를 조사한 것이 그 하나였다. 이 책은 바이킹, 파이오니어, 보이저, 마젤란, 그리고 갈릴레오처럼 미래 우주 탐사의 시금석이 된 미션들과 더불어 행성 탐사의 '황금기'가 막 열리는 시대에 출간되었다. 세이건은 이런 미션들의 핵심 참여자였다. 세이건의 비전은 행성 과학의 방향에 영향을 미쳤는데, 특히 생명의 기원과 분포를 이해하고자 하는 연구를 추진하는 데 큰 공헌을 했다. 다른 관점에서 보자면, 지난 사반세기는 세이건의 희망에 한참 못 미치는 시대이기도 했다. 아폴로의 시대에 달에 발을 내딛기는 했지만, 인류는 도로 우리 행성으로 후퇴해 다시는 저궤도 너머로 날아가는 모험을 하지 않았다. 냉전 종결 후 우주 탐사 예산은 삭감일로였다. 아마도 가장 속상한 일은, 미국을 비롯한 많은 나라에서 사람들이 과학과 이성으로부터 고개를 돌려 미신과 유사 과학을 부둥켜안았다는 것이리라.

이 「에필로그」의 목적은 행성 과학과 관련 우주 생명 연구 분야에서 이루어진 핵심적 발견들과 사건들 일부를 논하려는 것이다. 이 글은 『코스믹 커넥션』의 구조를 좇았다. 원래 이 책의 절반 정도는 자체 완결적이라 추가나 보완이 필요 없다. 그러나 일부 장은 새로운 우주 계획과 과학적 발견, 그리고 변화하는 정치적 상황 때문에 다소간의 논의를 덧붙일 필요가 생겼다. 나는 가능한 한 세이건 자신의 말이나 그가 이 책 이후에 펴낸 책들에 실린 글들을 참조했다. 세이건은 이 주제들을 다룬 과학 분야 대부분에서 활약했다. 사실, 이 주제 중 다수는 그의 옹호와 주장이 없었다면 그 중요성이 인식되지 않았을 것이다. 게다가 그 주제 연구의 출발점 역시 그가 이 책에 쓴 글일 때가 많았다.

1장 과도기적 동물

지구 생명의 기원은 『코스믹 커넥션』이 씌어진 1970년대 초에 못지않게 2000년에도 가장 큰 과학적 수수께끼 가운데 하나로 남아 있다. 사실 우리는 지구 생명이 우리 행성에서 기원했는지조차 확실히 모른다. 어쩌면 화성에서 지구로 왔을 수도 있다.

세이건이 묘사한 생명의 탄생은 아직도 그럴듯하다. 하지만 일부 주장은 오늘날 설득력이 다소 떨어져 보인다. 생명 형태의 벽돌인 유기 분자가 메테인과 암모니아 같은, 수소가 풍부한 혼합 기체 속에 예비되어 있다는 것은 사실이다. 시카고 대학교 학생 시절 세이건은 역사상 처음으로 실험실에서 이런 유기 분자를 합성해 낸 과학자들, 해럴드 클레이턴 유리와 스탠리 로이드 밀러(Stanley Lloyd Miller, 1930~2007년)와 함께 일했다. 밀러는 세이건의 평생지기로 남았고, 1990년대에 세이건을 미국 국립 과학원의 회원으로 만들기 위한 운동에 앞장선 것도 그였다.

안타깝게도 원시 지구의 대기에 수소가 풍부한 혼합 기체가 존재했다는 증거는 전혀 없다. 지구의 가장 오래된 암석을 분석한 결과로 보나, 우리 행성의 초기 대기 축적 과정에 관한 최근 연구로 보나, 지구의 원시 대기는 대체로 질소, 아르곤, 그리고 어쩌면 일산화탄소를 약간 동반한 이산화탄소로 이루어져 있었을 것이다. 이 혼합물은 수소, 메테인, 그리고 암모니아를 함유하는 대기보다 화학적 반응성이 훨씬 떨어진다. 아미노산 같은 복잡한 분자를 만들어 낸 고전적인 밀러-유리 유기 분자 합성은 그런 혼합 기체에서는 일어나지 않는다.

그렇다고 유기 화합물의 형성에 이르는 화학적 경로가 많지 않다는 것은 아니다. 우리는 아미노산을 포함해서 그런 화학 물질을 탄소질 운석이라는 암석에서 많이 찾아냈다. 이 암석들은 태양계 형성 과정에서 남겨진 소행성이나 혜성의 파편들이다. 지구로 날아든 운석의 비가 우리 행성으로 생명의 화학적 벽돌들을 실어 날랐을 수도 있다. 생명 그 자체가 저 멀리에서 여기로 왔다고 생각해 볼 수도 있는 것이다. 우리로서는 아직 모를 일이다.

하지만 원시 지구가 세이건이 쓴 대로였다고 치자. 그리고 생명이 원시 바다에서, 지구 내부에서 유래했든 외부에서 유래했든, 유기 물질이 비교적 풍부했던 시대에 태어났다고 해 보자. 세이건이 설명한 생명 탄생의 과정에서 핵심 단계는 자기 복제 분자들의 발달이었다. 모든 지구 생명체의 화학적 청사진을 담고 있는 DNA 분자의 전신들 말이다. 다음 세대에게 자신의 형질을 전해주는 능력은 지구 생명의 본질적 자산이므로, 이 단계가 핵심적이라는 것은 누구도 반박하지 않을 것이다. 그렇지만 또 다른, 심지어 더욱 핵심적인 요구 조건이 있다. 생명 또한 그 환경에서 에너지를 끌어내야 하기 때문이다. 지구 역사 초기에, 원시적인 대사(代謝) 과정은 거의 확실히 자연에서 생긴 화학 물질의 이용을 바탕으로 했고, 그 대부분은 고온 조건에서 물과 암석의 상호 작용으로 생성되는 황 화합물과 관련이 있었다. 오늘날에도 지구의 일부 생명은 아직 그런 방식을 이용한다. 그 두드러진 예로 대양저에서 화산의 뜨거운 온천(열수 분출공)을 둘러싸고 있는 풍요로운 생물군을 꼽을 수 있다. 태양광이나 대기의 화학 작용과는 독립적으로 대양 깊숙이에서 번영을 누리는 이런 생태계는, 이 책이 씌어졌을 때에는 아직 발견되지 않았다.

오늘날 과학자들은 세이건이 생각한 생명체가 풍부한 얕은 바다가 아니라 그런 극단적 환경에서 시작되었을 수도 있다고 여기고 있다. 또 어느 쪽이 먼저냐를 두고 활발한 토론이 벌어지고 있다. 최초의 생명이 주변으로부터 에너지를 취하는 화학적 대사 과정이냐, 아니면 진화를 가능케 한 유전적 정보 저장 체계냐 하는 문제를 가지고 말이다.

1970년대에 세이건과 다수의 동시대인에게는 생명의 기원이 금방 밝혀질 것처럼 보였다. 밀러-유리 실험은 그 메커니즘을 보여 주었고, 그들은 점점 더 정교해지는 실험실 실험을 통해 원시 바다의 수소가 풍부한 단순한 유기 물질 죽에서 무엇보다도 복잡한 유기 분자들을 합성함으로써 그 틈새를 메울 수 있기를 희망했다. 그러나 현실에서 과학은 그런 직접적인 방식으로 진보하지 못했다. 오늘날에는 1970년대 초반에 생각했던 것보다 생명 기원의 선택지가 더 많아 보이고, 따라서 그 문제는 세이건이 이 장을 썼을 때보다 좀 더 풍부해지고 더 복잡해졌다.

3장 지구에서 보내는 전언

오늘날, 파이오니어 10호와 11호는 지구로부터 110억 킬로미터 이상 떨어진 곳으로, 그리고 은하 변두리로 그 명판을 실어 날랐다. 1970년대 후반, 외행성계를 탐사하는 야심 찬 '대항해'를 떠나는 보이저 1호와 2호에 메시지를 실어 태양계 너머로 보낼 또 다른 기회가 생겼다. 그 두 우주선은 태양계를 벗어나기 전에 거대 행성 넷과 수십 개의 위성이 딸린 그들의 고리계를 들렀다. 이번에 세이건과 그의 팀은 메시지 제작 작업을 할 시간과 자원을 더 많이 확보할 수 있었고, 메시지에 그림과 음악도 넣었다. 이 프로젝트에 대한 자세한 설명은 칼 세이건과 프랭크 드레이크, 앤 드루얀, 티모시 페리스, 존 롬버그, 그리고 린다 살츠먼 세이건이 같이 쓴 『지구의 속삭임(*Murmurs of Earth*)』에 잘 담겨 있다.

『지구의 속삭임』에서 세이건의 팀은 두 보이저 호를 "별들의 영토로 보내는 지구의 사절"이라 불렀다. 그들은 이렇게 썼다.

> 우리 자신의 무언가를 보내고자 하는 마음은 저항하기 어렵다. …… 파이오니어 10호와 11호처럼, 보이저 우주선은 목성 옆으로 가까이 지나가서 크게 가속되었다. …… 그리하여 태양계 밖으로 방출되었고, 태양과 근방 별들처럼, 은하수 은하의 거대한 중심을 에워싸고 근본적으로 영원히 궤도를 돌게 될 것이다. 파이오니어 10호와 11호와 꼭 같이, 거기다 있을 법한 외계 문명에게 보내는 메시지를 살짝 넣는 것은 유쾌하고 희망찬 전망일 듯하다.

그들은 그 메시지를 다음과 같이 묘사했다.

각 보이저 우주선에는 금으로 코팅한 구리 축음기판을 부착했는데, 이것은 있을 법한, 어떤 먼 시간과 공간에서 그 우주선을 맞이할지 모를 외계 문명에게 보내는 메시지였다. 각 판은 우리 행성, 우리 자신, 그리고 우리 문명에 대한 사진 118장을 담고 있다. 거의 90분 분량에 이르는 세계에서 가장 위대한 음악, '지구의 소리들'을 다루는 진화적인 오디오 에세이, 그리고 거의 60개 국어(그리고 고래 언어 하나)로 된 환영 인사, 미국 대통령과 유엔 사무총장의 인사도 포함되었다.

6장 쇼비니즘

세이건은 물었다. "우리가 아는 생명이란 무엇인가?" 세이건은 심지어 지구에서도, 우리라면 무척 불편하게 느낄 수많은 환경에도 생명이 존재한다는 것을 설명함으로써 이 질문에 답했다. 과거 사반세기 동안 생명이 살 수 있는 환경 범위에 대한 연구가 꽃을 피웠다. 그런 환경의 거주자들은 '호극성 생물(extremophiles)', 즉 극단을 사랑하는 생물들이라고 불린다. 물론 우리와 다른 조건들을 극단적이라고 이름 짓는 것 자체가 쇼비니즘의 좋은 예이다. 우리에게 극단적으로 보이는 것이 우리에게는 무척 기이해 보이는 조건에서 살도록 진화해 온 다른 생물에게는 완벽하고 안성맞춤한 환경일 수도 있다. 세이건은 아주 다양한 환경에서 생명을 기대한 낙관주의자였다. 심지어 금성과 목성의 구름에서도. 우리는 (아직은) 지구 너머에서 어떤 생명도 찾아내지 못했지만, 지상 생명체가 극단적 조건에서 살 수 있는 내성은 놀라울 만큼 큰 것으로 밝혀져

왔다.

오늘날 지구에서도 가장 원시적으로 보이는 — 유전자 구성으로 판단했을 때 — 수많은 미생물이 끓는점 근처의 물속에서 쾌적하게 산다. 이들은 '호열성 생물(thermophiles)'이라고 불린다. 옐로스톤 국립 공원 같은, 화산 활동이 일어나는 지역의 뜨거운 온천에서 이들을 쉽게 관찰할 수 있다. 그랜드 프리즈매틱 스프링(Grand Prismatic Spring)과 매머드 핫 스프링(Mommoth Hot Spring) 같은 간헐천 지대의 온천이 강렬한 색을 띠는 것은 다양한 색상을 가진 미생물의 군락이 있기 때문이다. 미생물의 종에 따라 특정한 온도 범위에 적응했기 때문에, 우리에게 보이는 색의 패턴은 곧 수온을 보여 주는 천연 온도계라고 할 수 있다.

가장 극단적인 호열성 생물은 높은 수압 덕분에 물이 해수면의 끓는점인 섭씨 100도 이상의 온도에서도 액체 상태를 유지할 수 있는 대양 깊은 곳에서 산다. 대양저의 열수 분출공 근처 영양분이 풍부한 물속에는 수많은 신기한 생물이 살고 있다. 가장 최근의 관측 결과에 따르면 생명이 살 수 있는 가장 높은 수온은 섭씨 113도라고 한다. 어쩌면 좀 더 높은 온도에 대해서도 내성을 지닌 미생물이 존재하는데, 아직 발견되지 않았을 뿐인지도 모른다. 비록 열이 너무 강해지다 보면 요리를 익힐 때처럼 생명체를 이루는 복잡한 유기 화합물이 파괴되거나 변질되는 어떤 한계가 틀림없이 있기는 할 테지만 말이다.

또 다른 극단적 환경은 높은 방사능이다. 몇 년 전, 방사능 때문에 생명이 존재할 수 없다고 여겨지는, 원자로 냉각수에서 번성하는 놀라운 생명체가 발견되었다. 라디오두란스(radiodurans)라는 이 미생물은 다른 대다수 생물의 치사량의 수백 배도 뛰어넘는 수준의 방사능을 견딜 수 있다. 방사성 물질이 방출하는 이 정력적인 입자들은 가장 복잡한 유기 화합물도 깨뜨린다. 라디오두란스 역시 이 화학적 변화를 피할 수 없다.

세이건은 화성 표면 생명체가 존재한다면 자외선 복사를 막을 방사능 방어막을 가지고 있을지 모른다고 했지만, 이 생물은 그런 것을 가지고 있지 않다. 그 대신 생명의 화학 작용에 존재하는 커다란 여분을 이용해 손상된 DNA 같은 생화학적 분자들을 복구하는 방식을 진화시켜 왔다. 누구도 이 자가 복구 메커니즘이 어떻게 진화했는지 모른다. 그렇지만 그것은 존재하고, 생명이 없을 줄 알았던 생태학적 틈새 — 원자로의 냉각수 — 까지 점유하며 생명 진화의 또 다른 방식을 우리에게 보여 준다.

지구 최초의 생명 형태는 태양광을 필요로 하지 않았다. 광합성, 즉 녹색 식물이 태양으로부터 직접 에너지를 얻는 방식은 나중에 진화했다. 우리가 오늘날 지구 표면 근처에서 보는 거의 모든 생물은 광합성에 의존한다. 태양광을 직접 이용하는 화학 장비가 없는 생물들 — 균류와 동물 — 은 광합성을 하는 생물들 — 남세균과 식물 — 을 먹는다. 그렇지만 우리는 광합성이 아니라, '구식'으로 에너지와 화학 성분을 섭취하는 생물이 아직도 많이 남아 있음을 알게 되었다. 이미 바다의 열수 분출공에 살며, 화산의 열점 근처에서 순환하는 뜨거운 물에 녹아 있는 화학 물질들로 생계를 꾸려 가는 생명체를 연구하고 있다. 1990년대에는 생명이 지하 몇 킬로미터 아래에도 존재한다는 증거가 쌓이기 시작했다. 이런 생명 형태들은 슬라임(SLiME, 지하 암석 미생물 생태계(subterranean lithospheric microbial ecosystems)의 약자이다.)이라고 불린다. 이런 생태계의 규모에 관해서는 논란이 있지만, 일부 과학자는 지구 전체 생물량(biomass)의 상당한 부분이, 심지어 오늘날에도 우리 발아래 어둠 속에 산다고 짐작한다.

남극의 건조 계곡의 바위 안에, 그리고 얼음으로 뒤덮인 섭씨 0도의 남극 호수에 사는 말(조류)이 있다. 어떤 미생물은 염분이 높은 지역을 좋아해서, 해수 소택지와 육지에 둘러싸인 염수호에 모여 산다. 어떤 미생물은 300만 년 만에 시베리아 영구 동토층의 노출된 흙에서 부활했다. 심지어 그것보다 더 오래된 생물이 고대의 호박에서 재생되기도 했다. 산성이나 염기성이 극도로 강한 지역을 좋아하는 미생물들도 발달해 왔다. 생명은 생계를 꾸려 나갈 수 있는 곳이라면 지구 어디에나, 존재하는 모든 생태학적 지위에 거처할 수 있는 듯하다.

그렇다면 생명('우리가 아는' 생명)의 한계는 어디일까? 세이건은 복잡한 고분자의 끈도 만들 수 있는 독특한 능력을 갖춘 탄소의 존재, 그리고 유기 분자들이 안정을 유지할 수 있는 너무 뜨겁지도 너무 차갑지도 않고 '딱 맞는' 온도 범위를 주장했다. 이것은 가끔 세 마리 곰이 나오는 동화를 빌려 '골디락스 원리'라고 불린다. NASA 에임스 연구소(Ames Research Center)의 연구원 가운데 오늘날 가장 선도적인 우주 생물학자로 손꼽히는 크리스 매케이(Chris McKay)는 핵심 요구 조건이 탄소와 '액체' 물이라고 믿는다. 우리가 아는 한, 지구의 경우에는 액체 물 없이는 생명도 없다. 온도가 섭씨 0도 이하로 떨어져도 괜찮다. 하지만 염분이나 다른 자연적 부동액 물질이 있어서 물을 얼지 않게 해 주어야 한다. 그리고 지역에 따라서는 섭씨 100도 이상 올라가도, 심해 열수 분출공처럼, 압력이 높아서 물이 끓지 않게 해 주면 괜찮다. 심지어 남극 바위 속에서도 생명은 바위에 매달려 있다가 남극의 긴 여름에 녹은 눈에서 생긴 미미한 양의 액체 물만 있으면 갈증을 해소하고 생명을 이어 갈 수 있다.

생명이 살 수 있을 법한 환경의 범위를 논할 때, 오늘날 과학자들은 전반적으로 액체 물의 존재를 '거주 가능성(habitability)'과 동일시한다. 이것은 물론 일종의 쇼비니즘이다. 우리는 나머지 우주 전체를 여기 지구에서 가진 우리 경험으로 판단하고 있다. 그렇지만 거주 가능성에 대한 이러한 정의에는 실제적인 기반이 있다. 우리가 인식할 줄 아는 유일한 생명 형태는 우리가 지구에서 본 것과 화학적으로 비슷한 것들이다. 외계 지성체가 보낸 전파 신호가 없다면 우리는 아마도 근본적으로 다른 생명 형태를 '살아 있다.'라고 인식하지 않을지도 모른다. 그래도 생존 가능성을 액체 물과 연계하는 것은 우리가 지구 너머의 생명을 찾기 위한 시작 단계의 기본 지침으로 삼기에 어느 정도 합리적이다.

7장 인간 사업으로서의 우주 탐사 1: 과학적 관심

세이건은, "현재까지 행성 탐사에서 가장 얻을 게 많은 과학은 생물학이다."라고 썼다. 세이건은 NASA의 행성 탐사 계획들에 생물학적 시각을 주입하기 위한 과학적 노력을 주도했다. 세이건은 다른 어떤 과학자들보다 더 외계 생물학(exobiology)이라는 신과학을 옹호했고, 그것을 좀 더 전통적인 천문학, 지질학, 그리고 행성 과학의 원리들에 병합하고자 애썼다.

세이건의 노력은 바이킹의 화성 탐사 계획에서 고점을 맞이했는데, 1976년에 착륙선 두 대와 궤도 선회 우주선 두 대를 붉은 행성에 보내는 계획이었다. 바이킹의 초기 계획은 『코스믹 커넥션』이 저술되고 있을 때 시작되었다. 이 계획은 외계 생물학이라는 목표를 채택했고, 생명 탐사를 그 최우선 과제로 삼았다. 놀라운 축소판 생물학 연구소들이 화성 표면으로 날아갔다. 기다란 팔로 화성의 토양을 수집해 실험실에 두고 물과 영양분을 제공하면서 물질 대사를 비롯한 생물학적 활동의 증거가 있는지 검사했다. 바이킹의 생물 탐사 프로그램은 단일 프로그램으로는 NASA의 우주 계획 중에서도 가장 비싸고 정교한 것이었다. 심지어 달 탐사 프로그램들보다도 돈이 더 들었다.

놀랍게도, 바이킹 착륙선은 둘 다 '황금 평원(Golden Plain, 크라이세 평원

(Chryse Planitia)을 말한다. — 옮긴이)' 그리고 '유토피아 평원(Utopia Planitia)'이라는 건조한 화성 풍경에 무사히 착륙했다. 그리고 맡은 바 생물학적 미션을 실수 없이 수행했다. 그러나 화성에서 생명을 찾지는 못했다. 그 대신, 그들은 극도로 건조할 뿐만 아니라 유기 물질의 원재료가 존재하지 않는 화성 표면을 잘 보여 주었다. 화성 표면에 내리쬐는 자외선이 살균 소독을 하고, 복잡한 탄소 화합물을 파괴하는 과산화물 같은 활동적인 화학 물질들을 내놓는 것이 분명하다. 표토에는 생명의 증거만 없는 게 아니라 미생물이 먹을 수 있는 것도 전혀 없었다. 세이건을 비롯한 수많은 이들이, 겨우 두 지역만 대상으로, 그리고 오로지 자외선 복사가 내리쬐는 표토만을 대상으로 한 탐사를 기반으로 화성을 생물이 사는 행성에서 제외할 수 없다고 역설하기는 했지만, 바이킹의 결과물은 외계 생물학 옹호자들의 사기를 심각하게 떨어뜨렸다.

바이킹 이후로 NASA는 10년도 더 넘게 화성을 버려두었다. 1997년까지는 다른 착륙선이 표면에 발을 딛지 않았고, 마스 패스파인더는 생명을 찾을 장비가 설치되어 있지 않았다. 우주선은 태양계의 더 먼 부분을 탐사하러 가서 엄청난 성공을 거뒀지만, 화성처럼 생물학자들에게 흥미로운 지역은 새로 등장하지 않았다.

우리는 이제 화성에 한때 지구 같은 기후가, 풍부한 액체 물이 있었음을 안다. 화성에서 지구에서 시작한 것과 같은 방식으로 생명이 형성되지 않았으리라고 생각할 이유는 없다. 휴스턴의 NASA 존슨 스페이스 센터(Johnson Space Center)의 데이비드 스튜어트 매케이(David Stewart McKay, 1936~2013년)가 이끄는 일군의 과학자들이 남극에서 발견된 화성 운석에 거의 40억 년 전에 바위에 기록된 미생물의 화석 증거가 존재한다고 발표했을 때 이러한 관점은 강력한 대중적 지지를 얻었다. 이 발견은 세이건이 치명적인 병과 투쟁하고 있을 때 알려졌지만, 세이건은 그

답게 병상에서 그 일을 치하하고 생물학과 행성 탐사, 특히 화성 탐사 사이의 연계의 중요성을 지적하는 성명을 발표했다.

다른 과학자들은 화성에서 온 화석을 생명의 증거로 인정하지 않았고, 4년이 지난 지금도 그것은 아직 해결되지 않은 문제로 남아 있다. 어쩌면 우리는 운석 충돌로 인한 화성 암석의 우연한 방출에 의존할 게 아니라 결국 직접 화성으로 가서 생물학적으로 흥미로운 지역의 표본을 선택하고 분석해야 할지도 모른다. 그렇지만 화성 암석(ALH 84001)의 분석은 과학계에서나 일반 대중 사이에서나 외계 생물학에 대한 관심이 되살아나도록 불을 지피는 데 일조했다. 마침 이 일은 우리가 지구 생명의 다양성을 탐사하고 유전자를 분석하기 위해 강력한 도구들을 개발했을 때 일어났다. 또한, 다른 별을 도는 행성들, 생명이 서식하고 있을 것 같아서 우리가 탐사해 보고 싶은 행성들의 발견과도 때를 맞췄다. 오늘날, 생물학, 천문학, 그리고 행성학을 합친 새로운 과학이 우주 생물학(astrobiology)이라고 불린다. 다시 한번, 우리는 세이건이 지지했던 길을 따라 출발하고 있다. 지구 생명의 본질과 태양계 다른 곳에 살고 있을지도 모르는 생명에 대한 탐사가 다시금 시작된 것이다. 그리고 이 길은 그 너머까지 이어져 있을 것이다.

8장 인간 모험으로서의 우주 탐사 2: 대중의 관심

우주 비행사만이 아니라 로봇 탐험자를 통해 우주를 탐험한 것은 아마도 20세기의 마지막 3분의 1의 기간 동안 우주 과학이 거둔 가장 큰 성취일 것이다. 우리 자신의 행성을 떠나 다른 곳에 도착한 우리의 성공담은 아마도 미래 세계사의 내용이 될 것이다. 세이건은 아마도 우주 탐사의 우뚝 선 옹호자이자, 가장 낙관적인 지지자에 속하기도 하리라.

왜 우리는 이처럼 엄청난 모험을 떠났을까? 그리고 좀 더 구체적으로, 왜 정부와 대중은 이런 노력을 지지했을까? 세이건은 아폴로 계획의 밑바탕에 있는 정치적 동기를 인식했지만, 이 장에서 그는 또한 과학적 호기심, 신기술의 발달, 모험에 대한 사랑, 그리고 심지어 오락적 가치에 바탕을 두고 우주 탐사를 옹호했다. 세이건은 생물학자 조지 데이비드 월드가 묘사한 대로 "우주 속 인간의 자리에 대한, 뭐랄까 폭넓게 공유된 시각"을 지향하는 탐사를 옹호했다.

최근 역사가들과 정치 평론가들은 1960년대, 1970년대, 1980년대에 우주 탐사가 꽃을 피운 현상을 따분한 정치적 설명으로 환원하기를 선호한다. 냉전이 모든 것의 답이다. 소설가 토머스 커널리 울프 주니어(Thomas Kennerly Wolfe Jr., 1931년~), 즉 톰 울프는 이 시각을 1970년 머큐리 계획의 역사를 그린 다큐멘터리 소설 『필사의 도전(*The Right Stuff*)』에서 또렷이 보여 주었다. 이 책에서 울프는 미국 우주 비행사와 (구)소련 우주 비행사를 우주에서 영웅적 성과를 거두기 위해 신화적인 경쟁을 하며 공산주의와 민주주의 사이의 상징적 전투를 수행하는 냉전의 전사로 그려 냈다. 케네디 대통령이 달로 우주 비행사를 보내기로 한 결정은, 이제 미국의 기술과 경제력이 로켓 과학에서 러시아가 초반에 차지했던 우위를 전복할 수 있을 정도로 발전했으며 미국이 우주라는 전장(戰場)에서 (구)소련을 무찌를 수 있게 되었음을 널리 알리려는, 용의주도하게 계산된 전략에 기반을 둔 것으로 이해된다. 1991년에 냉전이 끝나면서 이 강대국 간의 경쟁은 의미를 잃었고, 1990년대에 (구)소련 경제가 붕괴하면서 우주 탐험에서 러시아의 역할은 심하게 위축되었다.

그래서인가, 냉전 종식은 우주 탐사의 근본적 이유에 도전하기 시작했다. 허블 우주 망원경과 마스 패스파인더 같은 대중적인 우주 과학 미션들이 이루어낸 지속적인 발견들과 쌍을 이룬 이전 노력들의 관성이 NASA를 앞으로 이끌어 온 반면, 1991년과 2000년 사이에 예산은 꾸준히 삭감되었다. 세이건이 이 장에서 제기한 화두는 그 글이 씌어졌을 때보다 오히려 오늘날과 더 관련이 있을 정도이다. 1970년대에 우주 탐사는 대체로 정치권이 주도했고, 대중의 지지는 덜 중요했다. 그렇지만 우리가 강력한 우주 탐사 계획을 이어 나가고자 한다면, 이 장에서 세이건이 보여 준 논쟁은 지속되고 확장되어야 한다. 우주 탐사는 비용이 적지 않게 들고, 따라서 지속되려면 폭넓은 대중의 지지가 있어야 한다.

『코스믹 커넥션』에서 세이건은 우주 과학에 대한 대중의 관심과 지원에 대해 낙관적인 관점을 취한다. 아폴로 계획이 정점에 있던 시기에 그는 이렇게 말했다. "우주 탐사와 거기에서 나온 지구와 그 거주민을 보는 새로운 관점이 우리 사회에 침투할 것이다." 이런 일이 실제로 일어났나? 확실히, 우주 탐사 과정에서 개발된 경이로운 기술들은 오늘날 우리 주변에 널렸다. 일기 예보를 정확도를 높여 주는 전 지구적 통신망은 물론이고, GPS의 경제적, 사회적, 문화적 영향력은 어마어마하다. 그렇지만 과학과 탐사에 바탕을 둔 새로운 관점이 "우리 사회에 침투"했는가? 죽기 전에 마지막으로 출간된 『악령이 출몰하는 세상(*The Demon-Haunted World*)』에서 세이건은 과학을 향한 대중의 태도에 관한 자신의 우려를 이렇게 강조한다.

> 나는 과학적 문맹의 결과가 과거의 그 어떤 시대보다도 우리 시대에 더 위험하다는 것을 안다. 일반 시민이, 말하자면 지구 온난화, 또는 오존 파괴, 공기 오염, 독성 폐기물과 방사능 폐기물, 표토 침식, 열대 지방 삼림 벌채, 기하급수적 인구 증가, …… 등에 관해 무지한 채로 남아 있는 것은 위험하고 무모하다. 근본적인 문제들을 파악하지 못한다면 우리가 어떻게 국가 정책에

영향을 미칠 수 있거나 심지어 우리 삶에 관한 지성적인 결정을 내릴 수 있겠는가? …… 확실히 돌아갈 길은 없다. 마음에 들든 안 들든, 우리는 과학에 맞닥뜨렸다. 우리는 과학을 최대한 이용해야 한다. 우리가 마침내 과학을 받아들이고, 그 아름다움과 힘을 충분히 이해했을 때, 우리는 실제적인 문제에서나 영적으로나 우리가 우리 쪽에 훨씬 유리한 거래를 했음을 깨닫게 되리라.

같은 책 몇 장 뒤에서 세이건은 이렇게 썼다.

지구에 새로 도착한 외계 존재는 — 텔레비전, 라디오, 영화, 신문, 잡지, 만화, 그리고 수많은 책을 통해 우리가 아이들에게 주로 제공하는 것들을 유심히 살펴보고 — 우리가 아이들에게 살인, 강간, 잔학성, 미신, 맹신, 그리고 소비 지상주의를 가르치는 데 열심이라고 쉽사리 결론을 내릴 것이다. 우리는 계속 그렇게 하고, 꾸준한 반복을 통해 아이들 다수는 마침내 그렇게 된다. 그 대신 우리가 그들에게 과학과 희망을 심어 넣는다면, 우리는 어떤 사회가 만들어지기를 희망할 수 있을까?

『코스믹 커넥션』이 출간된 이후로 사회의 많은 부분이 이성주의와 과학에서 등을 돌렸다. 미신과 냉소주의가 줄곧 상승세이다. 미국 인구의 상당한 부분이 점성술과 심령술을 믿고, 캔자스 주는 시험 문제로 출제되는 학교 교육 과정에서 진화를 — 생물학과 우주 과학 양쪽에서 — 빼버렸다. 『악령이 출몰하는 세상』은 그런 불합리에 맞선 진정 어린 변론으로, 세이건이 말년에 크게 관심을 두었던 주제들을 논하고 있다. 그렇지만 대중은 아직 우주에 관심이 있다. 1997년 마스 패스파인더 착륙선의 웹 사이트는 그 시점까지 다른 어떤 웹 사이트보다 방문자 수가 더 많았다. 갱신된 우주 생명 탐사에 대한 뉴스들은《타임》과《뉴스위크》의 표지 기사로 실려 대중의 갈채를 받았다. 우주 탐사는 계속되고 있다. 하지만 1970년대에 세이건이 그랬듯이 대중의 지지에 낙관을 품기란 쉽지 않다.

9장 인간 모험으로서의 우주 탐사 3: 역사적 관심

세이건은 본문에서 "인류 역사상 처음으로 태양계를 탐사할 첫 세대는 곧 등장할 것이다. 그 세대가 어렸을 적 행성들은 밤하늘을 떠다니는 멀고 흐릿한 원반들이었을 테고, 나이가 들어서는 구체적인 장소가 되고, 탐사의 경로에 따라서는 그곳에 정착할 수도 있는 새로운 세상들이 되리라."라는 예언을 한다. 그의 생애는 바로 이 "첫 세대"와 딱 맞아떨어졌다. 세이건은 최초의 태양계 탐사를 설계한 건축가 중 하나였고, 아마도 그것을 대중에게 가장 강력히 설파한 인물이었으리라.

대다수 과학사가들은, 1968년 크리스마스에 아폴로 8호가 전송한, 달에서 본 지구의 최초 사진이 우주에서 우리가 있는 자리에 관한 우리 시각에 심오한 영향을 미쳤다고 주장한 세이건에게 동의할 것이다. 우리 행성의 건강에 대한 널리 퍼진 우려는, 일부이기는 하지만, 지구가 우주의 어둠 속에 떠 있는 작고 푸른 원반이라는 공유된 이미지로부터 힘을 얻는다. 세이건은 1989년에 NASA를 설득해 보이저의 카메라로 우리 행성계 가장자리 근방에서 태양계 사진을 찍게 함으로써 이 전 지구적 관점에 크게 이바지했다. 사진을 보면 지구를 포함한 각 행성은 조그맣고 뚜렷하지 않은 점으로 강등된다. 1994년에 출간된 그의 저서 『창백한 푸른 점(*Pale Blue Dot*)』은 이 사건을 축성하고, 이 행성에 관한 우리의 새로운 관점이 가진 여러 양상을 논한다.

우주 시대는 이 사진들에 비견할 만한 역사적 중요성을 지닌 다른 영향들을 미칠 수도 있을 것이다. 그렇지만 세이건이 예측한 이로운 영향들이 쉽게 오지 않으리라는 것 역시 명확하다. 예를 들어, 20세기 말 종교적이고 민족적인 갈등의 부활은, 인류가 세이건이 예측한 미래로부터 한 발 후퇴한 것처럼 보인다. 우리 모두가 하나의 지구에 함께 살고 있다는 사실에도 아랑곳없이, 국경은 1970년대보다 21세기 초에 한층 중요해진 것처럼 보인다.

우주 탐사가 우리 사회를 바꾸게 될까? 그것은 『코스믹 커넥션』이 씌어진 시기와 마찬가지로 오늘날에도 답이 나오지 않은 질문이다.

13장 금성은 지옥

세이건은 1972년에 금성의 고농도 대기, 뜨거운 표면, 그리고 유황 구름과 유황산 등을 설명하며 "우리는 금성에 관해 이제 엄청나게 많이 안다."라고 썼다. 세이건이 묘사한 대로, 금성은 "지글지글 끓는 온도, 짓뭉개는 압력, 유독하고 부식성인 기체, 유황 냄새, 그리고 붉은 어스름에 잠긴 풍경"을 보여 준다. 그때 우리가 알지 못했던 것은 우리 자매 행성의 지형학과 지질학적 역사였다.

1970년대에 미국과 (구)소련 둘 다 금성의 대기권을 통과해서 금성 표면에 착륙하기 위한 탐사용 로켓을 보내는 데 성공했다. 러시아의 베네라 8호는 1972년에 금성의 표토를 최초로 화학적으로 분석했고, 베네라 10호는 1975년에 처음으로 사진을 찍었다. 파이오니어 비너스 호는 1978년에 네 대의 대기 탐사용 로켓을 동시에 배치했고, 동반자인 파이오니어 비너스 궤도선은 1980년까지 그 표면에 대한 조야한 레이더 지도를 구축했다. 레이더파는 금성의 불투명한 구름을 꿰뚫고 우리가 그 지형학을 그릴 수 있도록 해 주었다. 1983년에 러시아의 쌍둥이 우주선이 금성 북반구에 대해 훨씬 해상도 높은 지도를 그렸고, 1985년에 러시아 우주선 두 대가 추가로 금성 대기에 장비를 담은 풍선을 배치했다. 현재까지 가장 성공적인 미션은 NASA의 마젤란 레이더 지도 작성 우주선이었는데, 그것은 1990년부터 1993년까지 금성 궤도를 돌면서 이전의 모든 행성 미션들을 합친 것보다 더 많은 데이터를 지구로 보냈다. 마젤란이 얻어 낸 표면 지형 지도의 해상도는 50미터보다 높았는데, 그리하여 금성의 지형학적 지도가 우리 지구에 대한 것보다 더 완벽하고 더 정확하게 작성되었다. 그 결과로 금성의 지질학에 관한 관심이 폭발적으로 일어났다.

금성은 지구의 지질학적 쌍둥이다. 그 표면은 지구 풍경을 만드는 동일한 세 가지 힘 중 두 가지에 의해 주형(鑄型)되었다. 화산 활동(뜨거운 내부로부터 녹은 바위나 용암이 새어 나온 것)과 구조 지질학(산과 계곡을 형성하는 지각의 암석들의 압력). 또한, 거의 1,000개에 이르는 충돌 분화구도 있지만, 금성은 (지구와 마찬가지로) 그 지질학이 (달에서 그렇듯이) 충돌로 결정되기에는 지질학적으로 너무 활동적이다. 금성에 부족한 것은 끊임없이 지상 표면을 재가공하는 물과 얼음이다. 침식이나 퇴적이 거의 없어서, 금성은 그 지질학의 본질을 우리에게 있는 그대로 보여 준다.

지구와 마찬가지로 금성은 화산 활동과 구조 지질학을 기원으로 해서 생성된 커다란 산들이 있다. 가장 큰 산은 하와이의 산맥인 마우나케아와 마우나모나와 많이 닮아 보인다. 그 구조 지질학적 습곡 산맥들은, 지구보다 수는 적을지언정, 똑같이 높이 솟아 있다. 금성에는 히말라야 산맥과 티베트 고원의 유사물이 있는데, 각각 맥스웰 산맥(Maxwell

Montes)과 이슈타르 평원(Ishutar Planetia)이라고 불린다. 전반적으로, 산을 만드는 것을 포함한 지질학적 활동의 속도는 두 행성에서 비슷하다. 그렇지만 놀라운 차이점도 있다. 금성은 우리 행성처럼 화강암 대륙과 현무암 대양 분지의 밀도 차이로 생기는 판 구조가 없다. 게다가 금성은 대략 5억 년 전에 행성 규모의 대변동을 겪은 듯한데, 그때 지질학적으로 단기간에 행성의 표면 대부분을 용암이 덮었던 듯하다. 지구의 역사에는 이런 일이 없었다.

오늘날 지질학자들은 이런 커다란 차이점들의 근본적 원인을 다양하게 논의하고 있는데, 아직은 하나로 모인 설명은 없다. 따라서 우리는 대기 과학자들의 호기심을 끌어 온 바로 그런 종류의 질문을 지질학에서 제기한다. 왜 쌍둥이 행성인 금성과 지구는 많은 점에서 그토록 비슷하면서, 다른 근본적인 영역에서는 그토록 다른가.

15장 바르숨의 달들

세이건은 매리너 9호의 화성 달 탐사 계획에서 자신이 한 핵심적인 역할을 이 책에서 잘 설명하고 있다. 세이건은 바이킹 과학 팀의 일원으로서 그 역할을 활발하게 수행하면서도, 두 바이킹 궤도선이 포보스와 데이모스를 근접 촬영해야 한다고 촉구했다. 1977년에 이 우주선들은 포보스로부터 88킬로미터, 데이모스로부터 28킬로미터 떨어진 곳까지 항해했다. 우리가 그 표면에 충돌하거나 착륙하지 않고 다른 천체에 그렇게 가까이 다가간 것은 그때가 유일했다.

바이킹이 찍은 화성 달들의 가장 좋은 사진들은 자동차처럼 작은 형태들을 보여 준다. (그 표면에서 자동차는 전혀 보이지 않았다.) 깊은 분화구들에 더해, 이 달들은, 침강 때문인 듯한 많은 분화구나 구덩이와 더불어 길고 평행한 홈이나 계곡을 보여 준다. 우리는 이제 포보스와 데이모스가 암석들이 느슨하게 결합한 돌무더기임을 알고 있다. 아마도 그들 표면을 갈가리 찢어놓고 따로 떨어지게 한, 한 번 또는 그 이상의 대재앙급 충돌의 산물일 것이다. 수많은 행성 과학자들에게 포보스와 데이모스는 태양계 전역에 흩어져 있는 조그만 곰보투성이 달들과 소행성들의 원형이 되었다.

포보스의 남아 있는 분화구 중 가장 큰 것은 한쪽 극 근처에 있다. 세이건의 제안에 따라 이 분화구는 국제 천문 연맹에 의해 '스티크니'라고 이름 지어졌는데, 이 조그만 화성의 달들을 찾기를 포기하지 않도록 아사프 홀을 독려한 그의 아내를 기리기 위해서였다. (1973년 매리너 9호의 사진을 통해 포보스의 최대 분화구가 발견되었고, 칼 세이건이 의장으로 있던 국제 천문 연맹의 천체 명명 위원회는 이 분화구에 '스티크니 분화구(Stickney crater)'라는 이름을 붙였다. — 옮긴이)

17장 화성의 산 2: 우주에서의 관측

매리너 9호는 우리에게 화성의 산맥들을 처음 보여 주었지만, 1976년과 1978년에 바이킹 궤도선이 송환한 사진들은 그 사진을 넘어섰다. 1997년에 개시된 화성 글로벌 서베이어(Mars Global Surveyor, MGS)는 그 표면에서 선택된 지역들에 대한, 한층 해상도 높은 이미지를 얻어다 주었다. 화성 글로벌 서베이어는 또한 한 행성의 표면 지도를 그리는 데 처음 쓰이게 된 다른 기구도 싣고 있었다. 레이저 고도계였다. 우주선의 궤도가 정확히 알려져 있으니, 표면에서 우주선까지의 거리를 레이저로 정확히 측정하면 정밀한 지형도를 얻을 수 있을 터였다. 이런 식의 수량적 지형 측정을 통해 얻은 데이터는 화성의 산맥이나 다양한 지형을 포착해 낸 그 어떤 아름다운 사진들보다도 더 정확한 정보를 제공한다.

새로운 정보를 통해 매리너 9호가 발견한 거대한 화산들 말고도 조그만 화산들 수천 개가 더 있음이 확실시되었다. 화성은 화산 활동의 오랜 역사를 지니고 있지만 우리는 아직 그 화산들의 분출 활동을 한번도 포착하지 못했다. 오늘날 화성의 화산은 우리 행성과 비교하면 덜 활동적이다.

적어도 지난 20억 년간 화성에서 판구조론적 지질 활동이 있었다는 증거는 없다. 이 행성의 조그만 크기(지구 질량의 겨우 11퍼센트)를 생각해 보면 아마도 전혀 놀라운 일도 아니리라. 그러나 화성의 수많은 갈라진 금과 계곡은 과거에 지각이 움직였음을 시사한다. 적어도 지질학적 내력에 의해 압박을 받기는 했을 것이다. 명확히, 화성은 20억 년 전쯤에는 훨씬 더 활동적이었다. 그 시대에 타르시스 고원이 융기되었고 지각은 내적인 경련으로 굽고 금이 갔다. 북반구 대부분은 수 킬로미터 가라앉았고, 얼마간 북극 지역 일부는 확실히 액체 물로 채워져 얕은 바다를 형성했다.

18장 화성의 운하

1976년, 쌍둥이 바이킹 착륙선이 화성의 생명을 직접 탐사했다. 로웰이 말한 지능을 갖춘 운하 건설자들이 아니라 미생물을 찾으려는 것이었다. 각 착륙선은 화성 토양에서 미생물의 존재를 검사하기 위한 축소판 생물학 실험실을 싣고 있었다. 그들은 살아 있는 동물이 호흡을 했거나, 그 어떤 생명체가 존재해 주어진 영양소를 흡수했거나, 무슨 이유에서든 토양과 그 주변 환경 사이에 기체 교환이 일어났다는 증거를 찾고자 했다. 화성 토양은 다양한 실험을 위해 채집되어 실험실에 놓였고, 실험실에서는 그 토양을 격리해 다양한 기체, 방사능 동위 원소, 그리고 양분 속에서 배양했다. 넷째 도구는 토양에 유기 화학 물질(탄소를 함유한 물질)이 있나를 검사했다. 이 실험들은 너무나 민감해서 높은 산 정상이나 남극의 건조한 계곡 같은 가장 황량한 환경에서조차 지구의 생명체를 찾아낼 수 있을 터였다. (이 실험은 실제로 이루어졌다. 자세한 내용은 『코스모스』 5장에 소개되어 있다. — 옮긴이)

화성에서의 결과는 부정적이었다. 가장 나쁜 소식은 화학 분석에서 나왔는데, 그 결과에 따르면 유기 화학 물질은 수십억분의 1 수준까지 전혀 존재하지 않았다. 황금 평원과 유토피아의 곳곳에서 수집한 표토는 불모의 흙이었고, 세이건과 많은 과학자들은 실망했다. 오늘날, 과학자 대다수는 화성의 표토가 생명을, 적어도 우리가 아는 생명을 지탱해 줄 능력이 없다는 결론을 내렸다.

바이킹 미션이 끝나고 10년간 화성은 무시당했지만, 지금은 다시금 활발해진 탐사 프로그램의 대상이 되어 있다. 다시금, 생명 탐사는 일차적인 과학적 목표가 되었다. 그러나 이번에 우리는 수십억 년 전으로 거슬러 올라가는 화석 미생물들을 탐사하고 있다. 그때 화성 대기는 더 따뜻하고 습했을 것이다. 선택된 암석 표본들이 실험실 분석을 위해 지구로 송환될 것이다. 우리는 우리가 바이킹보다는 운이 좋기를 바라고 있다.

우리가 그런 화석 생명을 발견한다면, 그리고 최근에 화제가 되는 화성 표면의 액체 물의 증거가 인정된다면, 우리는 용기를 얻어 큰 과녁을 좇을 수 있을 것이다. 아직도 화성에 살고 있는 현생 생물 말이다.

19장 잃어버린 화성 사진들

1976년에 바이킹 궤도선들과 한층 최근의 화성 글로벌 서베이어는 화성 표면 사진 수천 장을 송환했는데, 그 해상도와 화질은 매리너 9호 카메라로 찍은 것보다 훨씬 나았다. 따라서 매리너 9호 이후로 30년이 지난 지금, "잃어버린 사진들"은 잊혀진 것처럼 보인다. 시간(과 기술)은 앞으로 움직인다. (매리너 9호는 고도 제어 가스의 공급이 끊긴 1972년 10월 27일까지 운용되었고, 지금도 화성 주위 궤도를 돌고 있다. 2022년 정도에 화성 대기권으로 돌입할 것으로 예측된다. — 옮긴이)

20장 빙하기와 가마솥

『코스믹 커넥션』이 출간되었을 때에는 아무도 6500만 년 전 백악기 말에 일어난 공룡(과 지구상에 있던 모든 종류의 복잡한, 화석을 만든 생명의 절반 이상)의 멸종을 제대로 설명하지 못했다. 사실, 화석 기록은 공룡 멸종이 급작스럽고 재난 같은 사건이었는지 아니면 (과학자 대다수가 제시하듯이) 수백만 년에 걸친 기후 변화로 인한 점진적인 사건이었는지 결론 내리기에는 너무 희박하다. 백악기 말에 일어난 것과 같은 대규모 멸종에 대한 연구는 겨우 몇몇 고생물학자에 의해서만, 과학의 벽경(僻境)에서만 이루어졌다.

이 모든 것은 1980년에 물리학자인 루이스 월터 앨버레즈(Luis Walter Alvarez, 1911~1988년)가 이끄는 일군의 과학자들이 백악기 암석과 제3기에 퇴적된 퇴적물 사이의 경계층에서 외계 물질을 식별하면서 뒤바뀌었다. 과학자들은 대규모 멸종이 6500만 년 전 지구에 지름 10~15킬로미터의 혜성이나 소행성이 충돌함으로써 갑작스레 일어난 전 지구적 재앙 때문이었다고 대담하게 주장했다. 그 후 시간이 흐르면서 그들의 처음 가정은 점차로 입증되다가, 멕시코 유카탄에 있는 칙술루브(Chicxulub) 분화구라는 폭 200킬로미터짜리 충돌 분화구가 구체적으로 식별되면서 기정사실이 되었다.

우리 행성의 생물학적 역사가 외계 충격에 간섭을 받고 어느 정도는 조형되기도 했다는 생각은 혁명적이다. 진화의 투쟁에서 살아남은 종들이, 기존 환경에 점진적으로 더 잘 적응한 종들보다 그런 예기치 못한 천재지변에 적응할 수 있었던 종들이었다는 개념 역시 그렇다.

나는 사우스웨스트 연구소(Southwest Research Institute)의 클라크 채프먼(Clark Chapman)과 로웰 천문대의 유진 메를 슈메이커(Eugene Merle Shoemaker, 1928~1997년)와 함께 1990년대 초기에 충돌의 역할을 부가적으로 검토했고, 그 결과 현대에도 소행성들과 혜성들과의 예측불허 충돌이 일으킬지 모를 크나큰 위험이 존재함을 알 수 있었다. 그런 우주적 충돌은 우리가 아는 한 가장 심각한 자연 재해로, 우리 문명과 심지어 우리 종의 미래에 장기적 위협이 된다. 세이건은 이런 화두에 민감한 관심을 가졌는데, 우리 행성을 충돌로부터 보호하기 위한 핵무기 방어 시스템의 개발 가능성이 특히 그의 큰 관심사였다. 1990년대 중반에 세이건은 그의 평생 숙적이라 할 '수소 폭탄의 아버지' 에드워드 텔러와 더불어 소행성을 핵무기로 공격하기 위해 슈퍼 폭탄을 만드는 것의 위험성에 관해 논쟁했다.

1980년 저서인 『코스모스』에서 세이건은 여전히 이렇게 쓸 수 있었다. "아무도 무엇이 공룡을 싹쓸이했는지는 모른다." 1985년에 이르러서는 『혜성(*Comet*)』에서 충돌의 진화적 역할을 논했다. 1994년 작 『창백한 푸른 점』에서는 충돌의 역할에 두 장을 할애하면서 현재 우리가 직면하고 있는 충돌의 위험을 강조하고 방어 체계를 구축하는 위험과 이점을 균형 있게 설명했다. 그는 이렇게 썼다. "우리는 (이) 딜레마를 마주 보아야 한다. 우리가 이 (핵 방어) 기술을 개발하고 배치한다면, 그것은 우리를 다치게 할 수 있다. 하지 않는다면, 어떤 소행성이나 혜성이 우리를 다치게 할지도 모른다." 그는 계속해서 우주에서 인간의 존재를 확장할 것을 논했는데, 그 일부는 거대한 물체가 지구를 강타했을 때 멸종에 맞서 우리 종의 생존을 확보하기 위해서였다. "소행성의 위험 때문에 우리는 서두를 수밖에 없다. 결국, 우리는 내부 태양계 전역에 어마어마한 규모의 인간 사회를 구축해야 한다. …… 우리 은하의 전역에 주민들이 사는 행성들이 만약 존재한다면, 소행성과 혜성들로부터의 위험을 피할 수 없기 때문이다. 모든 곳에 있는 지성을 갖춘 존재들은 고향 세계를 정치적으로 통일해야 할 테고, 행성을 떠나 작은 근처 세계들로 이주해야 할 것이다. 궁극적인 선택지는, 우리와 마찬가지로, 우주로 날아가든가 멸종하든가 둘 중 하나이다."

21장 지구의 시작과 끝

초기의 흐릿한 태양 역설은 『코스믹 커넥션』이 씌어진 그때와 마찬가지로 2000년에도 아직 골칫거리다. 지구가 암모니아 온실로 데워졌을지도 모른다는 칼의 제언은 그다지 그럴싸하지 않고, 그 문제를 연구한 과학자 대다수는 이산화탄소가 가장 가능성 높은 온실 기체라고 결론을 내렸다. 1997년 출간된 마지막 기술적 논문 중 하나에서 세이건은 공저자인 SETI 연구소의 크리스 치바(Christopher Chyba)와 함께 아직도 초기 지구에서 암모니아 온실의 가능성을 탐색하고 있었다. 오늘날 목성의 위성인 에우로파가 그렇듯이, 얼음으로 덮였지만, 내부는 뜨거운 행성의 바다에서 생명이 솟아났다는 의견이 있다. 또한, 비록 천문학자들이 우리 별이 적어도 지구 수명의 30퍼센트를 밝혀 왔음을 확신하지만, 태양 진화의 모형이 틀렸을 가능성도 있다.

22장 테라포밍

이 장은 시간의 검증을 잘 버텨 냈는데, 일부는 과학자들이 아직 우리가 그런 행성 규모의 공학을 어떻게 수행해야 할지를 많이 알지 못하기 때문이다. 화성 극지방 근처의 얼음 저장고에 관한 세이건의 추론은 옳은 것으로 밝혀졌다. 화성의 얼음은 화성을 때리는 레이더 전파를 반사하는 능력 덕분에 우리에게 발견되었다. 게다가 1998년에 루나 프로스펙터 우주선이 우리 달 극지방 근처에 물 얼음 역시 소량 존재한다는 것을 발견했다. (2009년 11월 NASA는 무인 우주 탐사선 엘크로스(LCROSS)를 이용해 달의 남극 지방의 충돌 분화구의 영구 그늘 지역 토양에 지구 사막과 비슷한 정도이기는 하지만 물이 함유되어 있음을 발견했다. — 옮긴이)

23장 태양계의 탐사와 이용

이 책에서 세이건은 20세기 말의 우주 비행에 관해 많은 예상을 내놓았는데, 그때 그는 무척 낙관적이었다. 안타깝게도 이 예상 다수는 틀렸다. 우리는 적어도 지금으로서는 저궤도 너머의 유인 우주 탐사에 등을 돌렸다.

세이건은 우주 시대 전에 성장기를 보냈고 우주 비행사들이 달 표면을 걸었을 때 중년이었던 바로 그 세대(바로 그 자신의 세대)가 노년에는 화성에 착륙한 인간을 보게 될 것이라고 믿었다. 그렇지만 화성으로 가는 유인 비행의 가능성은 오늘날 아폴로 시대에 비해 더 낮아 보인다. 그런 비행들은 기술적으로 가능한 동시에 경제적으로도 감당할 만하다. (다음 10년간 미국 연방 세금 초과 징수분의 10퍼센트도 되지 않는다.) 그렇지만 현재까지 그 어떤 미국 정치가나 시민 단체도 화성으로의 비행이 국가적(이거나 국제적인) 목표가 되어야 한다고 공언하지 않고 있다. 세이건이 예상했던, 1980년대에 10년 안에 달로 가서 그곳에 기지를 짓자는 국가적 계획도 없어졌다. (1990년 일본이 아시아 최초로 달 탐사선 히텐을 발사해 인류의 달 탐사가 재개되었음을 알렸다. 그 후 중국, 인도를 중심으로 달 착륙선을 포함한 달 탐사선들이 발사되고 있다. 우리나라도 2020년대 중반 달 궤도선 발사를 목표로 준비하고 있다. — 옮긴이)

세이건은 우리가 행성 탐사를 마치면 부족주의와 국가주의는 용해되리라고 내다보았다. 지난 20세기의 갈등들, 그중 다수는 근본적으로 부족적이거나 종교적인 동기에서 시작되었으니, 이 기대 역시 어긋났다.

우리는 태양계를 과학적으로 탐사하는 데 훨씬 더 큰 성공을 거뒀지만, 그래도 세이건의 기대에는 미치지 못했다. 우리는 1995년에 목성의 대기를 탐사했지만, 아직 토성이나 타이탄은 하지 못했다. (타이탄 탐사 계획이 2000년 현재 진행 중이기는 하지만 말이다.) 보이저는 천왕성과 해왕성을 지나 날아갔지만 어떤 우주선도 명왕성을 향해 발진하지 않았다. 갈릴레오는 목성의 커다란 위성들을 가까이서 볼 수 있게 해 주었지만, 그 거대한 행성들의 위성에 착륙할 수 있도록 설계되거나 발사된 우주선은 존재하지 않았다. 태양 탐사선도 아직 발사되지 않았다. (명왕성은 2006년 8월 24일 국제 천문 연맹의 결정을 통해 행성에서 왜소 행성으로 그 지위가 변경되었다. 그러나 같은 해 1월에 발사된 뉴 호라이즌스가 2015년 7월 명왕성 표면으로부터 1만 2550킬로미터 떨어진 곳까지 접근해 본격 탐사하기 시작했다. 토성과 토성의 위성인 타이탄 등에 대한 탐사는 NASA와 유럽 우주국(ESA)의 공동 개발 탐사선인 카시니-하위헌스에 의해 2004년부터 본격적으로 이루어졌다. 그중 하위헌스 탐사선은 타이탄 지표면에 착륙했고, 타이탄이 지구처럼 비가 내리고, 개울, 호수, 바다가 있는 세계임을 발견했다. 그리고 2018년 8월 12일에는 파커 태양 탐사선이 발사되었다. — 옮긴이)

문제는 우리가 근본적으로 새로운 추진 장치나 생명 유지 시스템을 아직 개발하지 못했다는 것이다. 오늘날 우주 탐사 계획에 사용되는 델타나 러시아의 프로톤 같은 대다수 로켓은 1960년대 탄도 미사일의 개정판이다. 미국의 우주 왕복선은 1970년대 기술을 기반으로 하고, 운용하는 데 돈이 너무 많이 든다. 국제 우주 정거장에 우주 비행사들이 상주하려면 자기들 먹을 음식과 숨 쉴 공기를 가져가야 하는데, 우리는 아직 이런 기본적인 것들을 재활용할 생명 유지 시스템을 가지고 있지 않기 때문이다. (23장에서 칼 세이건이 미래의 우주 범선으로 소개한 솔라 세일은 2005년 6월 21일 행성 협회 주도로 코스모스 1호라는 이름의 무인 시작기가 제작되어 발사된 적이 있다. 바렌츠 해에서 러시아의 잠수함에 탑재된 SLBM을 이용해 발사되었지만 예정 궤도에 도달하지 못하고 실패했다. 이 프로젝트에는 400만 달러가 들었다. 현재 행성 협회는 코스모스 2호를 준비하고 있다. — 옮긴이)

우리는 왜 탐사에서 고개를 돌렸을까? 아무도 모른다. 세이건이 마지막 책, 『에필로그(*Billions and Billions*)』(사후인 1997년에 출간되었다.)에서 우리가 자연의 몇몇 수수께끼를 어떻게 풀지에 관한 제안들을 비롯해 수많은 과학적 화두들에 대해 열을 올려 이야기하면서도 인간의 태양계로의 진출에 관해서는 예측을 감행하지 않았다는 사실이 나로서는 흥미롭다.

25장 큐브릭의 「2001」 만들기

세이건은 스탠리 큐브릭과 아서 클라크에게 「2001: 스페이스 오디세이」의 외계인 캐스팅과 관련해서 좋은 조언을 해 주었다. 그렇지만 1980년대에 영화 제작자들이 외계인을 좀 더 호감 가게, 그러자니 한층 인간에 가깝게 그리려고 하면서 영화 취향은 바뀌었다. 따라서 우리는 스티븐 스필버그(Steven Spielberg, 1946년~)의 「ET」에서 사랑스러운 미니 외계인을 보았고, 「스타 워즈」 3부작에서는 우키(Wookie)처럼 사자 비슷한 야생동물을 연상시키는 외계인을 보았다. 「스타트렉」 오리지널 텔레비전 시리즈 또한 아마도 예산을 절감하려는 의도에서 인간과 무척 비슷한 외계인을 등장시켰는데, 이 단순한 접근법은 「스타트렉」 시리즈가 고예산 영화로 옮겨진 다음에도 지속되었다. 특수 효과가 점차 세련되면서 「에일리언」의 무서운 곤충 같은 생물들도 태어났다. 한편, 세이건 자신은 소설을 통해, 그리고 나중에는 영화 「콘택트」를 통해 SF로 모험을 했다.

「콘택트」에서 여주인공 엘리 애로웨이는 진보된 외계 문명에 의해 은하수 건너편으로 보내진다. 엘리가 마침내 외계인을 만났을 때 그들은 자신의 진정한 모습을 보여 주지 않는데, 그 모습은 끝내 묘사되지 않는다. 그보다, 그들은 가상의 지상 풍경을 엘리의 감각에 투사하고, 죽은 앨리 아버지의 모습으로 나타난다. 따라서 외계인들은 실제로 모습을 보이지 않고도 등장하고 말할 수 있었다. 이런 방식 덕분에 소설을 영화로 옮기는 일은 대단히 간단해졌는데, 초기 장면들에서 애로웨이의 아버지를 연기한 배우가 나중에 옷조차 갈아입지 않고 그대로 외계인으로 재등장하기 때문이다.

27장 외계 생명체, 이제 때가 되었다!

이 장에서 세이건은 1950년부터 1970년대 초까지 생명의 기원에 관한, 그리고 외계인들의 탐색 가능성에 관한 변화하는 의견들의 역사를 이야기한다. 그 뒤를 이은 세월 동안에는 외계 지성체 탐사(SETI)에 관한 관심이 자라났는데, 일부는 세이건의 옹호 덕분이었다. NASA의 후원을 받은 1971년 하계 연구의 결과 『프로젝트 사이클롭스: 외계 생명체를 추적하는 시스템의 설계 연구(*Project Cyclops: A Design Study of a System for Detecting Extraterrestrial Life*)』가 출간되었는데, 버나드 올리버(Bernard M. Oliver, 1916~1995년. 휴렛패커드)와 존 빌링엄(John Billingham, 1930~2013년. NASA 에임스 연구소)과의 협력 작업을 통해서였다. 1977년에 필립 모리슨(MIT), 빌링엄, 그리고 존 울프(NASA 에임스 연구소)가 좌장을 맡은 또 다른 NASA 연구가 『외계 지성체 탐사(*The Search for Extraterrestrial Intelligence*)』라는 제목으로 발표되었다. 4년 후, MIT 출판부는 빌링엄이 편집한 『우주에서의 생명(*Life in the Universe*)』을 출간했다. 이러한 노력 덕분에 1983년에 하버드 대학교의 폴 호로위츠(Paul Horowitz, 1942년~)가 25미터 전파 안테나를 이용한 지속적인 SETI 탐사를 처음으로 시작하게 되었다. 그 뒤를 이어 세렌디프(SERENDIP) 프로젝트라는 둘째 프로그램이 탐사를 시작했는데, 큰 전파 망원경으로 하는 전통적인 관측들과 나란히 수행되었다. 이 두 가지 노력 모두 진행형이다. 세이건(과 세이건이 1980년대 초에 창립한 행성 협회)은 호로위츠의 노력에 정신적 응원은 물론 금전적인 지원도 아끼지 않았다. 또한, 1980년대에, 국제 천문 연맹이 생물 천문학 협회를 조직하도록 지원했고, (이 장에 지적된 바) 미국 국립 연구 회의 소관 천문 연구 위원회에서는 SETI를 NASA와 국립 과학 재단이 지원하는 천문학 연구 기관 목록에 포함했다.

NASA는 도전을 받아들이고 주파수 채널 수백만 개를 동시에 측정할 수 있는 SETI 전파 수신기의 본격적인 개발에 착수했다. 이 계획의 가치가 미국 상원에서 도전을 받았을 때, 세이건은 이 계획의 반대파에서도 그 수장 격인 위스콘신 주 상원 의원 에드워드 윌리엄 프록스미어(Edward William Proxmire, 1915~2005년)를 설득하는 데 핵심 역할을 했다. NASA SETI 프로젝트는 두 연구를 계획했다. 하나는 전천(全天) 탐사였고, 다른 하나는 우리 주변 태양형 별 1,000개를 탐사하는 연구였다. 두 연구 프로그램 모두 1992년에 시작되었는데, 콜럼버스와 그의 함대가 신세계에 도착한 지 500주년 되는 해였다. 세이건은 모하비 사막에 있는 NASA 추적 기지에서 전천 연구를 기념하는 연설을 했고, 태양형 별 추적 연구는 푸에르토 리코의 300미터짜리 아레시보의 접시형 안테나(2000년 현재 세계에서 가장 크고 가장 민감한 전파 망원경)에서 관측을 시작했다. 그렇지만 1년도 지나지 않아서 미국 의회는 두 탐사를 종결짓기로 표결을 했는데, 네바다 주 상원 의원 리처드 허드슨 브라이언(Richard Hudson Bryan, 1937년~)의 주장을 받아들인 것이었다. "화성인" 또는 "조그만 초록색 사람들"(브라이언의 표현이다.)을 찾는 것은 납세자의 세금 낭비라는 게 그의 핵심 주장이었다.

세이건은 이 의회 결정에 관해 『악령이 출몰하는 세상』에서 이렇게 썼다.

> 의회는 SETI가 시급한 중요성이 없다고, 그리고 이득은 제한적이고 너무 비용이 든다고 해서 플러그를 뽑아 버렸다. 그렇지만 인류 역사의 모든 문명은 우주에 관한 심오한 질문들을 조사하는 데 그 자원의 일부를 할애했고, 우리가 이 우주에서 유일한 존재인가 아닌가 하는 것보다 더 심오한 질문은 생각하기 어렵다. 우리가 메시지 내용을 끝내 해독하지 못할지라도, 그런 신호

를 수신하기만 해도 우주와 자신에 대한 우리의 시각은 변화할 것이다. 그리고 선진 기술 문명이 보낸 메시지를 우리가 이해할 수 있다면, 그 실용적 이득은 전례 없는 것이리라.

자금도 집도 잃어버린 NASA SETI 지지자들은 캘리포니아 마운틴뷰에 있는, 존 빌링엄과 프랭크 드레이크와 버나드 올리버와 질 타터(Jill Cornell Tarter, 1944년~)가 이끄는 사설 SETI 연구소(SETI Institute)로 옮겨갔다. 그들은 피닉스 프로젝트(Project Phoenix)라는 새 간판을 달았고, 개인 기부자들로부터 우리 주변의 태양형 별들에 관한 연구를 지속하기에 충분한 돈을 모았다. 2000년 무렵, 그들은 목록에 있는 별 중 대략 절반을 관측했고, 외계의 신호는 전혀 추적하지 못했다. 세이건은 한번도 SETI에 대한 자신의 지지를 철회하지 않았고, 확실히 외계 신호를 추적하는 데서 성공을 거두기를 희망했지만, 조금이라도 성공의 가능성을 점치는 것은 거부했다. 외계와의 첫 접촉이 언제 이루어질 것 같은지 "감"을 이야기해 달라고 기자들이 괴롭히자 그는 대답했다. "나는 생각하지 감을 잡지 않습니다."

우주는 광막하고, 우리는 외계 사회가 고출력 전자파 신호를 우주로 쏘아 보낼지 그러지 않을지, 혹은 얼마나 오래 보낼지 전혀 알 도리가 없다. 한층 진보된 전파 추적기들과 연구 전략들이 SETI 연구소 등 여러 곳에서 개발되고 있다. 연구는 계속될 전망이다.

28장 외계인이 지구를 방문한 적이 있을까?

세이건은 UFO에 장기적인 관심을 가지고 있었다. 학생 시절 그는

UFO가 외계의 우주선일 가능성이 있다며 UFO 연구를 옹호했지만, 다양한 '목격담'이 얼마나 자체적으로 모순되는지, 그리고 목격자들의 설명이 얼마나 못 미더운지를 깨닫고는 이 입장을 버렸다. 1960년대 말에 가서는, 다양한 UFO 목격담의 해석에 관해 다른 과학자들과 적극적인 논쟁을 벌였고, 1969년에는 미국 과학 진흥 협회의 연례 회의에서 그 주제를 논하는 심포지엄을 조직했다. 그 회의에서 그는 UFO의 현실성에 강력히 반박했고 그 대신 왜 외계인의 방문이라는 생각이 그토록 매력적인가를 고찰했다. "과학 시대에, 강력하고 현명하고 유순한 진보 문명이 우리를 방문하고 있다는 생각이란, 곧 가장 합리적이고 용인 가능한 탈을 쓴 전통적 종교 신화가 아니겠는가?"

『코스믹 커넥션』이 출간되었을 때, UFO 논쟁의 핵심 이슈는 주로 하늘에 떠다니는 빛의 정체가 무엇이냐와, 그것들을 비밀의 군사용 함정으로 해석하느냐 아니면 외계 문명의 우주선으로 해석하느냐 하는 것이었다. 그 이래, 대중적 관심은 좀 더 오컬트적인 해석으로 향해서, 납치에 관심을 두었다. 최근에 출간된 『외계인에게 사로잡히다(*Captured by Aliens*)』에서 과학 저술가인 조엘 르로이 아컨바크(Joel Leroy Achenbach, 1960년~)는, "초자연적인 믿음과 뉴에이지의 믿음들은 신비로운 공중의 현상에 관한 전통적 연구를 크게 대체했다. 비행 접시를 보았다는 것 정도로는 더 이상 이야깃거리도 되지 않는다. 이제는 접촉을 해야 한다. …… 그 분야는 신비주의적이고 개인적이고 주관적인 외계인들과의 만남, 납치, 짝짓기, 외계 배아 잉태, 채널링, 규칙에 강박적인 외계인들에 이미 사로잡혀 있다." 생애 마지막에 세이건은 『악령이 출몰하는 세상』의 몇 장을 자기 기만, 환각, 그리고 최면과 상담가들과 치료자들의 (가끔은 고의가 아닌) 암시로 인해 야기될 수 있는, 일어나지 않은 사건들에 대한 거짓 기억이라는 더 미묘한 주제에 바쳤다. 마지막에 세이건은 UFO 현상에 관해 이렇게 물었다. "모든 소음 안에 '신호'가 숨어 있는가? 내 시각으로는, 무언가 너무나 이상해서 외계 우주선일 수밖에 없고 너무나 믿음직스러워서 오해나 사기나 환각일 가능성을 배제할 만한 보고 사례는 단 한 건도 없었다. 1947년 이래 UFO 보고가 100만 건이 훨씬 넘었는데도. 하지만 아직 내 마음속 어딘가에서는 '안타깝다.'라고 생각한다."

29장 외계 지성체 탐사 전략

캘리포니아 주 마운틴뷰에 있는 SETI 연구소는 세이건이 이 장 마지막 문단에서 주장했던, 외계 생물학 연구와 외계 신호 탐색이 결합된 조직에 가까운 존재였다. 비록 어떤 한 자선가가 아니라 수많은 개인의 지원을 받는다는 점은 다르지만 말이다. 세이건은 강력한 지지자였고, 결국 자신을 쓰러뜨린 병에 굴복하기 전 마지막 공식 행보 중 하나는 최근에 그가 이사로 선임된 SETI 연구소 이사회에 참석하는 것이었다.

31장 통신 케이블, 북, 소라 껍데기

세이건은 1985년 소설 『콘택트(*Contact*)』에서 그럴법한 외계의 메시지를 상세히 묘사했고, 소설은 나중에 조디 포스터(Jodie Foster, 1962년~) 주연의 영화로 만들어졌다. 세이건은 이 소설에서 외계인이 비교적 강력한 무선 전파로 메시지를 보낼 것이라고 주장했다. 그 신호는 쉽게 포착할 수 있고 외계에서 온 것임을 식별할 수 있도록 특별히 설계된 신호였다. 더불어, 이 신호는 이미지를 재구축하는 데 이용될 수 있는 정보를 담고 있었다. 『콘택트』에서 지구로 전송된 첫 이미지들은 1930년대 우리 행성에서 만든 가장 오래된 텔레비전 방송 프로그램들을 재생한 것이었는데, 그것은 근처 별에 있는 외계 수신자들이 자신들이 포착한 신호를 우리에게 메아리로 돌려보낸 것이었다. 그 신호 깊숙이 길고 상세한 메시지가 암호로 담겨 있었다. 해독된 메시지는 우주선을 만드는 설계도였다. 은하수 전역에 뻗어 있는 성간 교통망으로 들어가는, 일종의 진입로를 제공하는 장치였다. 전적으로 허구지만 이것은 어쩌면 우리가 구체적으로 우리를 향해 날아오는 신호를 추적한다면 찾아낼 법한 것을 그럴싸하게 묘사하고 있다. 다른 한편, 우주에서 아무런 신호도 발견할 수 없다면, 그리고 어떤 외계 지성체도 우리에게 접촉하려고 애쓰고 있지 않다면, 아마도 훨씬 길고 더 섬세한 탐색이 필요할 것이다. 심지어 상대적으로 가까운 행성계에서 일어나는, 다른 문명의 내부 통신이라도 엿들을 수 있으려면 말이다.

37~39장 별의 민족

이 아름다운 세 장의 트리오는 현대 천문학의 많은 부분을 개괄한다. 우리는 지금 코스모스의 역사에 관해 더 많이 안다. 블랙홀은 상세하게 연구되었고 천문학자에게는 거의 진부한 존재가 되었다. 외계 행성계들 역시 형성 단계나 성숙 단계 양쪽 다 관측된 바 있다. 우리는 우리 태양계를 낳은 과정에 대해서는 훨씬 더 분명히 파악하게 되었고, 원시 지구의 화학에 대해서는 다소 다른 그림을 얻었다. 우주 충돌은 진화의 주된 힘으로, 그리고 지구에서 포유류 등장의 원인으로 인식된다. 우주론 연구자들은 코스모스가 탄생한 순간까지 거의 다 캐들어갔고, '급팽창 우주론', 그리고 '끈 이론' 같은 기묘한 이론들을 만들어 더 깊이 파고 들어갈 준비를 하고 있다. 그렇지만 핵심적인 메시지는 변하지 않았다. 이 '신화'는 그 현대적인 향취 때문에 주목할 만하다. 세이건은 그 중요한 핵심 메시지를 인식했고, 이 메시지들은 지난 30년간 거의 변하지 않았다.

데이비드 모리슨(David Morrison, NASA 에임스 연구소)

찾아보기

라

마

바

사

아

자

차

카

타

옮긴이 김지선

서울에서 태어나 대학 영문학과를 졸업하고 출판사 편집자로 근무했다. 현재 번역가로 활동하고 있다. 옮긴 책으로는 『세계를 바꾼 17가지 방정식』, 『나는 자연에 투자한다』, 『필립 볼의 형태학 3부작: 흐름』, 『희망의 자연』, 『자본주의: 유령 이야기』, 『사랑의 탄생』 등이 있다.

사이언스 클래식 35

1판 1쇄 찍음 2018년 8월 15일
1판 1쇄 펴냄 2018년 8월 31일

지은이 칼 세이건
옮긴이 김지선
펴낸이 박상준
펴낸곳 (주)사이언스북스

출판등록 1997. 3. 24.(제16-1444호)
(06027) 서울시 강남구 도산대로1길 62
대표전화 515-2000, 팩시밀리 515-2007
편집부 517-4263, 팩시밀리 514-2329
www.sciencebooks.co.kr

ISBN 979-11-89198-09-1 03400